NX 12 für Einsteiger – kurz und bündig

Sándor Vajna (Hrsg.)
Andreas Wünsch · Fabian Pilz

NX 12 für Einsteiger – kurz und bündig

3., aktualisierte und erweiterte Auflage

Springer Vieweg

Andreas Wünsch
Stuttgart, Deutschland

Fabian Pilz
Lehrstuhl für Maschinenbauinformatik
Otto-von-Guericke-Universität
Magdeburg, Deutschland

Herausgeber

Prof. Dr.-Ing. Dr. h. c. Sándor Vajna
Weinheim, Deutschland

ISBN 978-3-658-23060-9 ISBN 978-3-658-23061-6 (eBook)
https://doi.org/10.1007/978-3-658-23061-6

Die Deutsche Nationalbibliothek verzeichnet diese Publikation in der Deutschen Nationalbibliografie; detaillierte bibliografische Daten sind im Internet über http://dnb.d-nb.de abrufbar.

Springer Vieweg

Verantwortlich im Verlag: Thomas Zipsner

Gedruckt auf säurefreiem und chlorfrei gebleichtem Papier

Springer Vieweg ist ein Imprint der eingetragenen Gesellschaft Springer Fachmedien Wiesbaden GmbH und ist ein Teil von Springer Nature.
Die Anschrift der Gesellschaft ist: Abraham-Lincoln-Str. 46, 65189 Wiesbaden, Germany

Vorwort zur 3. Auflage

Am Lehrstuhl für Maschinenbauinformatik (LMI) an der Otto-von-Guericke-Universität Magdeburg werden Studierende seit mehr als 20 Jahren an den führenden 3D-CAx-Systemen mit dem Ziel ausgebildet, Grundfertigkeiten in der Anwendung der CAx-Technologie zu erwerben, ohne sich dabei nur auf ein einziges System zu spezialisieren. Dazu bearbeiten die Studierenden auf ihrem Weg zum Bachelor- oder Masterabschluss eine große Anzahl von Übungen allein oder gemeinsam im Team mit mindestens vier verschiedenen CAx-Systemen. In diesem Buch wird dem Leser der Umgang mit den grundlegenden Funktionen des CAx-Systems Siemens NX vermittelt. Dabei werden die vielfältigen Erfahrungen genutzt, welche während dieser Ausbildung gesammelt wurden.

Der Fokus des vorliegenden Buches liegt auf einer kurzen und verständlichen Darstellung der grundlegenden Funktionen von NX 12, eingewoben in praktische Übungsbeispiele. Somit kann der Leser, parallel zur Erläuterung der Funktionen, das Erlernte sofort praktisch anwenden und festigen. Dabei können natürlich nicht alle Details behandelt werden. Es werden aber stets Anregungen zum weiteren selbstständigen Ausprobieren gegeben, denn nichts ist beim Lernen wichtiger als das Sammeln eigener Erfahrungen.

Das Buch wendet sich an Studierende und Ingenieure ohne Vorkenntnisse des CAD-Moduls von NX. Es soll sie beim Selbststudium unterstützen und zu weiterer Beschäftigung mit der Software anregen.

Durch den Aufbau des Textes in Tabellenform kann das Buch nicht nur als Schritt-für-Schritt-Anleitung, sondern auch als Referenz für die tägliche Arbeit mit dem System genutzt werden. Das Sachwortverzeichnis am Ende des Buches wirkt dabei zusätzlich unterstützend.

In der vorliegenden dritten Auflage wurden die Übungsbeispiele an die Funktionen von NX 12 angepasst sowie an einigen Stellen zusätzliche Erläuterungen hinzugefügt, um somit insbesondere die Arbeit mit dem Buch im Selbststudium zu erleichtern. Der Zeichnungsteil wurde um die Funktionalität der Produkt- und Fertigungsinformationen erweitert. Zudem werden kritische Modellierungsschritte zusätzlich durch Videos dargestellt, welche über QR-Codes abrufbar sind.

Wir als Autoren sind dankbar für jede Rückmeldung und Anregung aus dem Kreis der Leser zum Inhalt des Buches sowie zur Vorgehensweise der Modellierung, welche uns per E-Mail erreicht (feedback-nx@mailbox.org). Besonderer Dank geht an Herrn Thomas Zipsner und Frau Imke Zander sowie an alle beteiligten Mitarbeiter des Verlags Springer Vieweg für die engagierte und sachkundige Zusammenarbeit bei der Erstellung des Buches.

Magdeburg, im Juni 2018

Dr.-Ing. Andreas Wünsch

Fabian Pilz, M.Sc.

Prof. Dr.-Ing. Dr. h.c. Sándor Vajna

Inhaltsverzeichnis

1 Einleitung

NX ist ein leistungsfähiges CAx-System, welches zur Unterstützung des gesamten Produktentwicklungs- und Fertigungsprozesses dient. Das System ist aus der Zusammenführung von I-DEAS und Unigraphics hervorgegangen und wurde von Siemens PLM Software übernommen und stetig weiterentwickelt.

NX ist nach Funktionen modular aufgebaut und beinhaltet neben der Konstruktion Module zur Fertigungsunterstützung, Simulation, Entwicklung mechatronischer Konzepte und elektrischer Systeme, Schiffs- und Fahrzeugbau sowie zur wissensbasierten Konstruktion und Visualisierung. NX basiert auf dem Parasolid-Kern (Basis der Geometriedarstellung).

In den Beispielen in diesem Buch werden dem Leser die Grundfunktionen von NX vermittelt. Dabei werden an einem einfachen Beispiel die grundlegenden Unterschiede in der Arbeit mit Formelementen und Skizzen erläutert. Zur Festigung der erworbenen Kenntnisse wird ein Getriebe modelliert, wobei weitere Methoden und Funktionen wie die Parametrisierung von Modellen, die Erzeugung von Flächen und das Erstellen einer einfachen Teilefamilie zur Anwendung kommen. Anhand des Getriebes wird weiterhin das Arbeiten mit Baugruppen und Zeichnungen erläutert.

Bei der Erstellung der Übungsbeispiele wurde NX in der Version 12.0.0.27 verwendet. Die Beispiele können jedoch auch mit anderen NX-Versionen nachvollzogen werden. Bei der Erstellung der Teilefamilie wurde Microsoft Excel 2013 genutzt. Hierbei funktionieren auch andere Versionen. Als Betriebssystem wurde Microsoft Windows 7 verwendet.

Die Arbeit mit dem Buch wird durch einen Download-Bereich unterstützt. Alle verwendeten Modelle können unter www.springer.com auf der Seite dieses Buches heruntergeladen werden.

Um dem Leser die Handhabung des Buches zu erleichtern, sind links vor dem Text die Icons der jeweils verwendeten Funktionen sowie evtl. vorhandene Tastenkombinationen angegeben. Die Funktionen und Befehle sind *kursiv* dargestellt und durchnummeriert. Die Befehle können in NX somit auch jederzeit über die Befehlssuche gefunden werden. Wichtige Begriffe und Eingabewerte sind **fett** hervorgehoben.

⇨ Pfeile weisen auf Handlungsfolgen hin.

Ergänzende Informationen werden *kursiv ohne Nummerierung* dargestellt und sind mit einem „i“ markiert.

Die Beschreibung wichtiger Modellierungsschritte wird durch Videos ergänzt, welche über QR-Codes abrufbar sind.

Kontrollfragen am Ende eines jeden Kapitels helfen dabei, das Erlernte zu überprüfen. Die Lösungen stehen im Download-Bereich zur Verfügung.

S. Vajna (Hrsg.), *NX 12 für Einsteiger – kurz und bündig*, https://doi.org/10.1007/978-3-658-23061-6_1

1.1 Datenverwaltung

Neue Datei erstellen

Datei ⇨ *Neu*

Strg+N

Bei der Erstellung einer neuen Datei kann aus verschiedenen Vorlagen (Templates) ausgewählt werden. Die Vorlagen sind in die oberen Register unterteilt. Im rechten Bereich werden die Eigenschaften der gewählten Vorlage angezeigt.

Weiterhin können die Einheiten eingestellt werden sowie der Dateiname und der Ordner, in dem die Datei gespeichert werden soll, angegeben werden.

Ggf. kann auch ein Referenzteil angegeben werden, z. B. für die Erstellung einer Zeichnung.

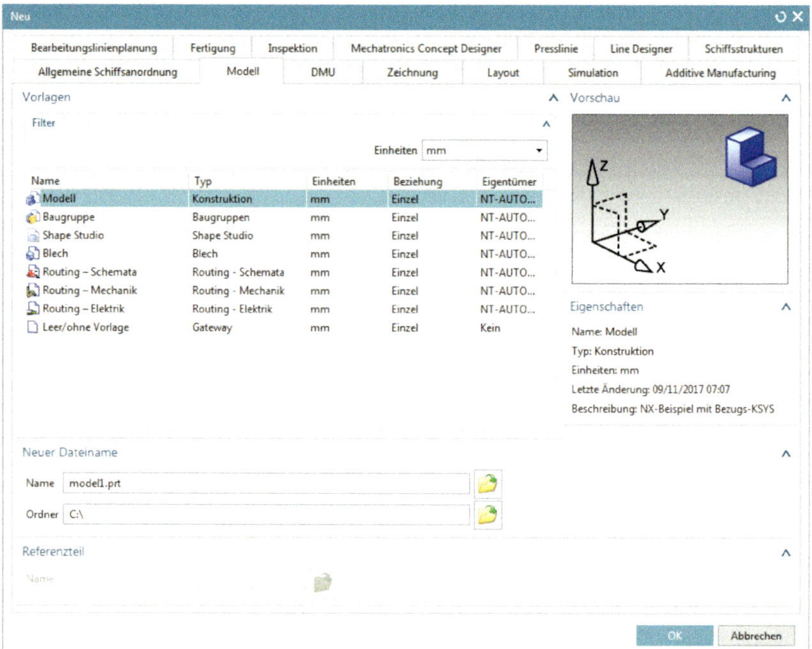

Bis auf Simulationsdateien werden neue Dateien immer als prt-Datei erzeugt. Sollen die unterschiedlichen Modelldateien schnell im Windows-Explorer erkannt werden, muss dazu der Dateiname genutzt werden. Daher werden z. B. Baugruppendateien in diesem Buch immer mit dem Präfix „bg_“ versehen.

Dateinamen und Ordnerpfade dürfen keine Sonderzeichen enthalten.

Vorhandene Datei öffnen

Datei ⇨ *Öffnen*

Strg+O

Im Dateityp können verschiedene in NX verwendete Dateiformate, aber auch andere gängige CAD-Dateiformate ausgewählt werden.

Weiterhin können in den Optionen verschiedene Einstellungen für das Laden einer Datei gemacht werden.

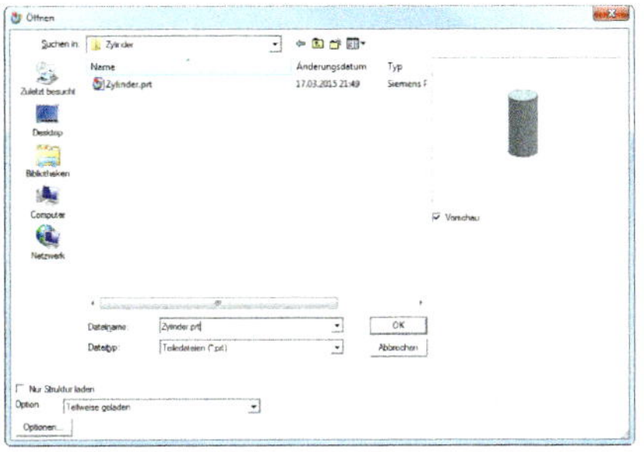

Speichern

Datei ⇨ *Speichern*

Zum Speichern stehen verschiedene Funktionen zur Verfügung, welche vor allem nützlich sind wenn mehrere Dateien geöffnet sind.

Speichern

Strg+S

Nur aktives Teil speichern

Speichern unter

Alle Speichern

1.2 Grafische Bedienoberfläche

Seit der Version 9 beinhaltet NX eine Bedienoberfläche im Ribbon-Design ähnlich zu den Office-Produkten von Microsoft. Sie beinhaltet je nach ausgewählter Anwendung verschiedene Funktionen und kann auch individuell angepasst werden.

Erstellen eines ersten Modells

Zum ersten Ausprobieren und Kennenlernen der Bedienoberfläche wird ein neues Modell erstellt, welches einen einfachen Zylinder beinhaltet.

1. *Erstellen einer neuen Datei*

Datei ⇨ *Neu*

Vorlage ⇨ **Modell**

Dateiname ⇨ **Zylinder.prt**

2. *Erstellen eines Zylinders*

Menü ⇨ Einfügen ⇨ Designformelement ⇨ *Zylinder*

⇨ Ursprungspunkt des Koordinatensystems anklicken, falls dieser nicht bereits gewählt ist

Durchmesser ⇨ **50**

Höhe ⇨ **100**

⇨ Dialog mit *OK* bestätigen

Im Zylinder-Dialog sind der Vektor zur Achsendefinition sowie der Ursprungspunkt oft bereits vorausgewählt.

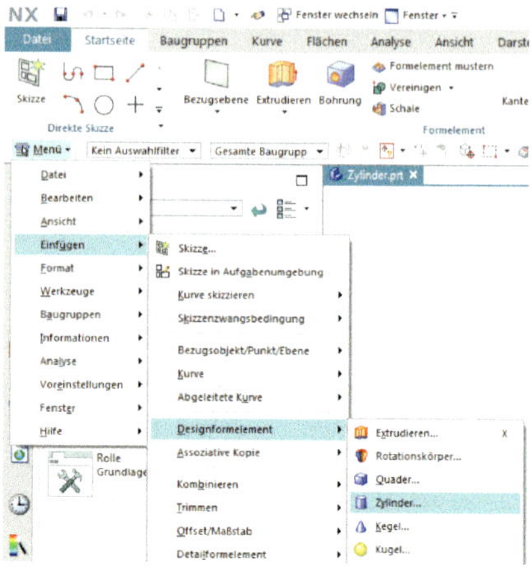

Die restlichen Einstellungen werden auf den Standardwerten belassen. Die Einstellungen werden im weiteren Verlauf des Buches erläutert.

Nach dem erstmaligen Starten und der Erstellung des Zylinders sieht die Bedienoberfläche ungefähr wie folgt aus:

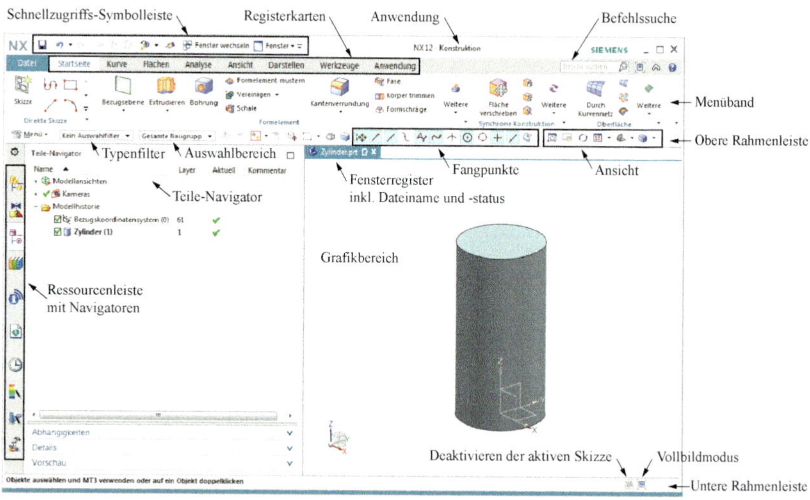

Registerkarten

Die verschiedenen Funktionen sind in Registerkarten gegliedert. Über einen Rechtsklick (RMT) auf den freien grauen Bereich können die Registerkarten ein- und ausgeblendet werden. Mit RMT auf eine Registerkarte kann diese abgedockt und neu platziert werden. Wird die Registerkarte wieder in den oberen Bereich geschoben, dockt sie wieder an.

Menüband

Im Menüband sind die jeweiligen Funktionen einer Registerkarte abgelegt. Über das schwarze Dreieck am rechten Rand des Menübands können einzelne Funktionen und Funktionsgruppen ein- und ausgeblendet werden.

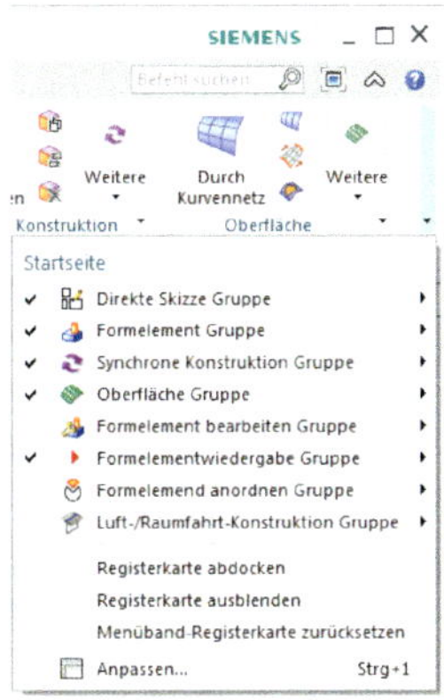

Neben den standardmäßig angezeigten Funktionsgruppen sollte auch die *Formelementwiedergabe Gruppe* eingeblendet werden, da diese nützliche Funktionen zur Navigation durch die Modellhistorie enthält.

Obere Rahmenleiste

In der oberen Rahmenleiste befinden sich neben der Menüschaltfläche vor allem Filteroptionen wie der Typenfilter, der Auswahlbereich und die Fangpunkte. Weiterhin können oft verwendete Ansichtsfunktionen hier platziert werden. Auch hier können über das schwarze Dreieck am rechten Rand der Rahmenleiste einzelne Funktionen ein- und ausgeblendet werden.

Für die Arbeit mit NX ist es sinnvoll die folgenden Funktionen der *Ansicht Gruppe* auch in der oberen Rahmenleiste anzuzeigen, da diese oft verwendet werden:

- Arbeitslayer
- Dropdown „Layer"
- Querschnitt bearbeiten
- Schnitt aktivieren

Untere Rahmenleiste

In der unteren Rahmenleiste werden zusätzliche Informationen und Hilfestellungen beim Arbeiten angezeigt. Dazu zählen z. B. eine kurze Beschreibung der auszuwählenden Objekte in einem Feature-Dialog oder die Anzahl und der Status der Zwangsbedingungen bei Skizzen.

(i) *Während der Konstruktionsarbeit kann ein Blick auf die untere Rahmenleiste hilfreich sein, insbesondere dann, wenn bei einer noch unbekannten Funktion nicht genau klar ist, welche Objekte ausgewählt werden sollen. Auch bei der Skizzenerstellung werden hier nützliche Informationen angezeigt.*

Ressourcenleiste

Die Ressourcenleiste beinhaltet die bei der Arbeit oft verwendeten Navigatoren. In der Konstruktion sind das der Baugruppen-, der Zwangsbedingungs- und der Teile-Navigator.

Über die Ressourcenleiste hat der Anwender zudem Zugriff auf Standardteile in der Wiederverwendungsbibliothek, einen Internetbrowser, die zuletzt verwendeten Teile sowie die Rollen.

Vollbildmodus

Alt+ Enter

Der Vollbildmodus kann über die Tastenkombination *Alt+Enter* aktiviert und deaktiviert werden. Im aktivierten Vollbildmodus werden die Menüleisten angezeigt, indem die Maus an den oberen Rand des Bildschirms bewegt wird.

1.3 Tastatur- und Mausbelegung

Die Tastatur und Mausbelegung kann am besten an dem bereits erstellten Zylinder ausprobiert werden. Einige Funktionen können direkt über Tastenkombinationen aufgerufen werden. Die wichtigsten Tastenkombinationen werden in diesem Buch unter den jeweiligen Schaltflächen aufgeführt.

	LMT (linke Maustaste)	Allgemeine Auswahl
	RMT (rechte Maustaste)	Objektbezogenes Kontextmenü
	MMT (mittlere Maustaste)	Dialog bestätigen, blau hinterlegte Schaltflächen bestätigen (z. B. OK)
	MMT halten	Ansicht drehen
	MMT auf einer Stelle des Bauteils halten und dann Maus bewegen	Ansicht um Mausposition drehen
	MMT + RMT halten (alternativ MMT + Shift)	Ansicht verschieben
	Mausrad drehen	Zoomen
	MMT + LMT halten (alternativ MMT + Strg)	Zoomen

	RMT im freien Grafikbereich halten	Menü zur Ansichtsumstellung öffnen	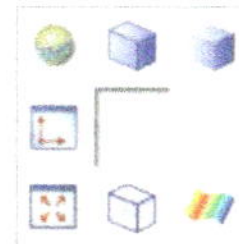
Esc	Esc-Taste	Abbrechen	

1.4 Anwendungen

NX ist modular aufgebaut. Ja nach Aufgabe stehen verschiedene Anwendungen (Module) zur Verfügung, z. B. Konstruktion, Zeichnungserstellung oder Fertigung.

Über Datei ⇨ *Start* kann zwischen den einzelnen Anwendungen gewechselt werden.

Baugruppen und *PMI (Produkt- und Fertigungsinformationen)* stellen keine eigenständigen Umgebungen dar, sondern werden als zusätzliche Registerkarten angezeigt.

Unter *Alle Anwendungen* werden alle in NX verfügbaren Anwendungen aufgelistet.

1.5 Navigatoren

Die Navigation durch die Modellstruktur erfolgt in NX mit Hilfe von Navigatoren, welche im oberen Bereich der Ressourcenleiste zu finden sind. Die zur Verfügung stehenden Navigatoren hängen von der jeweils gewählten Anwendung ab.

In der Anwendung Konstruktion stehen dem Nutzer der Baugruppen-, der Zwangsbedingungs- und der Teile-Navigator zur Verfügung.

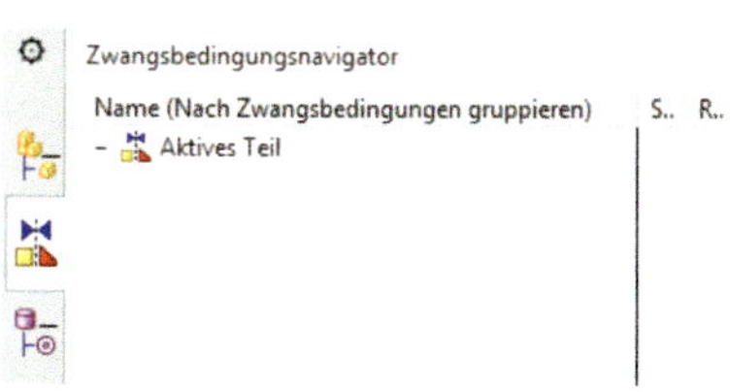

1.6 Befehlssuche

Die Befehlssuche ist ein sehr nützliches Werkzeug in NX, insbesondere wenn das Programm neu erlernt wird, da hier schnell nach Befehlen gesucht werden kann. Dabei werden die Befehlsnamen, Hilfetexte und Befehlsbeschreibungen durchsucht.

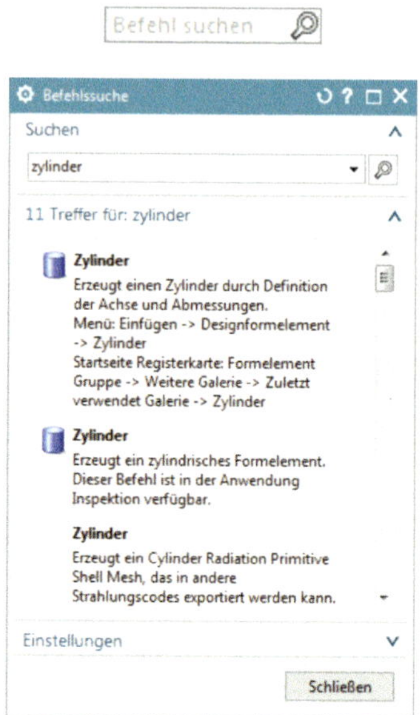

Die Eingabezeile für die Suche befindet sich in der oberen rechten Ecke der Bedienoberfläche.

Beim Überfahren eines Suchergebnisses mit der Maus wird die Position des Buttons in der Bedienoberfläche markiert. Wird das Suchergebnis angeklickt, öffnet sich direkt das dazugehörige Dialogfenster.

1.7 Rollen

Einstellungen zum Layout der Bedienoberfläche werden in NX in Rollen gespeichert.

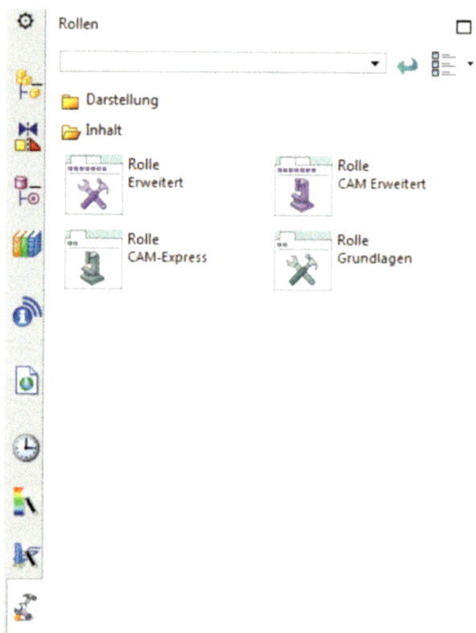

Wird z. B. die Oberfläche verändert und dann die Rolle *Erweitert* gewählt, steht wieder die ursprüngliche Oberflächeneinstellung zur Verfügung.

Benutzerrolle

Über RMT auf den freien Bereich kann eine *neue Benutzerrolle* erstellt werden. In dieser wird das aktuelle Layout der Oberfläche gespeichert.

Sofern keine eigene Rolle definiert ist, sollte immer mit der Rolle ***Erweitert*** *gearbeitet werden.*

Wurde die Bedienoberfläche von NX zunächst angepasst und danach eine neue Rolle gewählt, so sind die bisherigen Anpassungen mit der neuen Rolle überschrieben und nicht mehr vorhanden.

1.8 Ansicht

In der Registerkarte Ansicht können sämtliche Einstellungen zur Veränderung der Modellansicht vorgenommen werden. Die wichtigsten Einstellungen werden im Folgenden kurz erklärt.

Operation

Strg+F

Einpassen

Passt die Ansicht des aktuellen Modells ein

Perspektive

Umschalten zwischen paralleler und perspektivischer Projektion des Modells

F5

Aktualisieren

Aktualisieren der Modellansicht. Diese Funktion ist zudem sehr nützlich wenn z. B. Analyseergebnisse nicht mehr im Grafikbereich angezeigt werden sollen.

Ansicht orientieren

Anzeige des Modells in vordefinierten Standardansichten

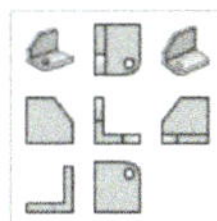

Die in NX definierten Standardansichten sind auch im Teile-Navigator zu finden.

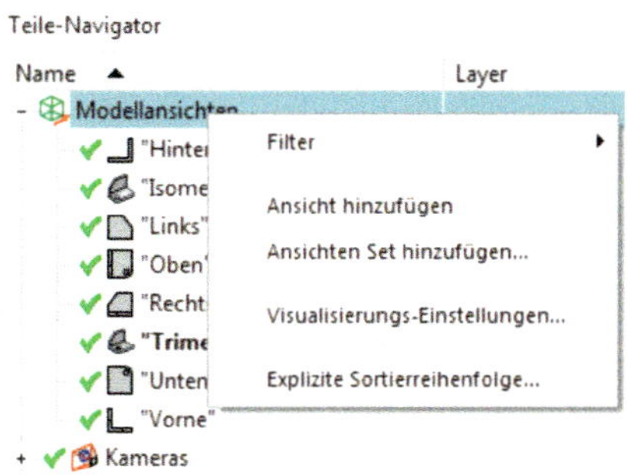

Die aktuelle Ansicht wird wie folgt als Modellansicht hinzugefügt:

⇨ RMT auf Modellansichten

⇨ *Ansicht hinzufügen*

Mehrere Ansichten können auch als Ansichten Set hinzugefügt werden:

⇨ *Ansichten Set hinzufügen*

Kamera erfassen und bearbeiten

Zusätzlich zu Ansichten lassen sich Kameras definieren und zum Modell hinzufügen. Kameras enthalten zusätzlich die Vergrößerung des Modells. Sie werden ebenfalls im Teile-Navigator abgelegt und per Doppelklick aktiviert.

Über RMT ⇨ *Bearbeiten* kann eine Kamera bearbeitet werden.

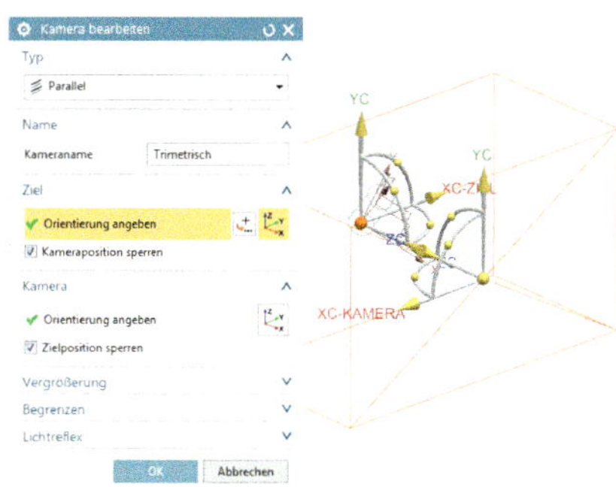

Sichtbarkeit

Querschnitt bearbeiten

Über einen Schnitt ist es möglich das CAD-Modell direkt im Grafikbereich geschnitten darzustellen. Dazu müssen zunächst die notwendigen Einstellungen getroffen werden.

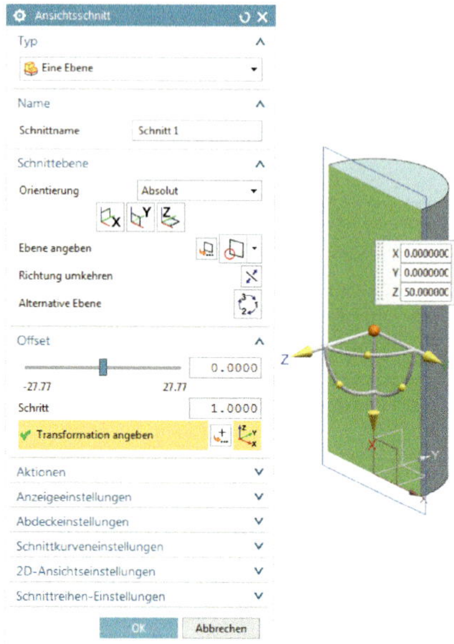

In den *Abdeckeinstellungen* wird die Farbe der Schnittfläche definiert. Hier kann zwischen einer vorgegebenen Farbe und der *Körperfarbe* gewählt werden, was insbesondere bei Baugruppen nützlich ist.

Schnitt aktivieren

Der erstellte Schnitt kann während der Modellierung jederzeit aktiviert und deaktiviert werden.

Anzeigen und Ausblenden

Strg+W Blendet Elementtypen (z. B. Skizzen oder Kurven) ein und aus.

Ausblenden

Strg+B Blendet ausgewählte Elemente aus.

Alternativ: RMT auf das Element ⇨ *Ausblenden*

Umkehren

Strg+Shift+B Kehrt die Ein- und Ausblendungen um. Somit wird der nicht sichtbare Bereich angezeigt.

Stil

Darstellungsformat

Hier kann das Darstellungsformat eines Modells verändert werden. Insbesondere das *Drahtmodell mit abgeblendeten Kanten* und das *statistische Drahtmodell* sind sehr hilfreich, um auch verdeckte Elemente auszuwählen.

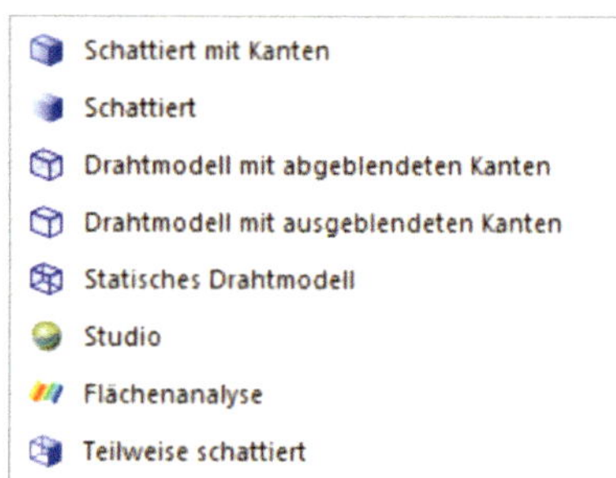

Objektdarstellung

Strg+J

Objektdarstellung bearbeiten

In der Objektdarstellung wird die Darstellung des CAD-Modells verändert. Dazu zählen z. B. Farbe, Kantendarstellung, Transparenz und Schattierung.

Über die Klassenauswahl nach dem Aufruf der Funktion können neben dem Volumenkörper auch Flächen und Bezugselemente ausgewählt und deren Darstellung verändert werden.

Menü ⇨ Bearbeiten ⇨ *Objektdarstellung*

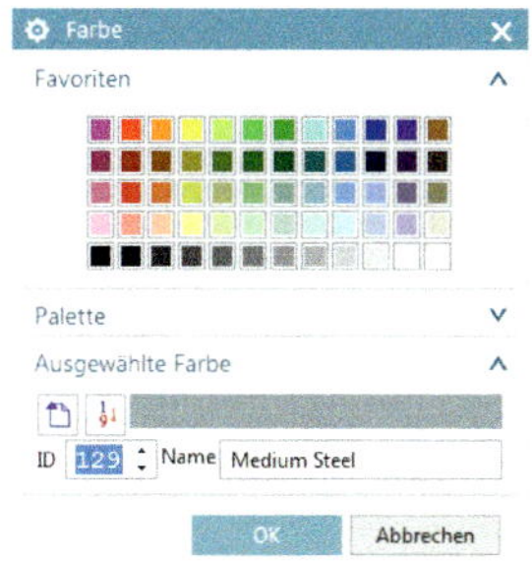

Fenster anordnen und wechseln

Fenster

Sind in einer Sitzung mehrere CAD-Modelle geöffnet, werden diese in verschiedenen Fenstern angezeigt.

Diese Fenster können den gesamten Grafikbereich ausfüllen oder auf unterschiedliche Weise im Grafikbereich angeordnet werden.

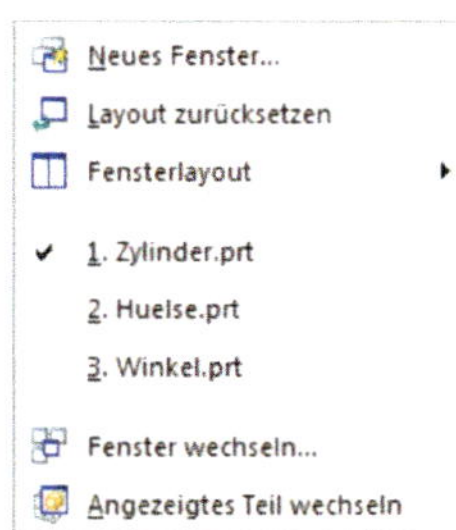

Fenster wechseln

Strg + Tab

Über diese Funktion kann ebenfalls schnell zwischen einzelnen Fenstern gewechselt werden.

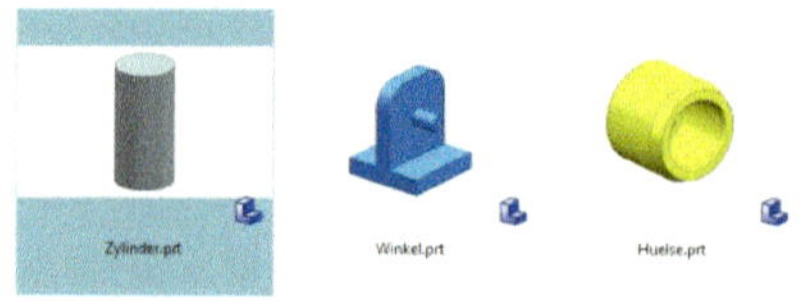

Alternativ kann das aktive Fenster auch über die Fensterregister gewechselt werden.

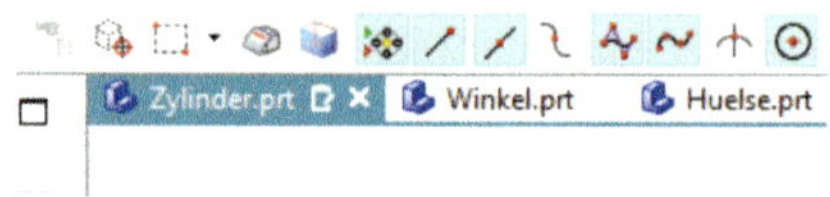

Einstellungen für die Visualisierung

Sämtliche Einstellungen zur Visualisierung des CAD-Modells können unter *Einstellungen für Visualisierung* vorgenommen werden.

Register Ansicht ⇨ Visualisierung ⇨ *Voreinstellungen*

bzw.

Menü ⇨ Voreinstellungen ⇨ *Visualisierung*

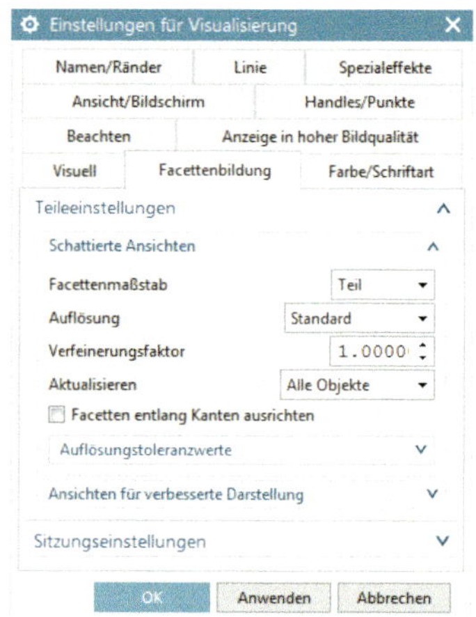

Die Visualisierung des CAD-Modells erfolgt in NX durch Facetten. Die Flächen des Modells werden dabei durch eine endliche Anzahl diskreter Dreiecke dargestellt. Die Auflösung dieser Darstellung kann in den *Einstellungen für Visualisierung* eingestellt werden.

⇨ Facettenbildung ⇨ Schattierte Ansichten ⇨ Auflösung

Sehr grob

Fein

In den meisten Fällen ist die Standardeinstellung ausreichend. Eine Verfeinerung der Auflösung ist oft bei großen Modellen mit kleinen Verrundungen sinnvoll. Dabei sollte beachtet werden, dass die Verfeinerung der Auflösung zu Lasten der Anzeigegeschwindigkeit erfolgt.

1.9 Voreinstellungen und Anwenderstandards

In NX werden Einstellungen auf zwei grundsätzliche Arten vorgenommen: in den Voreinstellungen und in den Anwenderstandards. Voreinstellungen stellen lokale Einstellungen dar, welche im jeweiligen Modell gespeichert werden. Anwenderstandards definieren globale Einstellungen.

Voreinstellungen

Voreinstellungen sind modellspezifische Einstellungen. Sie werden in der Datei des jeweiligen Modells gespeichert, z. B. der prt-Datei.

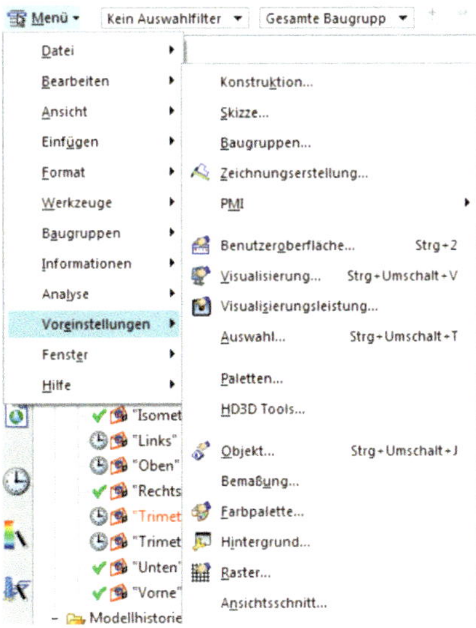

Die Voreinstellungen eines Modells können wie folgt aufgerufen werden:

Datei ⇨ *Voreinstellungen*

bzw.

Menü ⇨ *Voreinstellungen*

Hier steht zu verschiedenen Kategorien eine Vielzahl von Voreinstellungen zur Verfügung.

Anwenderstandards

Anwenderstandards stellen globale Voreinstellungen dar. Sie werden wie folgt aufgerufen:

Datei ⇨ Dienstprogramme ⇨ *Anwenderstandards*

bzw.

Menü ⇨ Datei ⇨ Dienstprogramme ⇨ *Anwenderstandards*

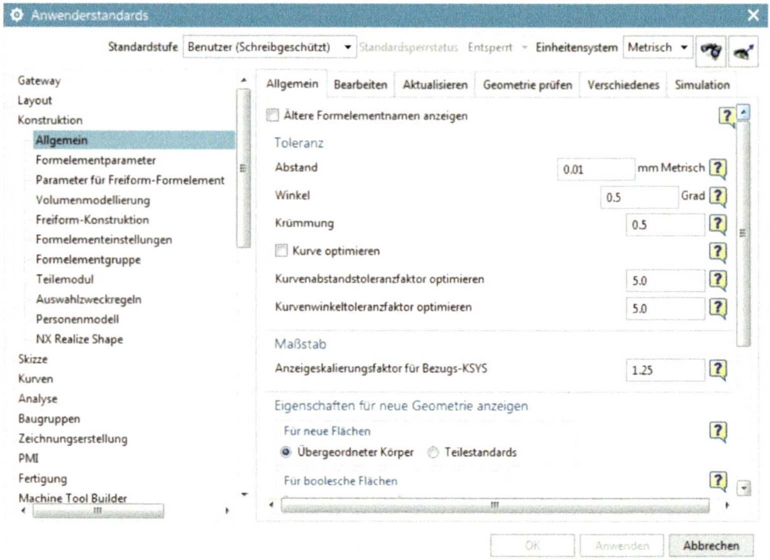

Die Anwenderstandards werden beim Start von NX geladen. Sie werden in Form von zwei Dateien gespeichert: eine dpv- und eine xsl-Datei.

Die zu ladenden Anwenderstandards können über eine Umgebungsvariable definiert werden, welche auf die jeweilige dpv-Datei verweist. Die Umgebungsvariable kann in Windows definiert oder in einer Stapelverarbeitungsdatei (Batch) festgelegt werden, z. B.:

UGII_LOCAL_USER_DEFAULTS = Z:\...\nx12_anwenderstandards.dpv

Existiert beim Start von NX unter dem angegebenen Pfad noch keine dpv-Datei, wird diese erstellt und Änderungen werden in dieser Datei gespeichert. Diese Änderungen werden erst nach einem Neustart von NX und einem erneuten Laden der dpv-Datei wirksam.

Je nach den Zugriffsrechten im Betriebssystem kann die dpv-Datei auch als schreibgeschützt definiert werden und ein ungewolltes Bearbeiten der Anwenderstandards verhindert werden.

1.10 Kontrollfragen

1. Aus welchen Bereichen besteht die Bedienoberfläche von NX?
2. Welche Navigatoren gibt es und wozu dienen diese?
3. Was sind Rollen?
4. Wie kann schnell zwischen verschiedenen Fenstern gewechselt werden?
5. Worin unterscheiden sich Voreinstellungen und Anwenderstandards?

2 Arbeiten mit CAD-Modellen

In diesem Kapitel werden die Grundlagen des Arbeitens mit CAD-Modellen in NX erläutert. Dazu zählen neben der generellen Struktur von CAD-Modellen auch das Arbeiten mit Geometrieelementen, Layern, und Koordinatensystemen sowie das Einfärben von Körpern, das Zuweisen von Material und Boolesche Operationen.

2.1 Struktur von CAD-Modellen

Ein strukturiertes und konsistentes CAD-Modell bildet die Basis für die durchgängige Entwicklung eines Produktes, insbesondere, wenn über einen zeitlichen Verlauf mehrere Personen bzw. Abteilungen an und mit dem Modell arbeiten. Auf die Strukturierung des Modells sollte bereits bei dessen Erstellung geachtet werden.

Ein Produkt stellt in der Regel eine Baugruppe dar, welche aus mehreren Unterbaugruppen oder Einzelteilen besteht. Die Anzahl der Stufen der Unterbraugruppen ist dabei nicht limitiert, sollte jedoch überschaubar sein.

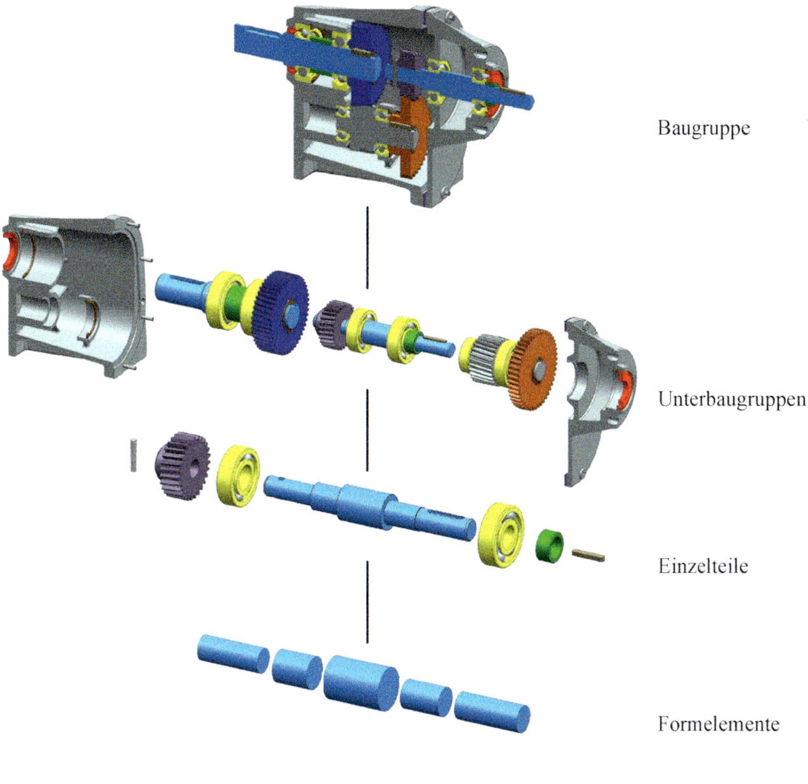

S. Vajna (Hrsg.), *NX 12 für Einsteiger – kurz und bündig*, https://doi.org/10.1007/978-3-658-23061-6_2

Die Modellierung eines Einzelteils erfolgt durch die Kombination verschiedener Formelemente. Die Formelemente eines Einzelteils, z. B. Zylinder, Fasen oder Bohrungen, bestehen wiederum aus Geometrieelementen, z. B. Flächen, Kanten, Punkten, welche den Formelementen zugehörig sind und nicht selbstständig, sondern nur durch das Formelement existieren.

Zu den selbstständigen Elementen zählen:

- Volumenkörper (solid)
- Flächenkörper (sheet)
- Kurven (curve), z. B. Linie, Kreis, Skizzenkurven
- Punkte (point)
- Bezugselemente (datums), z. B. Ebenen, Achsen, Koordinatensysteme

Zugehörige Elemente sind:

- Flächen (face), z. B. Deck- und Mantelflächen
- Kanten (edge), z. B. Flächen- und Körperkanten
- zugehörige Punkte, z. B. Eck- und Mittelpunkte

2.2 Teile-Navigator

In den Navigatoren werden in NX alle Objekte eines Modells abgelegt (s. Abschnitt 1.5). Bei Baugruppen sind dies in erster Linie Einzelteile und Zwangsbedingungen, bei Einzelteilen sind es Formelemente und Skizzen.

Der wichtigste Navigator für die Modellierung von Einzelteilen innerhalb der Anwendung Konstruktion ist der Teile-Navigator.

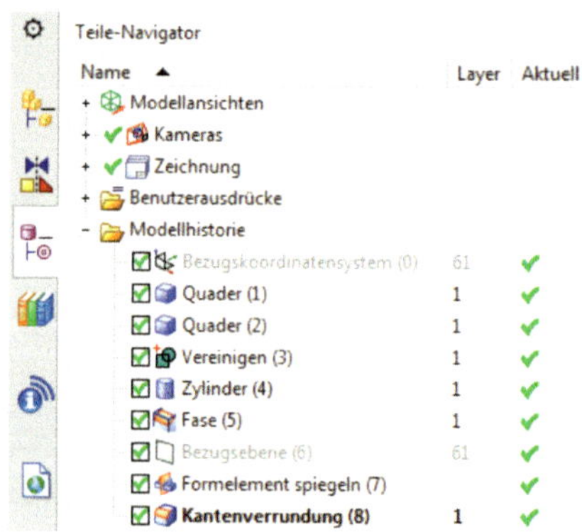

Hier werden die wesentlichen Objekte dargestellt. Dazu zählen Modellansichten, Kameras, Zeichnungen, Benutzerausdrücke und die Modellhistorie.

In der Modellhistorie werden alle verwendeten Formelemente in zeitlicher Abfolge aufgelistet.

Über RMT auf ein Formelement stehen für dieses verschiedene Operationen zur Verfügung.

Mit Hilfe der Checkboxen vor den jeweiligen Formelementen können diese aktiviert bzw. deaktiviert werden (s. Abschnitt 2.5).

Spalten

Der Teile-Navigator ist wie eine Tabelle aufgebaut. Mit RMT auf den Tabellenkopf können verschiedene Spalten ein- und ausgeblendet werden.

ⓘ *Die Spalte für die Layer sollte im Teile-Navigator immer eingeblendet sein, um jederzeit einen Überblick über die Layer der Formelemente zu haben.*

Reihenfolge der Zeitstempel

Standardmäßig werden die verwendeten Formelemente in zeitlicher Reihenfolge in der Modellhistorie dargestellt, sog. Zeitstempel.

⇨ RMT auf den freien Bereich im Teile-Navigator

⇨ *Reihenfolge der Zeitstempel*

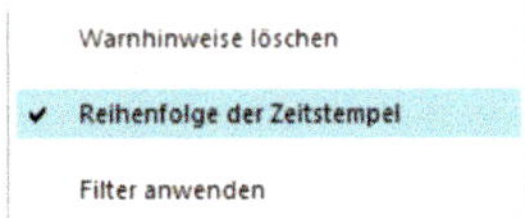

Wird die Reihenfolge der Zeitstempel deaktiviert, werden die Formelemente und deren Abhängigkeiten nicht mehr in zeitlicher Abfolge, sondern als Baumstruktur abgebildet. In den folgenden Abbildungen ist die Modellstruktur des Winkels dargestellt (s. Abschnitt 3.1).

Reihenfolge der Zeitstempel ist aktiviert

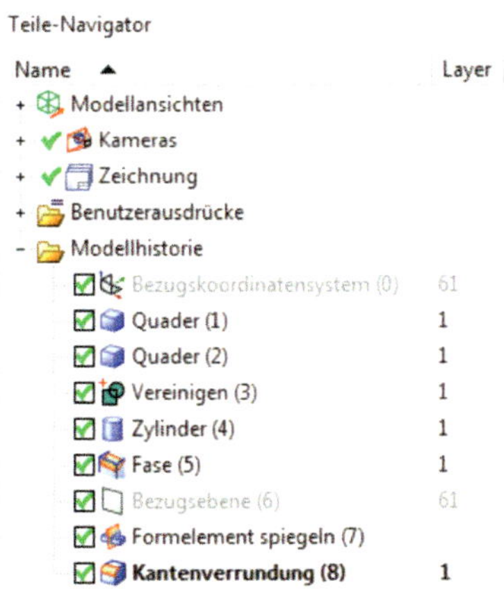

Reihenfolge der Zeitstempel ist deaktiviert

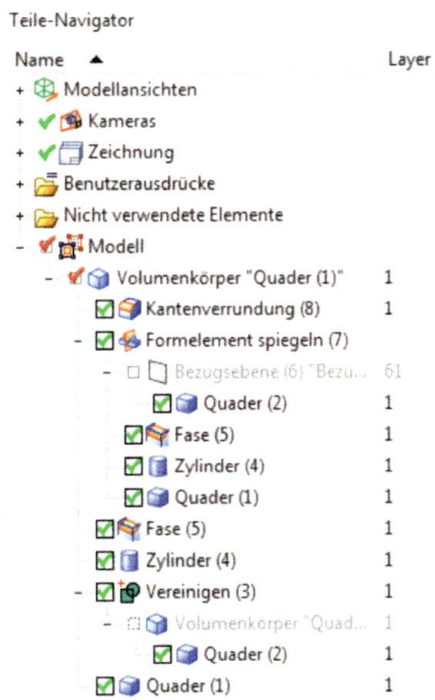

Die Zahl hinter einem Formelement gibt dessen Zeitstempel wieder. Über RMT auf den Tabellenkopf im Teile-Navigator ⇨ Spalten ⇨ *Zeitstempel* können die Zeitstempel der Formelemente auch separat angezeigt werden.

Abhängigkeiten

Im unteren Bereich des Teile-Navigators werden die Abhängigkeiten und Details eines ausgewählten Formelementes eingeblendet.

Bei der Darstellung der Abhängigkeiten werden die dem Formelement unter- und übergeordneten Elemente aufgelistet.

Die Abhängigkeiten werden auch in der Modellhistorie dargestellt. Untergeordnete Elemente werden *blau*, übergeordnete *rot* markiert. Somit können z. B. vor dem Ändern oder Löschen eines Formelementes die Auswirkungen analysiert werden.

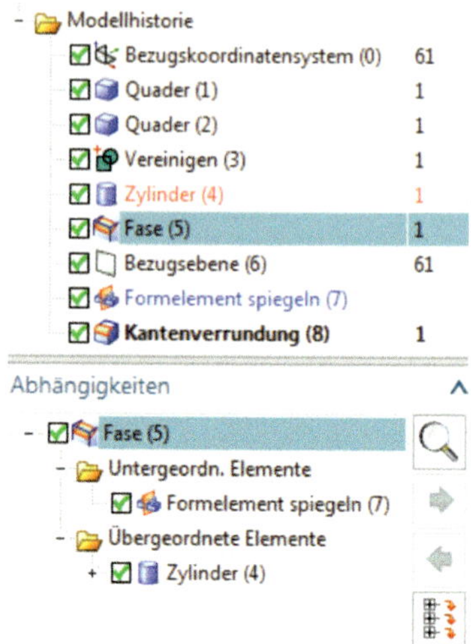

Durch Formelemente navigieren

Die Arbeit mit CAD-Modellen beinhaltet oft unterschiedlichste Anpassungen, in denen das Modell an verschiedenen Positionen in der Modellhistorie verändert bzw. erweitert werden soll. Hierzu ist es hilfreich, durch die Formelemente zu navigieren.

Über RMT auf ein Formelement im Teile-Navigator ⇨ *Formelement als aktuell festlegen* wird der Zeitstempel bis zu diesem Formelement zurückgerollt und es können an dieser Position neue Formelemente erstellt werden.

Eine weitere Möglichkeit ist die *Formelementwiedergabe*. Hiermit ist es möglich, die Formelemente schrittweise als aktuell festzulegen.

Die Formelementwiedergabe muss zunächst auf der Startseite im Menüband eingeblendet werden (s. Abschnitt 1.2).

2.3 Auswahl von Geometrieelementen

Für die Auswahl von Geometrieelementen eines CAD-Modells, stehen in NX verschiedene Werkzeuge zur Verfügung. Die Kenntnis und der sichere Umgang dieser Werkzeuge erleichtert die Arbeit in NX enorm.

Auswahl im Grafikbereich und Teile-Navigator

Die Auswahl von Geometrieelementen kann in NX jederzeit mit dem Maus-Cursor im Grafikbereich oder im Teile-Navigator erfolgen. Insbesondere bei komplexen Modellen kann die Auswahl im Teile-Navigator einfacher sein als im Grafikbereich.

Abwählen von Geometrieelementen

Shift+ LMT

Wurde bei einer Operation ein Geometrieelement versehentlich fehlerhaft selektiert, kann es durch Halten der Shift-Taste und LMT wieder abgewählt werden.

QuickPick

Die Auswahl mit dem Maus-Cursor im Grafikbereich ist aufgrund der Vielzahl der dargestellten Elemente oft nicht eindeutig. Liegen hier mehrere Objekte hinter dem Cursor und dieser wird für zwei Sekunden nicht bewegt, verändert sich der Cursor und es erscheinen drei Punkte. Durch erneutes Klicken wird der QuickPick-Dialog geöffnet und die Elemente können aus einer Liste ausgewählt werden.

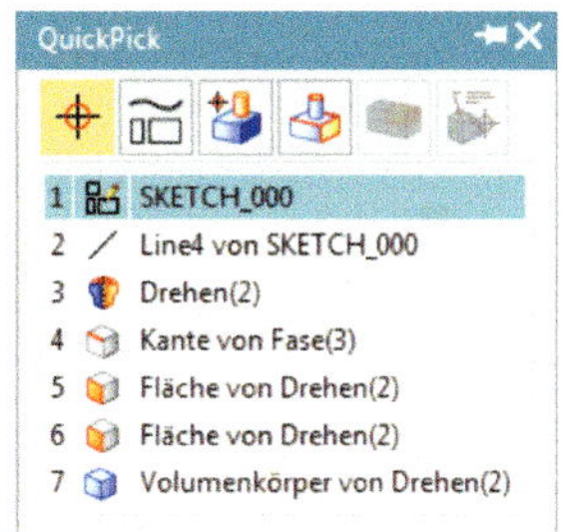

Typenfilter

Für die korrekte Auswahl eines Elements stehen zusätzlich verschiedene Filter zur Verfügung. Diese sind in der oberen Rahmenleiste zu finden.

Über den Typenfilter wird der zu wählende Objekttyp festgelegt. Somit können bspw. nur Kanten selektiert werden.

Auswahlbereich

Mit dem Auswahlbereich wird festgelegt, in welcher Hierarchieebene des Modells die Auswahl stattfinden soll. Hiermit können bspw. nur Elemente des aktiven Teils aber auch einer aktiven Skizze gewählt werden.

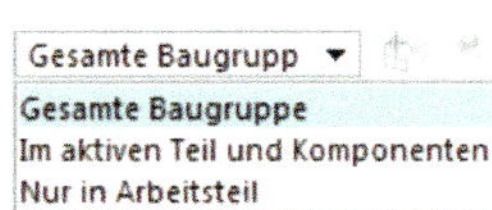

Allgemeine Auswahlfilter

Weitere Filtermethoden wie das Detaillierte Filtern, der Farbfilter und der Layer-Filter stehen im Dropdown-Menü der *allgemeinen Auswahlfilter* zur Verfügung.

Fangpunkte

Für die Auswahl von Punkten ist die richtige Einstellung der Fangpunkte sehr nützlich. Hier können u. a. Endpunkte und Mittelpunkte von Linien und Kanten, Kreismittelpunkte und vorhandene Punkte gefangen werden.

Kurvenregel

Zur Auswahl von Kurven und Kanten stehen ebenfalls verschiedene Filter zur Verfügung. Diese werden erst in der oberen Rahmenleiste eingeblendet, wenn eine Kurve ausgewählt werden soll, z. B. für einen extrudierten Körper.

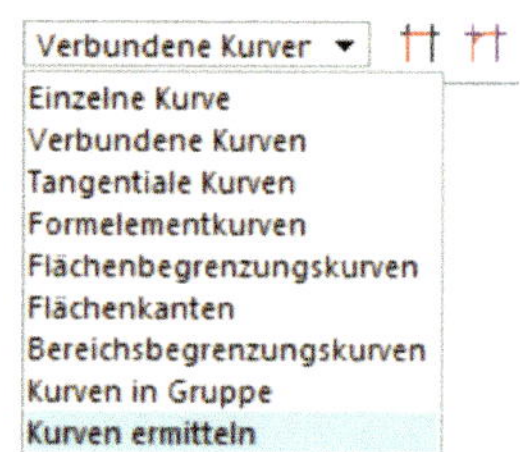

Über *Anhalten bei Schnittpunkt* stoppt die Auswahl bei zusammengesetzten Kurven automatisch an Schnittpunkten.

Über *Verrundung folgen* wird die Auswahl entlang Tangentenkreisbögen und Kreisen fortgesetzt wenn *Anhalten bei Schnittpunkt* aktiviert ist.

Klassenauswahl

Die Klassenauswahl ist ein Dialog zur Kombination der Auswahlfilter und vielen Funktionen vorgeschaltet, in denen Geometrieelemente verarbeitet werden, z. B. bei der Objektdarstellung (s. Abschnitt 2.7).

Der Dialog kann aber auch eigenständig aufgerufen werden, z. B. über die Befehlssuche.

Während der Selektion werden in der unteren Rahmenleiste weitere Informationen zu den gewählten Objekten angezeigt.

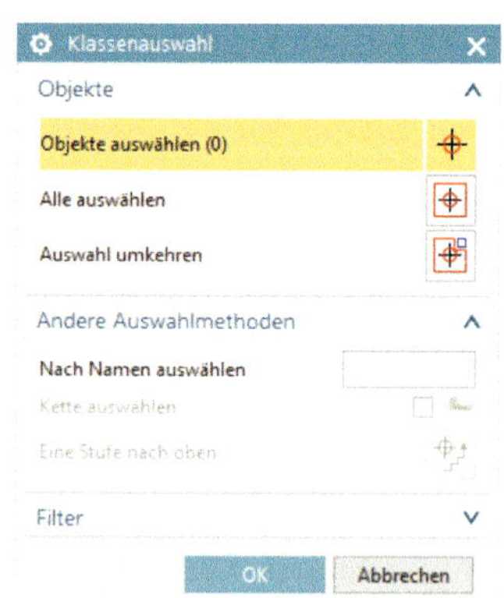

2.4 Layer

Layer (engl. für Schicht, Ebene) dienen in NX zur Modellstrukturierung.

Hierbei werden verschiedene Elemente des Modells auf unterschiedlichen Layern abgelegt. Diese Layer können dann separat durch *aktivieren* eingeblendet und durch *deaktivieren* ausgeblendet werden.

Werden alle Layer aktiviert, so werden alle Schichten „überlagert" und das gesamte Modell wird angezeigt.

Bei der Erstellung eines CAD-Modells müssen nicht zwangsläufig Layer verwendet werden. Jedoch sollte auch bei einfachen Modellen auf die Strukturierung geachtet werden, um diese dann bei komplexeren Modellen sicher anwenden zu können.

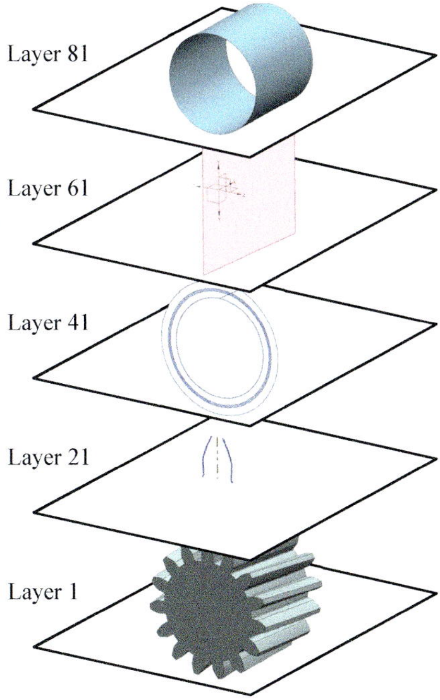

Innerhalb von Unternehmen ist die Verwendung von Layern in der Regel durch interne Standards festgelegt. Somit wird eine dateiübergreifende Konsistenz der verwendeten Modelle gewährleistet.

In NX enthält ein Modell 256 verschiedene Layer, wobei nicht jeder Layer Elemente enthalten muss und es auch leere Layer geben kann.

Die Layer werden gemäß ihrer enthaltenden Elemente kategorisiert. Nur bestimmte Layer sollten für bestimmte Elemente genutzt werden. In den Beispielen in diesem Buch wird die folgende Kategorisierung genutzt:

Layer	**Objekte**
1 - 20	Volumenkörper
21 - 40	Skizzen
41 - 60	Kurven
61 - 80	Bezugselemente
81 - 100	Flächen
101 - 120	PMI

Die im Folgenden erläuterten Funktionen sind im Register *Ansicht* zu finden.

Layer-Einstellungen

Strg+L

Register Ansicht ⇨ *Layer-Einstellungen*

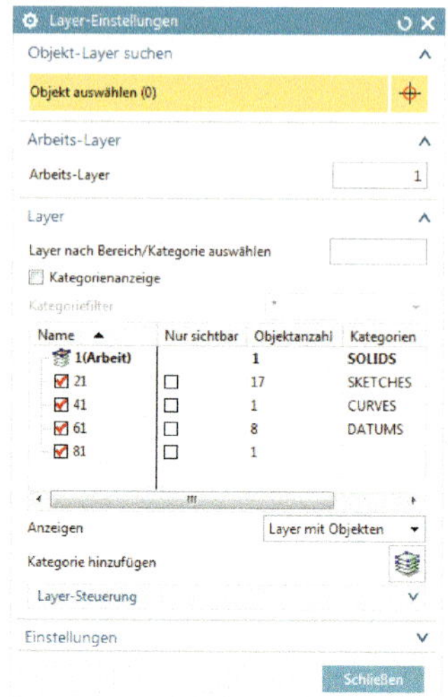

In den Layer-Einstellungen werden die Layer eines Modells verwaltet.

Hier sind die Layer und die jeweils enthaltenden Objekte und Kategorien sichtbar. Die Kategorien dienen als Filter und geben Aufschluss über die Art der jeweiligen Objekte eines Layers.

Mit der Checkbox in der ersten Spalte werden die Layer aktiviert bzw. deaktiviert.

Über *Kategorie hinzufügen* können auch eigene Kategorien erstellt werden.

Mit der Checkbox in der zweiten Spalte können Layer als *Nur Sichtbar* markiert werden. Elemente dieser Layer sind dann im Grafikbereich nicht mehr auswählbar.

Arbeitslayer

Der eingestellte Arbeitslayer definiert, auf welchem Layer **neue** Elemente erstellt werden. Dieser kann direkt im Register *Ansicht* oder in den *Layer-Einstellungen* definiert werden.

Auf Layer verschieben

Register Ansicht ⇨ *Auf Layer verschieben*

Über diese Funktion können Elemente auf die jeweiligen Layer verschoben werden **nachdem** sie erzeugt wurden.

Bei der Beschreibung der Übungsbeispiele in diesem Buch wird der zu verwendende Arbeitslayer immer vor der Formelementerstellung eingestellt. Alternativ zu dieser Vorgehensweise können die jeweiligen Elemente auch nach deren Erstellung auf die richtigen Layer verschoben werden.

Layer im Teile-Navigator

Die Spalte für die Layer sollte im Teile-Navigator immer eingeblendet sein, um jederzeit einen Überblick über die Layer der Formelemente zu haben (s. Abschnitt 2.2).

⇨ RMT auf Tabellenkopf im Teile-Navigator ⇨ Spalten ⇨ *Layer*

2.5 Ausblenden und Unterdrücken von Elementen

In NX wird zwischen dem Ausblenden und dem Unterdrücken bzw. Deaktivieren von Elementen unterschieden.

Ausblenden

Strg+B

Einzelne Elemente können über RMT auf das Element ⇨ *Ausblenden* ausgeblendet werden (s. Abschnitt 1.8). Ausgeblendete Elemente werden im Teile-Navigator grau dargestellt.

*Formelemente sollten jedoch vorzugsweise mit Hilfe der **Layer** ausgeblendet werden.*

Unterdrücken

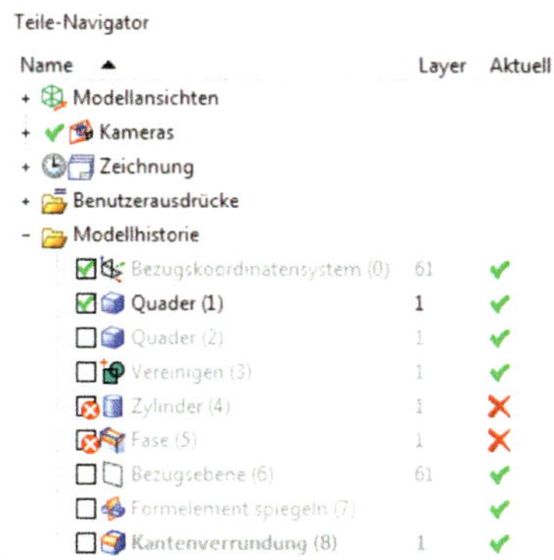

Wird der grüne Haken vor einem Formelement im Teile-Navigator entfernt, werden dieses und die davon abhängigen Elemente unterdrückt bzw. deaktiviert.

Ein rotes Kreuz zeigt, dass die Deaktivierung zu Problemen bei abhängigen Elementen geführt hat.

2.6 Materialien

Das Zuweisen von Materialien dient zum einen der Berechnung der Masse eines Bauteils. Zum anderen können die Materialeigenschaften auch in einer nachfolgenden Simulation genutzt werden.

Es sollte also immer ein Material vergeben werden.

Menü ⇨ Werkzeuge ⇨ *Materialen*

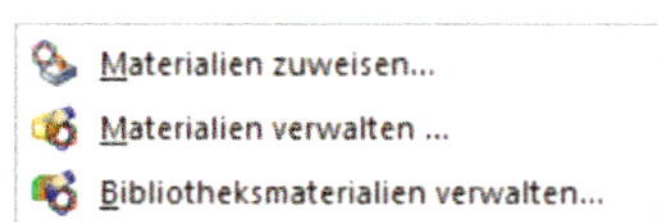

Materialien zuweisen

Hier wird einem Körper ein Material aus der Liste zugewiesen.

Materialien verwalten

Diese Funktion dient zur Verwaltung der lokal verwendeten Materialen sowie der Bibliotheksmaterialien.

Bibliotheksmaterialien verwalten

Hier wird die Materialbibliothek in Form einer MatML-Datei verwaltet.

2.7 Einfärben von Körpern und Elementen

Körper und andere Elemente werden in NX über die Objektdarstellung eingefärbt (s. Abschnitt 1.8).

Objektdarstellung bearbeiten

Strg+J Menü ⇨ Bearbeiten ⇨ *Objektdarstellung*

Das Einfärben eines Körpers kann direkt in dem Einzelteil oder in der Baugruppe erfolgen. Wird eine Komponente auf Baugruppenebene eingefärbt, wird diese Information auch nur in der Baugruppendatei gespeichert und die Einzelteildatei bleibt unverändert. Der Körper bleibt also in der Einzelteildatei weiterhin grau.

Es wird jedoch empfohlen, ein Einzelteil direkt nach dessen Erstellung auch in der Einzelteildatei einzufärben. Somit besitzt das Einzelteil eine eigene Farbe und kann beim Einfügen in eine Baugruppe sofort von den anderen Komponenten unterschieden werden.

Selektionen werden in NX standardmäßig orange markiert. Daher sollte beim Einfärben von Körpern und Elementen kein Orange verwendet werden.

2.8 Koordinatensysteme

In NX gibt es grundsätzlich drei verschiedene Koordinatensysteme. Sie und ihr Verhalten zu kennen, erleichtert die Arbeit mit dem Programm und hilft möglichen Fehlern vorzubeugen.

Globales Koordinatensystem

Das globale Koordinatensystem eines Modells dient zur Definition von Geometrieelementen anhand von absoluten Koordinaten. Es kann nicht verändert werden und ist ortsfest.

Die Achsen sind in der linken unteren Ecke des Grafikbereichs dargestellt. Wird eine der Koordinatenachsen angeklickt, kann das Modell um einen definierten Winkel rotiert werden.

Der globale Nullpunkt kann durch das Erstellen eines Bezugspunktes bei (0;0;0) oder durch das Einblenden des unveränderten Arbeitskoordinatensystems sichtbar gemacht werden.

Bezugskoordinatensystem

Bezugskoordinatensysteme werden wie Formelemente im Teile-Navigator abgelegt und besitzen einen Zeitstempel. Es können mehrere Bezugskoordinatensysteme in einem Modell vorhanden sein.

Die Elemente des Bezugskoordinatensystems (Achsen, Ebenen, Nullpunkt) können bei der Erstellung von Formelementen als Referenzen genutzt werden. Nachträgliche Änderungen an dem Bezugskoordinatensystem wirken sich auf die untergeordneten Elemente aus. Über einen Doppelklick kann ein Bezugskoordinatensystem editiert werden.

Arbeitskoordinatensystem (WCS)

Das Arbeitskoordinatensystem (Work Coordinate System, WCS) ist ein temporäres Koordinatensystem, welches den Nutzer bei der Modellierung unterstützt. Dies ist insbesondere hilfreich, wenn keine vorhandenen Geometrieelemente als Referenzen genutzt werden sollen und das Umrechnen in globale absolute Koordinaten zu kompliziert ist.

Wird das WCS zum Erzeugen eines Formelementes verwendet, werden die Koordinaten intern in absolute Koordinaten umgerechnet. Das nachträgliche Verschieben des WCS wirkt sich somit nicht auf das erzeugte Formelement aus.

Es stehen verschiedene Funktionen zur Verfügung, um das WCS zu verändern.

Werkzeuge ⇨ Dienstprogramme ⇨ Weitere ⇨ *WCS*

WCS anzeigen

Blendet das WCS ein und aus.

WCS-Dynamik

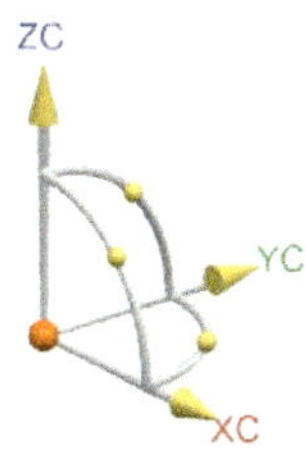

Mit einem Doppelklick auf das WCS oder die Funktion *WCS-Dynamik* kann das WCS dynamisch bewegt werden.

Über die Pfeilspitzen der Vektoren wird das WCS verschoben. Durch das Bewegen der Kugeln wird es rotiert.

2.9 Boolesche Operationen

Boolesche Operationen dienen zur Kombination von Volumenkörpern. Sie können über das Dropdown-Menü oder direkt im Dialogfenster verschiedener Formelemente ausgewählt werden.

Vereinigen

Vereinigt zwei oder mehrere Volumenkörper zu einem Körper

Subtrahieren

Subtrahiert das Volumen eines Volumenkörpers von einem anderen

Schnittmenge

Bildet die Schnittmenge aus sich durchdringenden Volumenkörpern

2.10 Kontrollfragen

1. Wie sind CAD-Modelle aufgebaut?
2. Was sind Layer?
3. Wozu dienen Boolesche Operationen?
4. Wie werden Körper eingefärbt?
5. Welche Koordinatensysteme gibt es und worin unterscheiden sie sich?

3 Grundlagen der Modellierung

In diesem Kapitel werden die Grundlagen der CAD-Modellierung mit NX vorgestellt. Dabei wird zunächst auf das Arbeiten mit Formelementen, danach auf das Arbeiten mit Skizzen eingegangen. Beide Methoden werden jeweils an einem einfachen Beispiel erklärt.

In der Realität gibt es jedoch keine klare Trennung zwischen beiden Methoden, sondern es werden beide Methoden vermischt. Es gilt, die am besten geeignetste Methode gemäß der eigenen Aufgabenstellung zu wählen.

Bei der Modellierung sollte stets vom Groben zum Feinen gearbeitet und die folgende Vorgehensweise berücksichtigt werden:

I. Erzeugen des Grundkörpers (z. B. durch Formelemente bzw. Skizzen)

II. Erzeugen spezifischer Formelemente (z. B. Bohrungen, Taschen, Rippen)

III. Erzeugen restlicher Details (z. B. Verrundungen, Fasen)

3.1 Formelemente

Die Modellierung mit Formelementen ist ein essentieller Bestandteil von NX. Die Formelemente sind im Register Startseite in der Gruppe Formelement zusammengefasst.

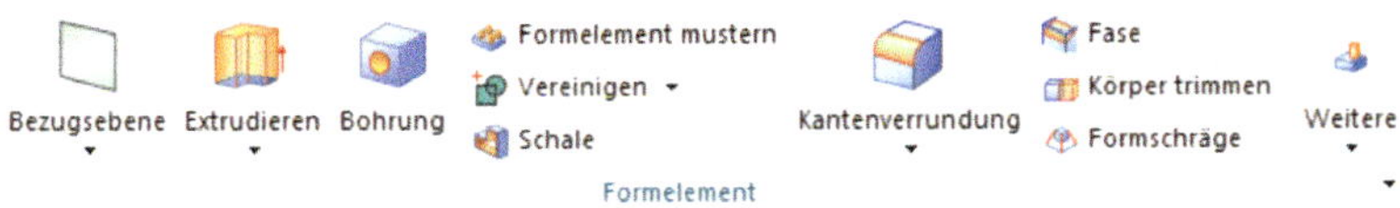

Im Folgenden werden die wichtigsten Designformelemente vorgestellt. Die nachfolgend dargestellten Designformelemente erzeugen geometrische Grundkörper (Primitive). Diese Grundkörper können mit Booleschen Operationen miteinander kombiniert werden (s. Abschnitt 2.9).

Quader

Zylinder

Kegel

Kugel

S. Vajna (Hrsg.), *NX 12 für Einsteiger – kurz und bündig*, https://doi.org/10.1007/978-3-658-23061-6_3

Die weiteren Designformelemente stellen bereits Kombinationen aus Grundkörpern und Booleschen Operationen dar und müssen nicht noch einmal separat mit dem bestehenden Volumenkörper kombiniert werden.

Bohrung

Subtrahiert einen Zylinder von einem Volumenkörper

Einstich

Erzeugt eine umlaufende Nut auf einer Mantelfläche

Rippe

Erzeugt eine dünnwandige Rippe oder ein Rippennetz

Alte Formelemente

Seit der Version 12 sind die folgenden Formelemente als „Alt" markiert. Sie sind somit nicht mehr im Menüband, sondern lediglich über die Befehlssuche (s. Abschnitt 1.6) zu finden, können jedoch noch weiterhin verwendet werden.

Knauf

Vereinigt einen Zylinder mit einem Volumenkörper

Polster

Vereinigt einen Quader mit einem Volumenkörper

Tasche

Subtrahiert einen Quader von einem Volumenkörper

Obwohl die Formelemente noch über die Befehlssuche aufrufbar und verwendbar sind, ist hieran zu erkennen, dass die Geometriemodellierung in zukünftigen NX-Versionen womöglich stärker skizzenbasiert erfolgen wird.

Erzeugen eines Winkels

Um die Arbeit mit Formelementen kennenzulernen, wird im Folgenden ein einfacher Winkel modelliert.

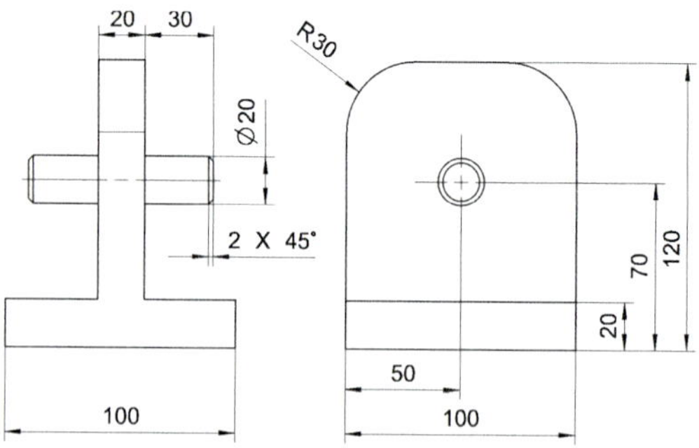

Die Beschreibung der Modellierung kann als Ergänzung zum Text auch als Video nachvollzogen werden. Hierzu einfach den rechts abgebildeten QR-Code scannen, vorzugsweise mit einem Tablet. Liegt das Buch als eBook vor, kann der QR-Code auch direkt angeklickt werden.

1. *Erstellen einer neuen Datei*

Strg+N

Dateiname ⇨ **Winkel**

2. *Quader*

Länge (XC) ⇨ **100**

Breite (YC) ⇨ **100**

Höhe (ZC) ⇨ **20**

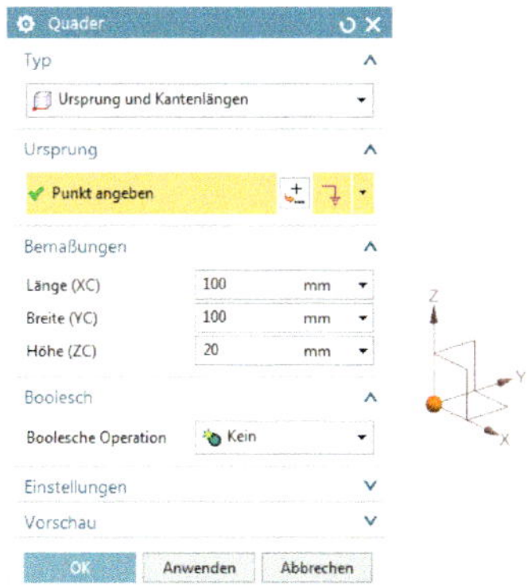

Der Ursprungspunkt wird beim erstmaligen Erzeugen des Quaders automatisch auf den Nullpunkt gesetzt, kann aber auch geändert werden.

3. *WCS anzeigen*

W

Register Werkzeuge ⇨ Weitere ⇨ *WCS anzeigen*

Das WCS wird im Grafikbereich angezeigt.

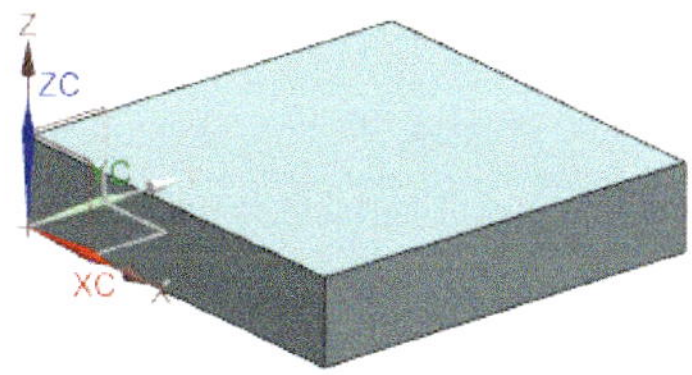

4. *WCS-Dynamik*

Register Werkzeuge ⇨ Weitere ⇨ *WCS-Dynamik*

Alternativ: Doppelklick auf das WCS im Grafikbereich

⇨ Verschieben des Koordinatenursprungs auf die obere Ecke des Quaders durch Halten und Verschieben der orangen Kugel

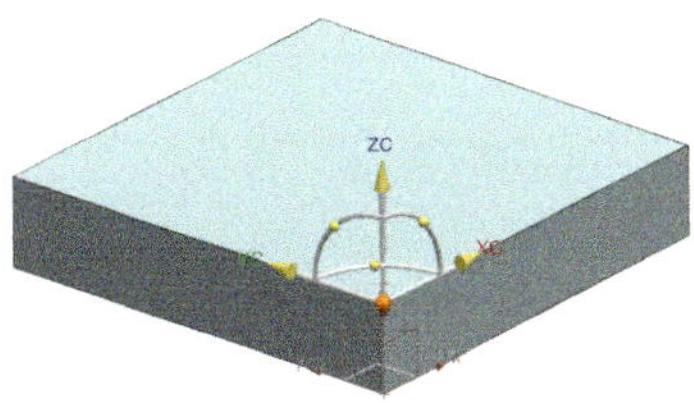

Um die obere Ecke des Quaders exakt zu erwischen, sollte in den Fangpunkten *Endpunkt* ausgewählt werden.

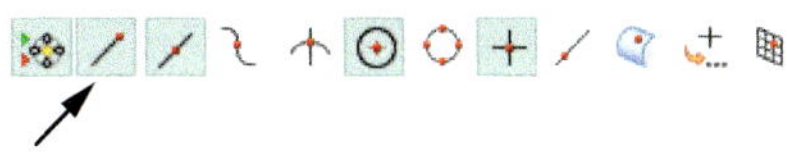

⇨ Verschieben des WCS durch Anklicken der YC-Achse

Abstand ⇨ **40**

⇨ Bestätigen mit MMT

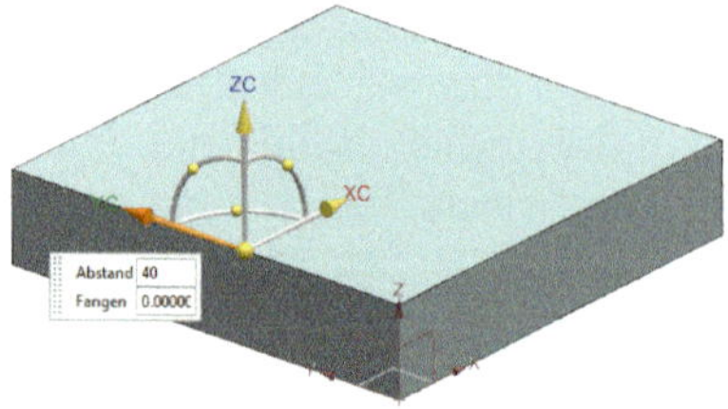

5. *Quader*

Länge (XC) ⇨ **100**

Breite (YC) ⇨ **20**

Höhe (ZC) ⇨ **100**

⇨ Punkt angeben ⇨ *Punktdialog*

Der Punktdialog wird aus dem Dialog des Quaders heraus geöffnet.

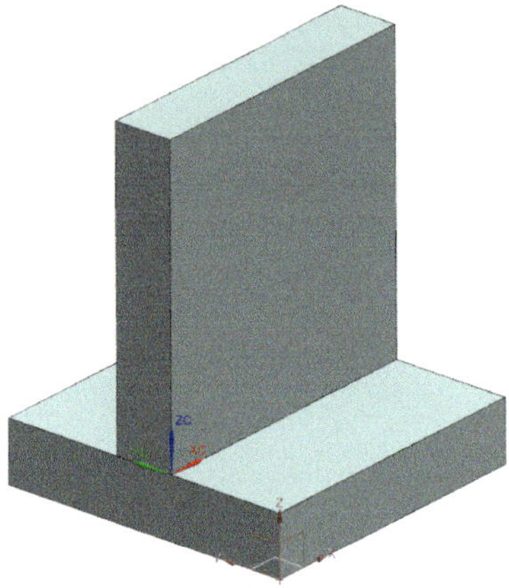

Referenz ⇨ **WCS**

XC ⇨ **0**

YC ⇨ **0**

ZC ⇨ **0**

6. *Vereinigen*

Register Startseite ⇨ *Vereinigen*

Ziel ⇨ **erster Quader**

Werkzeug ⇨ **zweiter Quader**

Die Unterscheidung zwischen Ziel und Werkzeug findet sich in NX in vielen Dialogen. Das ***Ziel*** *ist stets das Objekt, auf welches die Operation angewendet wird. Das* ***Werkzeug*** *ist das Objekt, welches angewendet wird. Diese Unterscheidung wird vor allem bei einer Subtraktion deutlich oder wenn vereinigte Objekte vervielfältigt werden, z. B. durch Spiegeln oder Mustern.*

7. *Zylinder*

⇨ Vektor angeben ⇨ N**eg. Y-Achse**

⇨ Ggf. *Richtung umkehren*

⇨ Punkt angeben ⇨ *Punktdialog*

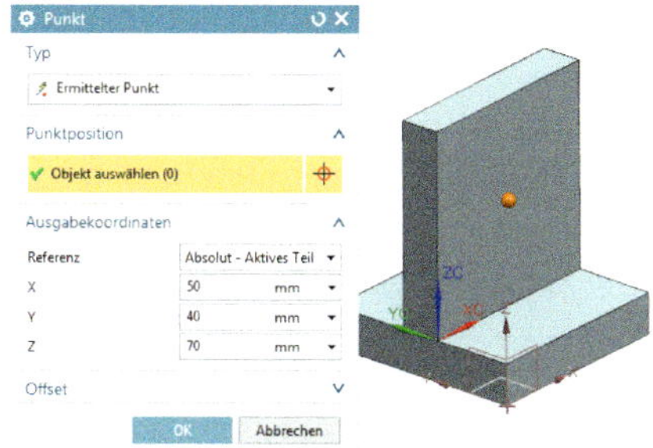

Der Punktdialog wird aus dem Dialog des Zylinders heraus geöffnet.

Referenz ⇨ **Absolut - Aktives Teil**

X ⇨ **50**

Y ⇨ **40**

Z ⇨ **70**

Durchmesser ⇨ **20**

Höhe ⇨ **30**

Boolesche Op. ⇨ **Vereinigen**

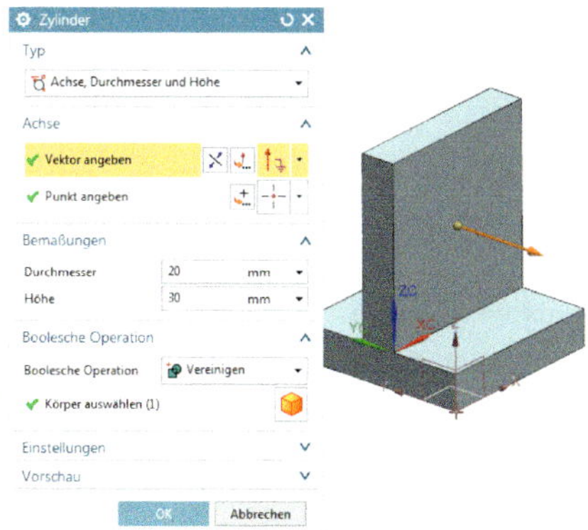

Durch die Verwendung der Booleschen Operation direkt in dem Formelementdialog kann die Modellhistorie im Teile-Navigator einfach und übersichtlich gehalten werden.

Ist im aktuellen Modell nur ein Körper vorhanden, wird dieser automatisch ausgewählt.

8. *Fase*

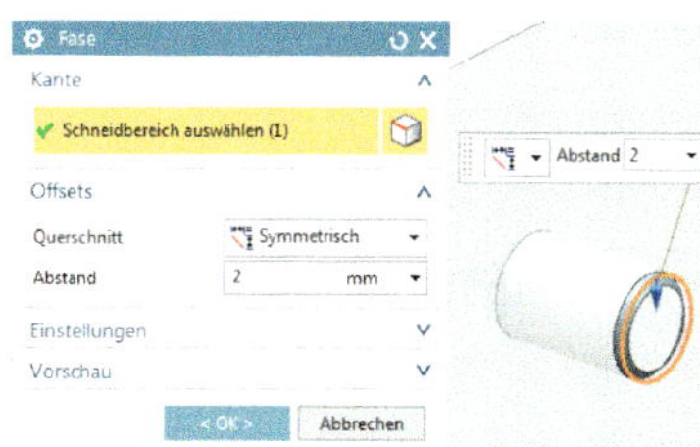

⇨ Vordere Kante des Zylinders wählen

Querschnitt ⇨ **Symmetrisch**

Abstand ⇨ **2**

61 ▾ 9. *Arbeitslayer 61*

10. *Bezugsebene*

Typ ⇨ **Ermittelt**

⇨ Auswahl der beiden Flächen des vertikalen Quaders

Die Ebene wird mittig zwischen den Flächen platziert.

Ist bei der Erstellung der Bezugsebene als Typ ***Ermittelt*** *gewählt, wird der Typ automatisch gemäß der Eingabe der Referenzgeometrie festgelegt. Dies funktioniert in den meisten Fällen sehr gut. In einigen Fällen muss der Typ jedoch manuell definiert werden.*

Durch Verschieben der die Ebene begrenzenden Kugeln kann die Größe der Ebenendarstellung verändert werden.

1

11. *Arbeitslayer 1*

12. *Formelement spiegeln*

⇨ Zylinder und Fase wählen (Mehrfachauswahl mit Strg-Taste im Teile-Navigator)

Planar ⇨ **Vorhandene Ebene**

Ebene ⇨ Erzeugte Ebene auswählen

13. *Kantenverrundung*

Radius 1 ⇨ **30**

⇨ Obere Kanten des Winkels wählen

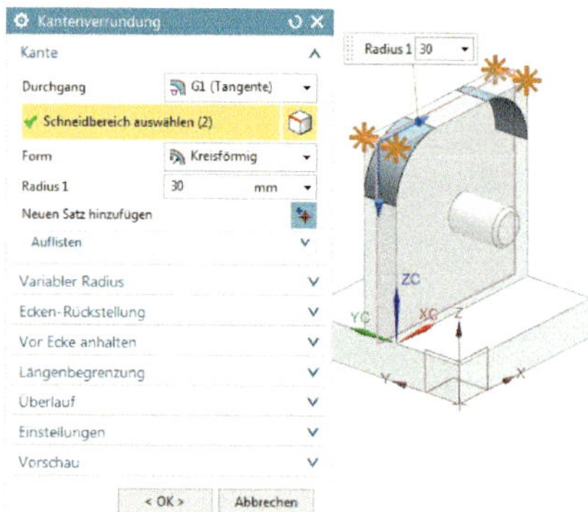

14. *Materialien zuweisen*

Menü ⇨ Werkzeuge ⇨ Materialen ⇨ *Materialien zuweisen*

⇨ Körper auswählen

⇨ **Steel**

15. *Farbe zuweisen*

Strg+J

Menü ⇨ Bearbeiten ⇨ *Objektdarstellung*

⇨ Körper auswählen

⇨ **Blau**

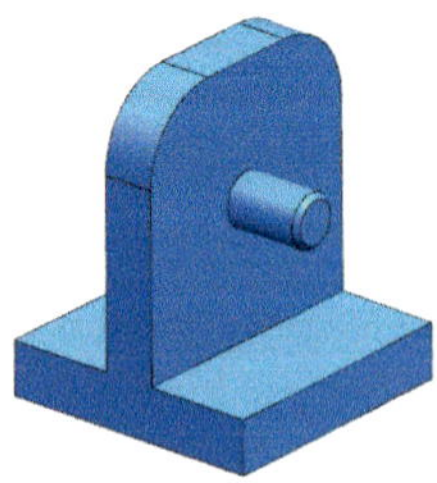

16. *Ausblenden von Layer 61*

Strg+L

Register Ansicht ⇨ *Layer-Einstellungen*

17. *Speichern*

3.2 Skizzen

In diesem Abschnitt werden die in NX zur Verfügung stehenden Skizzenumgebungen mit ihren Funktionen vorgestellt und an einem Beispiel erklärt.

Skizzen können in NX prinzipiell durch *Extrudieren* oder *Drehen* zu Flächen oder Volumenkörpern weiterverarbeitet werden. Zudem sind weitere Operationen wie z. B. die geführte Extrusion oder die Schnittmenge möglich.

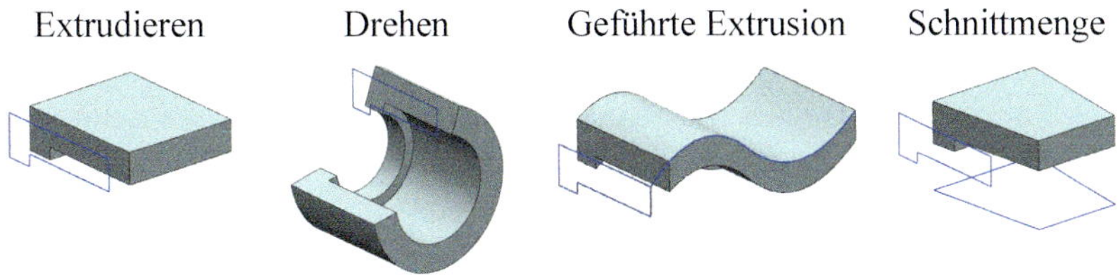

Bei der Skizzenerstellung sollte sich stets an der folgenden Vorgehensweise orientiert werden:

I. Zeichnen der groben Kontur
II. Setzen von Zwangsbedingungen
III. Bemaßen der Kontur

Dabei sollten zudem einige Grundregeln beachtet werden:

- Skizzen sollten immer so einfach wie möglich gehalten werden. Durch geschickte Verwendung von Zwangsbedingungen, Referenzgeometrie und Symmetrien kann die Komplexität von Skizzen reduziert werden.
- Skizzen sollten immer vollständig bestimmt sein.
- Skizzen sollten nur für die Modellierung der Grundform eines Bauteils genutzt werden. Details wie Fasen, Rundungen, Bohrungen, Taschen und Nuten sollten als separate Formelemente erzeugt werden. Anpassungen und Änderungen sind somit einfacher durchzuführen.

Skizzenumgebungen

In NX stehen zwei Umgebungen für die Erstellung einer Skizze zur Verfügung:

- *Skizze in Aufgabenumgebung*
- *Direkte Skizze*

Je nach Konfiguration der Bedienoberfläche und Rollen sind diese im Register *Startseite* oder *Kurve* zu finden.

In jedem Fall können beide Umgebungen auch über das Menü aufgerufen werden.

Menü ⇨ Einfügen ⇨ *Skizze* / *Skizze in Aufgabenumgebung*

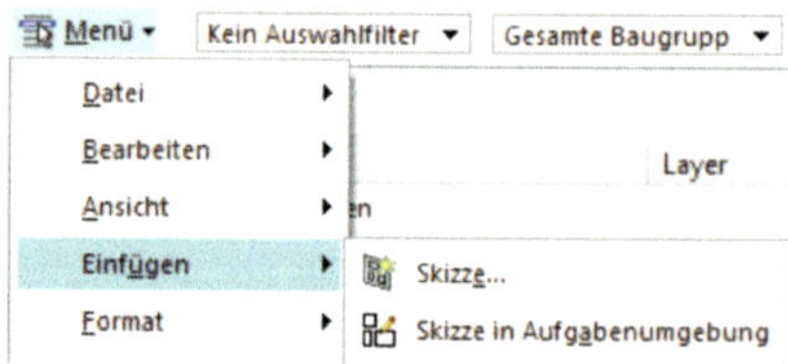

Skizze in Aufgabenumgebung

Diese Skizzenumgebung stellt eine separate Umgebung zur Erzeugung von Skizzen dar, in der der volle Funktionsumfang zur Verfügung steht. Sie ist vor allem zum Erstellen von Skizzen geeignet sowie zum ersten Kennenlernen der Skizzierfunktionen.

Direkte Skizze

Diese Skizzenumgebung stellt Skizzierfunktionen in der aktuell gewählten Umgebung von NX bereit und ist somit streng genommen keine eigene Umgebung. Sie eignet sich vor allem zum schnellen Ändern und Anpassen von Skizzen und deren Bemaßungen.

Unerfahrene Nutzer müssen hierbei vor allem beachten, die richtigen Linienelemente zu wählen. Die Buttons für 3D-Linien im Register Kurve werden nämlich nicht ausgeblendet, was häufig zu Verwechselungen führt.

Über *In Skizzenaufgaben-Umgebung öffnen* kann von der direkten Skizze auch in die Skizze in Aufgabenumgebung gewechselt werden.

⇨ Weitere ⇨ *In Skizzenaufgaben-Umgebung öffnen*

ⓘ *Zur Erstellung der Skizzen in diesem Buch wird ausschließlich die* ***Skizze in Aufgabenumgebung*** *genutzt. Insbesondre für den Einstieg in NX sollte stets diese Skizzenumgebung verwendet werden, um Fehler zu vermeiden.*

Skizzenelemente und Funktionen

Die folgenden zwei Funktionen dienen der Organisation und Ansichtssteuerung der Skizze.

An Skizze ausrichten

Shift +F8

Wird die Ansicht in der Skizzenumgebung verdreht, kann sie über diesen Befehl wieder senkrecht zur Skizze ausgerichtet werden.

Neu zuordnen

Mit dieser Funktion kann die Skizze einer neuen Ebene zugeordnet sowie die horizontale bzw. vertikale Referenz oder der Skizzenursprung neu definiert werden.

Zum Erzeugen von Skizzenkonturen stehen folgende Elemente zur Verfügung:

Profil

Startet automatisch wenn die Skizzenumgebung aufgerufen wird. Hier lassen sich schnell Profile aus Linien und Bögen zeichnen.

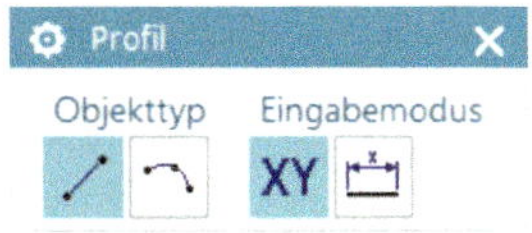

Rechteck

Linie

Bogen

Kreis

Punkt

Studio-Spline

Weitere Elemente stehen in dem dazugehörigen Drop-down-Menü zur Verfügung.

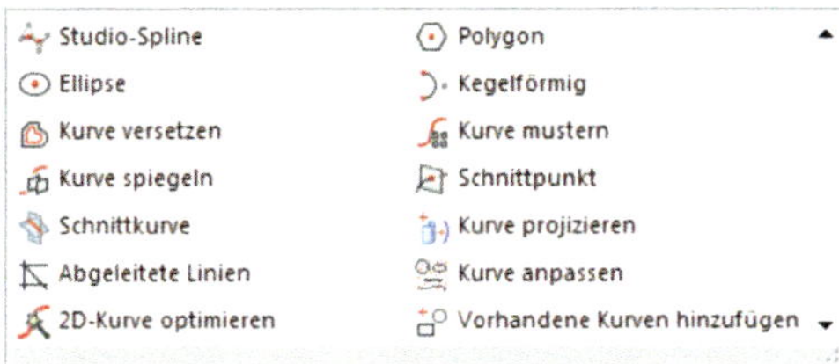

Die folgenden Operationen dienen zum Bearbeiten erzeugter Konturen:

Schnell trimmen

Schnell erweitern

Auch hier werden im dazugehörigen Drop-down-Menü weitere Funktionen angeboten.

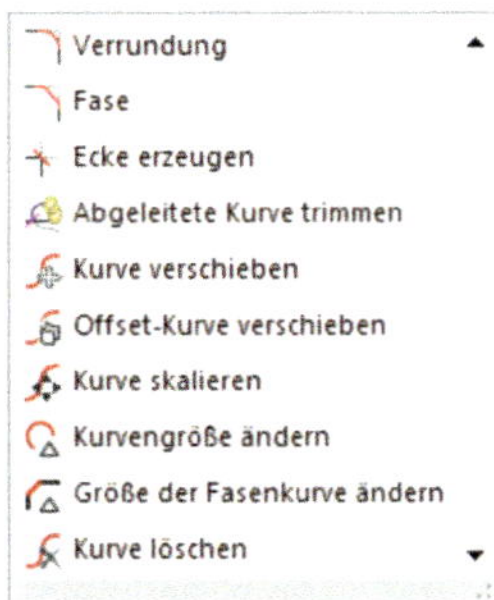

Nachdem eine Skizzenkontur erzeugt wurde, wird diese i. d. R. mit Zwangsbedingungen und Bemaßungen versehen. Dies erfolgt durch die folgenden Funktionen.

Geometrische Zwangsbedingungen

C

Elemente von Skizzenkonturen werden mit geometrischen Zwangsbedingungen zueinander positioniert.

Es können auch das Skizzenkoordinatensystem und Elemente außerhalb der Skizze verwendet werden.

Unter *Einstellungen* können weitere Zwangsbedingungen für die Schnellauswahl ausgewählt werden.

ⓘ *Der **Automatische Auswahlfortschritt** sollte in jedem Fall aktiviert werden. Somit wird automatisch in die nächste Auswahl wechselt.*

Als symmetrisch festlegen

Diese Funktion erlaubt die Definition von symmetrischen Elementen über eine Mittellinie.

ⓘ *Durch die geschickte Verwendung von Symmetrien können Skizzen oftmals deutlich vereinfacht werden.*

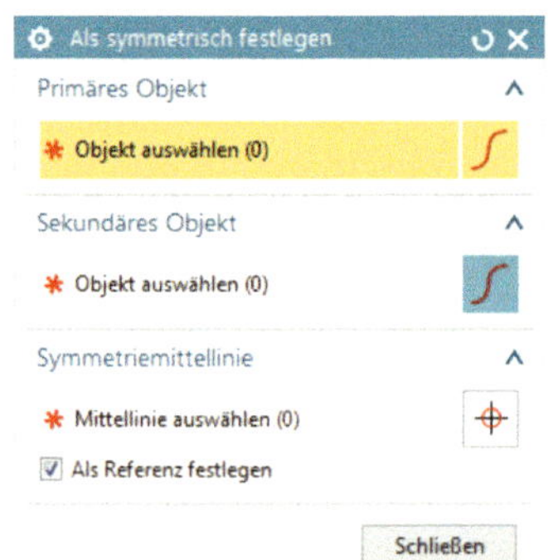

Schnellbemaßung

D

Mit dieser Funktion können schnell Bemaßungen erzeugt werden.

Im dazugehörigen Dropdown-Menü sind weitere Funktionen zur Bemaßung abgelegt.

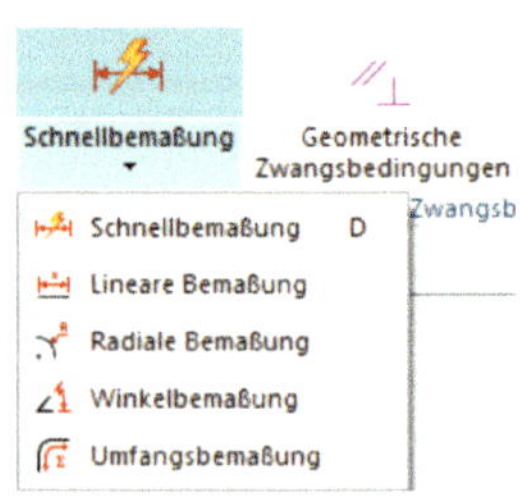

Weitere Funktionen zum Bearbeiten von Zwangsbedingungen und Bemaßung und stehen in dem dazugehörigen Dropdown-Menü zur Verfügung.

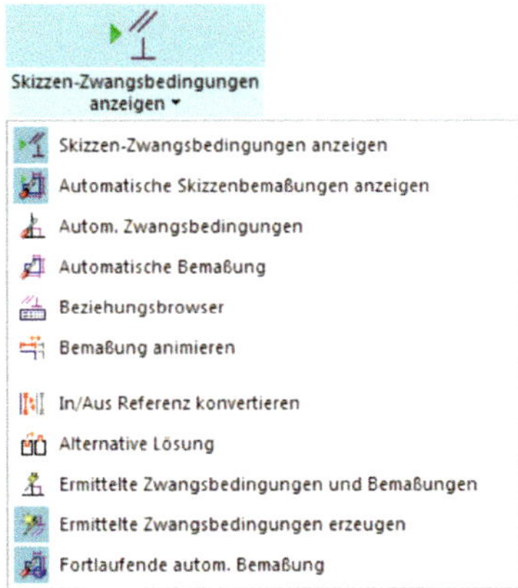

In/Aus Referenz konvertieren

Skizzenelemente werden in Referenzgeometrie konvertiert. Diese erzeugt keine Volumen- oder Flächengeometrie durch weitere Operationen, sondern dient lediglich zur Unterstützung der Skizzenerstellung.

Skizze beenden

Strg+Q Beendet die Skizzenumgebung und kehrt zur Konstruktionsumgebung zurück.

Skizzenkoordinatensystem

Jede Skizze beinhaltet ein eigenes Koordinatensystem, welches beim Erstellen der Skizze erzeugt wird. Es besteht aus einer horizontalen (X) und einer vertikalen Skizzenachse (Y). Beide Achsen sowie der Skizzenursprung können beim Erzeugen von Zwangsbedingungen und Bemaßungen verwendet werden.

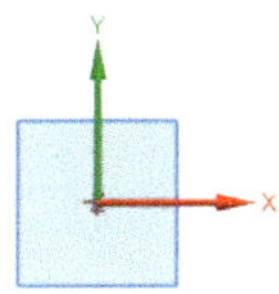

Werden die Elemente einer Skizze durchgängig nur auf das Skizzenkoordinatensystem referenziert (und nicht auf das Bezugskoordinatensystem, welches oft genau dahinter liegt), ist es im Nachhinein einfach möglich, die Skizze einer neuen Ebene zuzuordnen, sie zu verschieben oder zu drehen.

Bearbeiten von Skizzen

Zur Bearbeitung einer bereits erstellten Skizze in der Skizzenumgebung, muss diese *mit Rollback bearbeitet* werden.

⇨ RMT auf einer Skizze

⇨ *Mit Rollback bearbeiten*

Somit wird die Skizze als aktuell festgelegt (s. Abschnitt 2.2) und die Skizzenumgebung geöffnet.

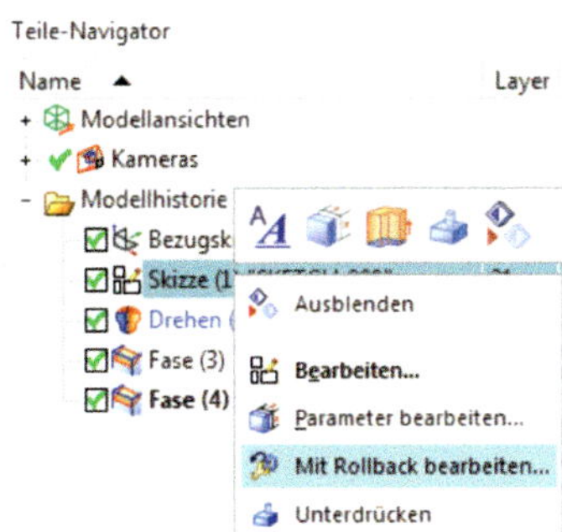

Ein Doppelklick auf die Skizze öffnet standardmäßig die Direkte Skizze. Diese Einstellung kann jedoch auch in den Anwenderstandards verändert werden.

Erzeugen einer Hülse

Um die Arbeit mit Skizzen kennenzulernen, wird im Folgenden eine einfache Hülse modelliert.

Dabei wird zunächst die Kontur der Hülse als Skizze erstellt und rotiert. Anschließend werden die beiden Fasen erzeugt.

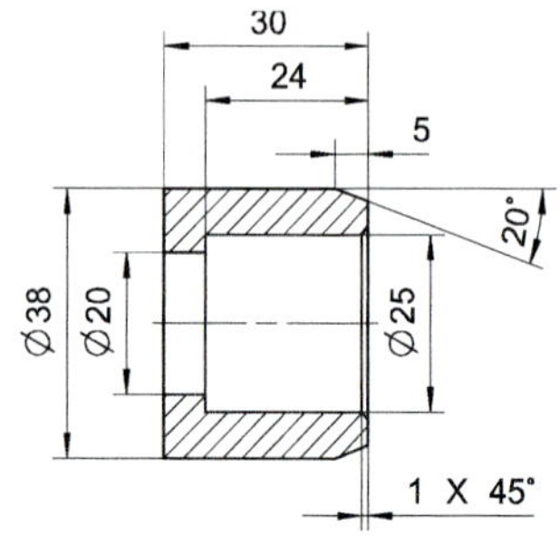

Das Video zu diesem Abschnitt kann durch Scannen des QR-Codes abgerufen werden. Liegt das Buch als eBook vor, kann der QR-Code auch direkt angeklickt werden.

1. *Erstellen einer neuen Datei*

Strg+N

Dateiname ⇨ **Huelse**

21 ▾ 2. *Arbeitslayer 21*

3. *Skizze*

Menü ⇨ Einfügen ⇨ *Skizze in Aufgabenumgebung*

Ursprungsmethode ⇨ **Ursprung des aktiven Teils verwenden**

⇨ **XY-Ebene** auswählen

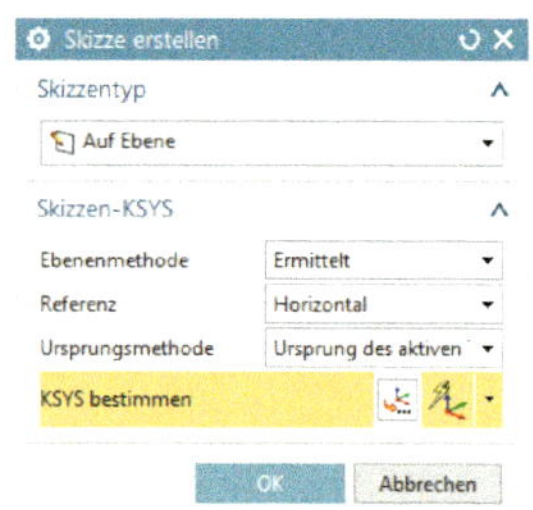

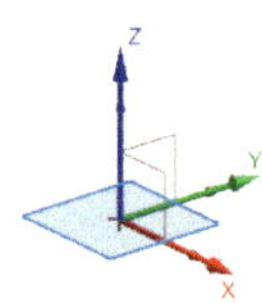

*Durch die Ursprungsmethode **Ursprung des aktiven Teils verwenden** wird als Koordinatenursprung des Skizzenkoordinatensystems der absolute Ursprungspunkt des Bauteils in die Skizzenebene projiziert.*

*Alternativ hierzu kann über **Punkt angeben** der Koordinatenursprung auch manuell definiert werden.*

Profil

⇨ Zeichnen der groben Kontur

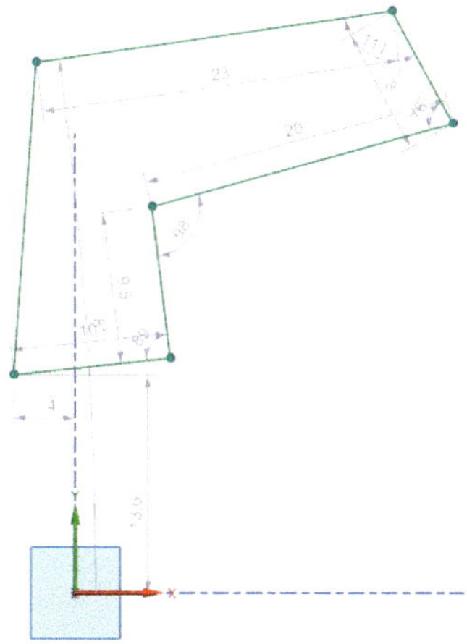

Die **hellgrauen Maße** werden beim Skizzieren automatisch erzeugt, wenn die Funktion *Fortlaufende autom. Bemaßung* aktiviert ist.

Sie dienen u. a. der Kontrolle, ob eine Skizze vollständig bestimmt ist.

Für die Erstellung der Skizze können diese Maße zunächst ignoriert werden. Mit zunehmender Anzahl von Zwangsbedingungen werden diese Maße automatisch weniger.

Beim Skizzieren werden durch das System Zwangsbedingungen vorgeschlagen und orange markiert. Diese sog. impliziten Zwangsbedingungen können durch Halten der ***Alt-Taste*** *unterdrückt werden.*

Horizontal/Vertikal

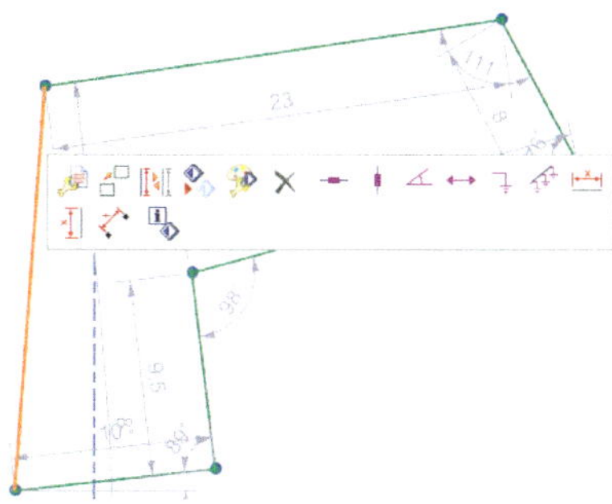

Linien können sehr schnell als horizontal bzw. vertikal definiert werden.

⇨ eine Linie anklicken

⇨ horizontal bzw. vertikal in dem sich öffnenden Menü wählen

Alternativ: RMT ⇨ *Horizontal/Vertikal*

Geometrische Zwangsbedingungen

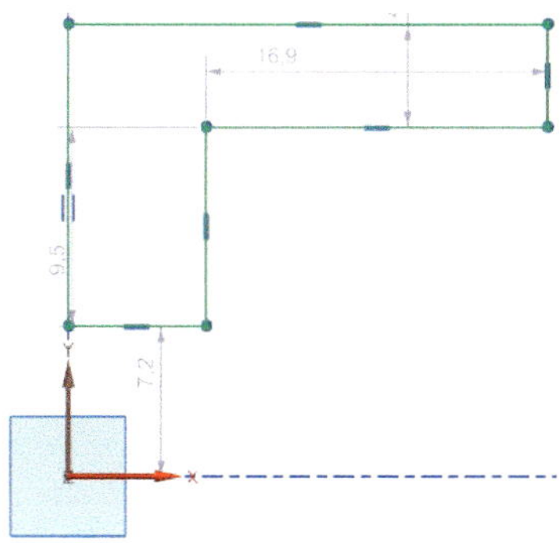

⇨ *Kollinear*

⇨ linke vertikale Linie wählen

⇨ vertikale Skizzenachse wählen

Die Linie wird somit genau auf die vertikale Skizzenachse gelegt.

Kurve spiegeln

⇨ Obere Kurven auswählen

⇨ Mittellinie wählen ⇨ horizontale Skizzenachse

Die erzeugte Kontur wird an der horizontalen Skizzenachse gespiegelt.

Die gespiegelte Kurve bleibt mit der Ursprungskurve assoziativ verbunden. Wird die Ursprungskurve verändert, ändert sich auch die gespiegelte Kurve.

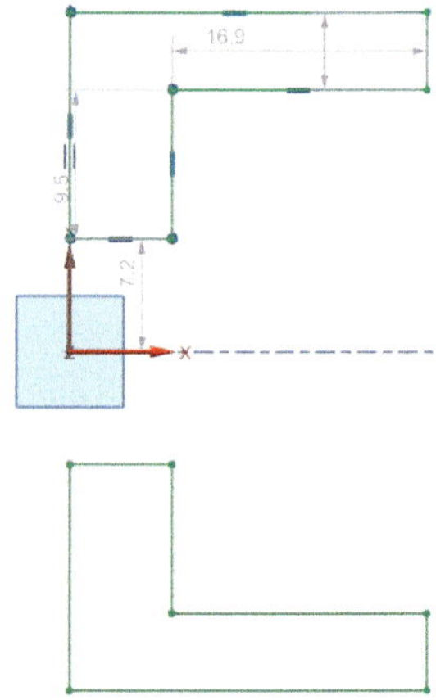

In/Aus Referenz konvertieren

Die untere Kontur wird in Referenzgeometrie konvertiert.

⇨ Untere Kurven auswählen

⇨ RMT

⇨ *In/Aus Referenz konvertieren*

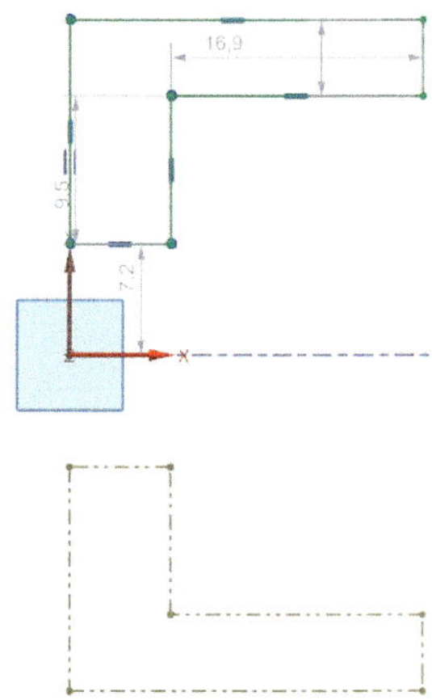

Schnellbemaßung

D

Bei der *Bemaßung* können die hellgrauen automatisch erzeugten Maße mit einem Doppelklick editiert werden oder mit *Schnellbemaßung* neue Maße erzeugt werden.

Das Ziel ist, dass keine automatisch erzeugten Bemaßungen mehr vorhanden sind und die Skizze vollständig bestimmt ist. Dies wird dann in der unteren Rahmenleiste angezeigt (s. Abschnitt 1.2).

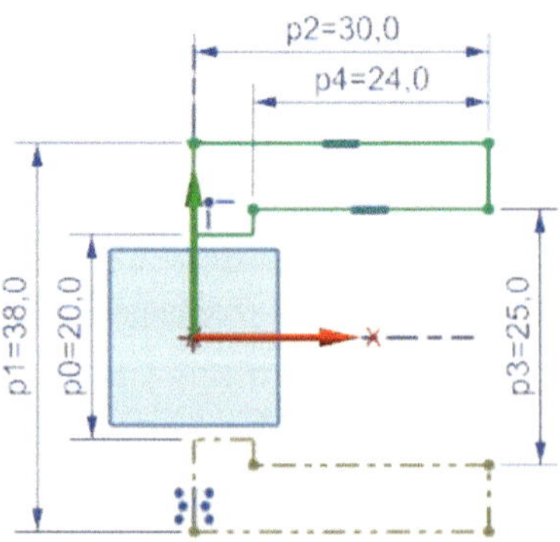

ⓘ *Durch das Erzeugen der ersten Bemaßung wird die gesamte Skizzenkontur skaliert. Somit wird ein ungewolltes Verschieben der Kontur verhindert.*

Bei den weiteren Bemaßungen sollte immer versucht werden, mit dem kleinsten Maß zu beginnen und dann der Größe der Bemaßungen nach vorzugehen. Somit wird weiterhin ein ungewolltes Verschieben der Skizzenkontur verhindert.

Skizze beenden

Strg+Q

1 ▾ 4. *Arbeitslayer 1*

5. *Drehen*

⇨ Skizze wählen

⇨ Vektor angeben ⇨ **X-Achse**

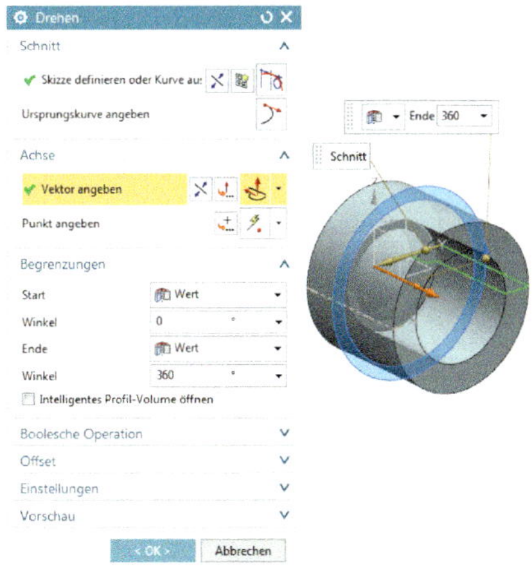

ⓘ *Wird beim Drehen direkt die X-Achse des Bezugskoordinatensystems gewählt, muss kein separater Punkt angegeben werden, da dieser Vektor ortsfest ist.*

Wird ein Vektor des blauen Koordinatensystems gewählt, muss zusätzlich ein Punkt für den Ursprung des Vektors definiert werden.

6. *Fase*

Querschnitt ⇨ **Offset und Winkel**

Abstand ⇨ **5**

Winkel ⇨ **20**

⇨ Ggf. *Richtung umkehren*

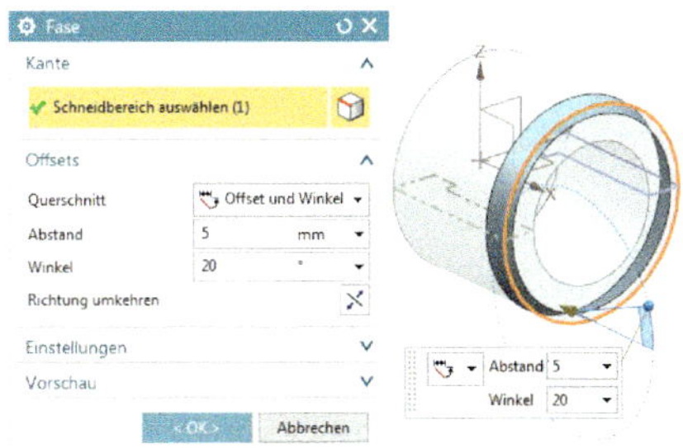

7. *Fase*

Querschnitt ⇨ **Symmetrisch**

Abstand ⇨ **1**

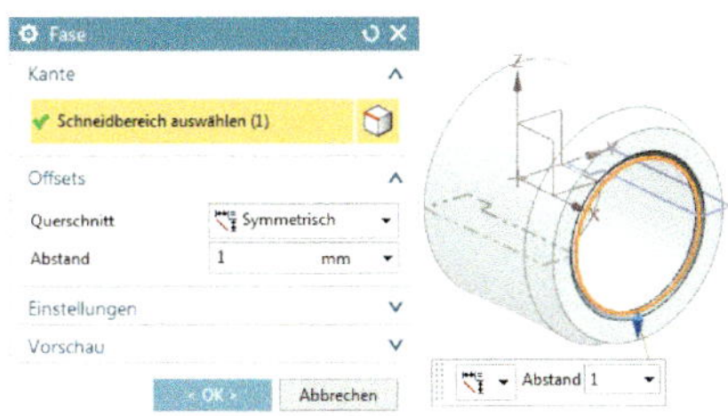

8. *Materialien zuweisen*

Menü ⇨ Werkzeuge ⇨ Materialen ⇨ *Materialien zuweisen*

⇨ Körper auswählen

⇨ **Steel**

Strg+J

9. *Farbe zuweisen*

Menü ⇨ Bearbeiten ⇨ *Objektdarstellung*

⇨ Körper auswählen

⇨ **Gelb**

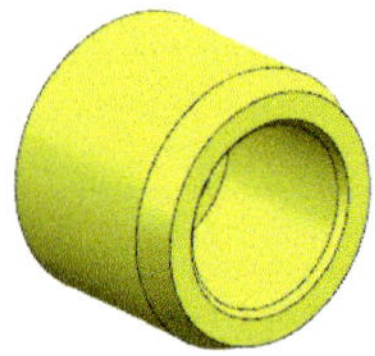

Strg+L

10. *Ausblenden der Layer 21 und 61*

Das Ausblenden der Layer erfolgt in den *Layer-Einstellungen* durch Deaktivieren der Checkboxen vor den jeweiligen Layern.

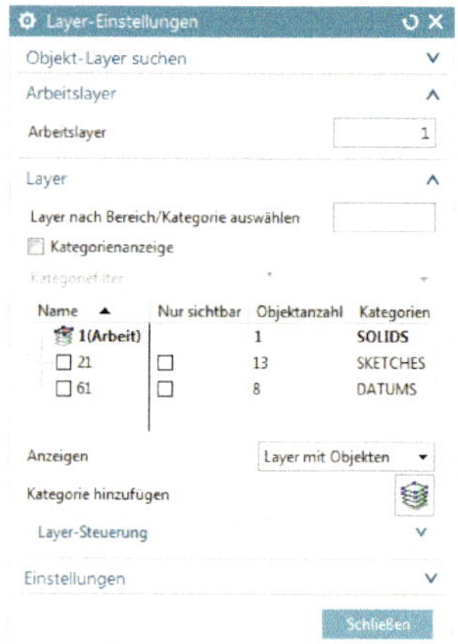

11. *Speichern*

3.3 Kontrollfragen

?

1. Was sind die wichtigsten Formelemente?
2. Wozu dient das WCS?
3. Durch welche Operationen können Skizzen weiterverarbeitet werden?
4. Worin unterscheiden sich die Definitionen von Ziel und Werkzeug, welche in verschiedenen Funktionen von NX zu finden sind?
5. Was ist der Unterschied zwischen den beiden Skizzenumgebungen?
6. Was sind die wichtigsten Elemente einer Skizze?
7. Was sind die Grundregeln zum Erstellen einer Skizze?
8. Bei welchen Bauteilen eignet sich die Modellierung mit Formelementen, bei welchen mit Skizzen?

4 Konstruktion eines Getriebes

In diesem Kapitel wird ein zweistufiges Getriebe modelliert. Der Fokus des Buches liegt auf der Vermittlung von Fertigkeiten mit dem CAx-System NX. Viele Einzelteile sind aus diesem Grund sehr stark vereinfacht oder abgewandelt. Weiterhin ist es das Ziel, ein möglichst breites Spektrum an Funktionen zu verwenden. Daher werden teilweise ähnliche Teile auf verschiedenen Wegen modelliert.

In den Abschnitten 4.1 und 4.2 werden am Beispiel eines Wellendichtrings die beiden grundlegenden Methoden zur Volumenmodellierung angewendet (s. Kapitel 3). Beide Methoden werden später nochmal bei der Modellierung der Wellen verwendet.

4.1 Erzeugen eines Wellendichtrings durch Formelemente

Vorgehensweise:

I. Erstellen von zwei Zylindern
II. Boolesche Operationen
III. Erzeugen der Nut
IV. Erzeugen der Kantenverrundung und Fase

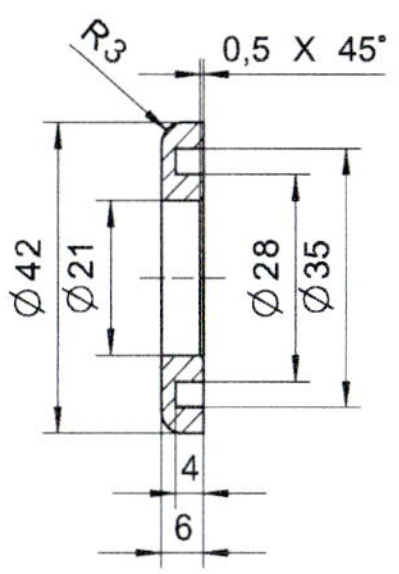

Das Video zu diesem Abschnitt wird durch Scannen des abgebildeten QR-Codes oder durch direktes Anklicken des QR-Codes aufgerufen.

I. Erstellen von zwei Zylindern

1. *Erstellen einer neuen Datei*

Strg+N Dateiname ⇨ **RWDR_21_42**

2. *Zylinder*

⇨ Vektor angeben ⇨ **Z-Achse**

⇨ Punkt angeben ⇨ **0;0;0**

Durchmesser ⇨ **42**

Höhe ⇨ **6**

S. Vajna (Hrsg.), *NX 12 für Einsteiger – kurz und bündig*, https://doi.org/10.1007/978-3-658-23061-6_4

3. *Zylinder*

⇨ Vektor angeben ⇨ **Z-Achse**

⇨ Punkt angeben ⇨ **0;0;0**

Durchmesser ⇨ **21**

Höhe ⇨ **6**

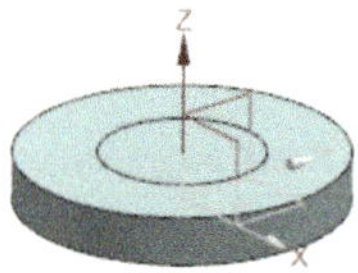

II. Boolesche Operationen

1. *Subtrahieren*

Ziel ⇨ **Zylinder (1)**

Werkzeug ⇨ **Zylinder (2)**

Das Werkzeug wird immer auf das Ziel angewendet. Bei der Subtraktion wird das Werkzeug also vom Ziel subtrahiert.

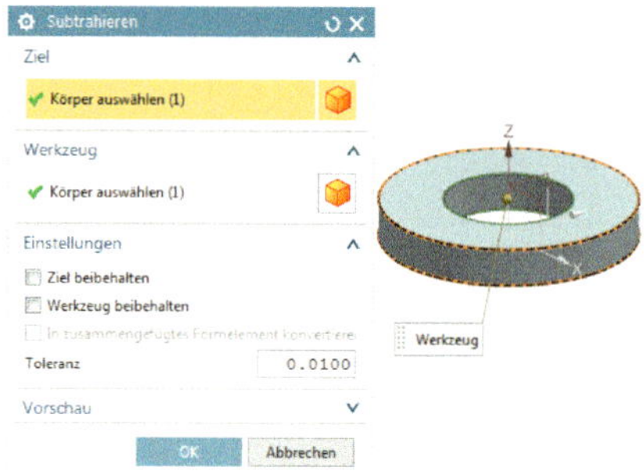

III. Erzeugen der Nut

1. *Arbeitslayer 21*

2. *Skizze*

⇨ **YX-Ebene**

⇨ Erstellen von zwei *Kreisen*

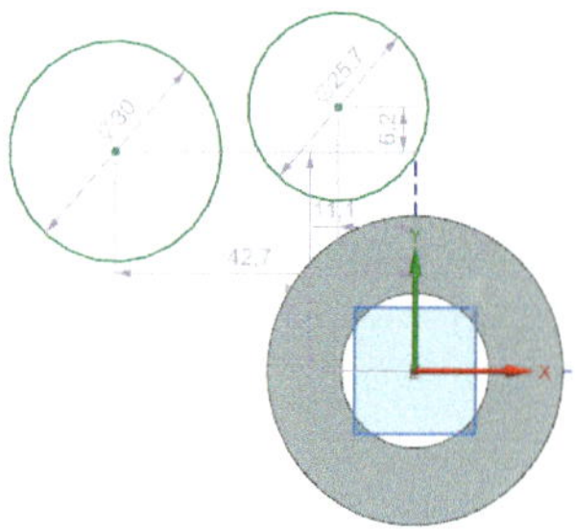

Die hellgrauen *fortlaufenden automatischen Bemaßungen* können wieder ignoriert werden.

Geometrische Zwangsbedingungen

⇨ Kreise *konzentrisch* setzen

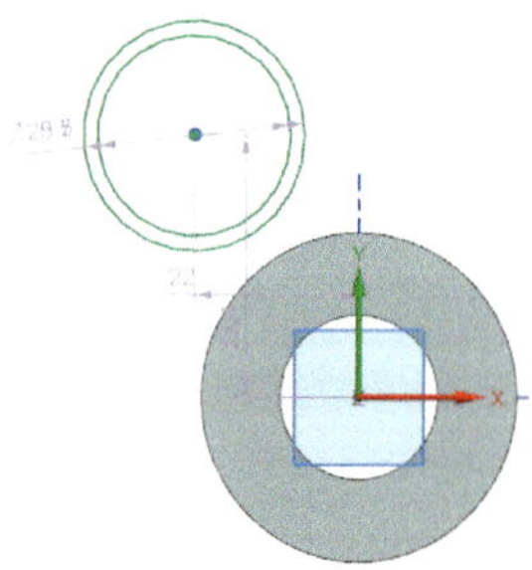

⇨ Kreismittelpunkt mit *Punkt auf Kurve* auf die vertikale Skizzenachse setzen

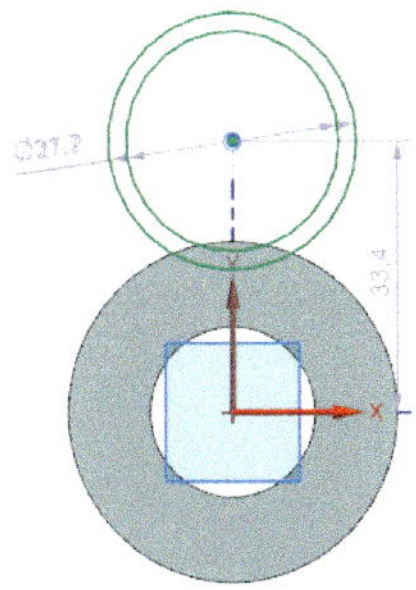

⇨ Kreismittelpunkt mit *Punkt auf Kurve* auf die horizontale Skizzenachse setzen

Beide Kreise befinden sich somit im Koordinatenursprung.

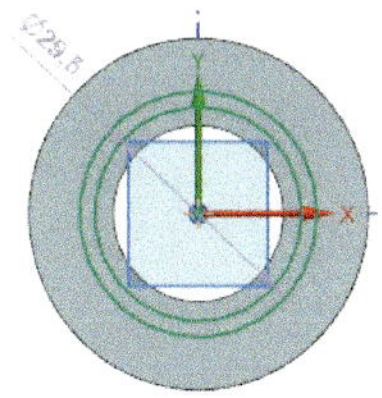

Schnellbemaßung

D

⇨ Durchmesser bemaßen

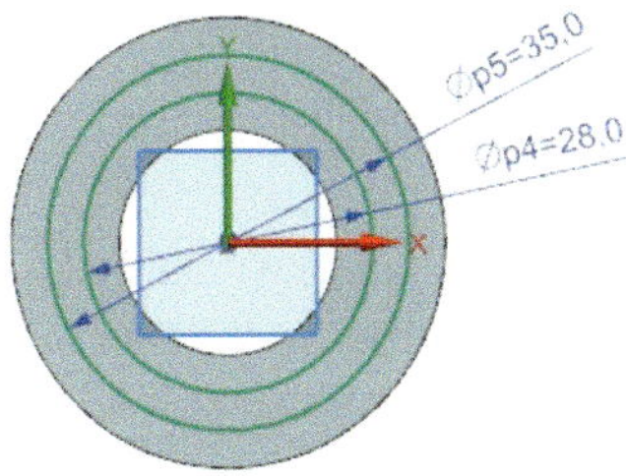

Wird die Ansicht in der Skizzenumgebung verdreht, kann sie über *An Skizze ausrichten* wieder senkrecht zur Skizze ausgerichtet werden.

3. *Arbeitslayer 1*

4. *Extrudieren*

X

⇨ Kreise der Skizze wählen

Ende ⇨ **Wert** ⇨ **4**

Boolesche Op. ⇨ **Subtrahieren**

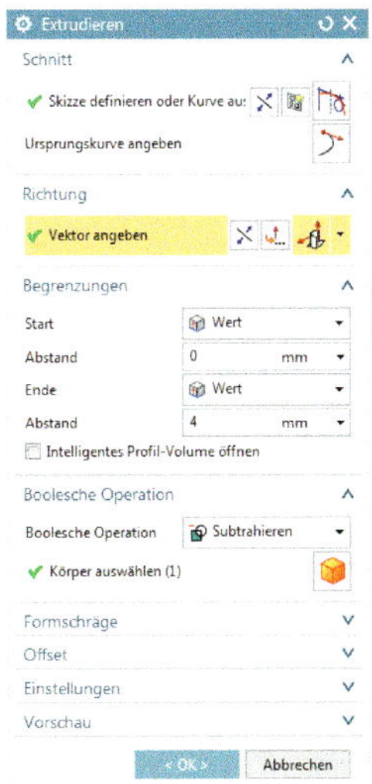

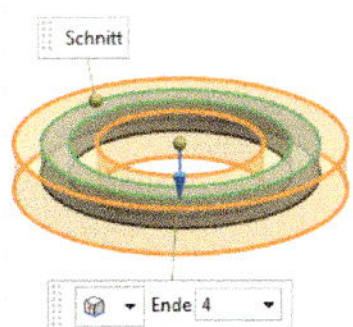

⇨ Ggf. *Richtung umkehren*

Somit wird die Richtung der Extrusion umgedreht.

Boolesche Operationen können eigenständig nach der Erstellung von Körpern oder direkt in den Formelementen erzeugt werden. Beide Wege wurden an diesem Beispiel aufgezeigt.

IV. Erzeugen der Kantenverrundung und Fase

1. *Kantenverrundung*

Radius 1 ⇨ **3**

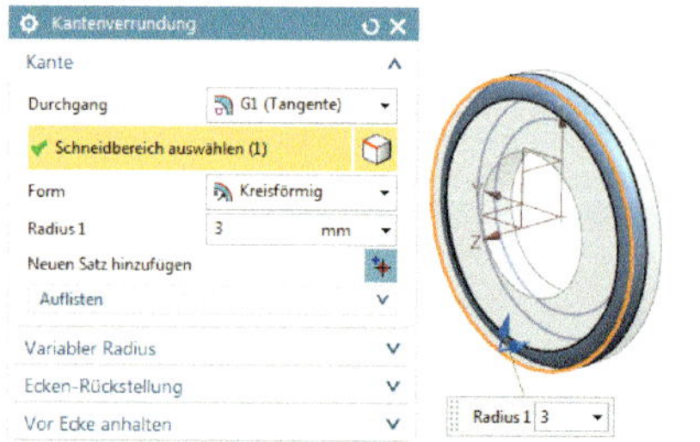

2. *Fase*

Querschnitt ⇨ **Symmetrisch**

Abstand ⇨ **0.5**

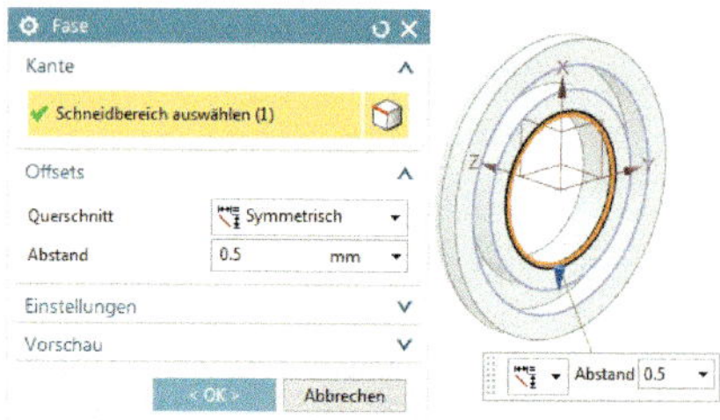

3. *Farbe zuweisen*

Strg+J

⇨ **Rot**

4. *Materialien zuweisen*

⇨ **Polyurethene-Hard**

5. *Überprüfen der Layer*

Ggf. Elemente *auf Layer verschieben*

6. *Ausblenden der Layer 21 und 61*

Strg+L

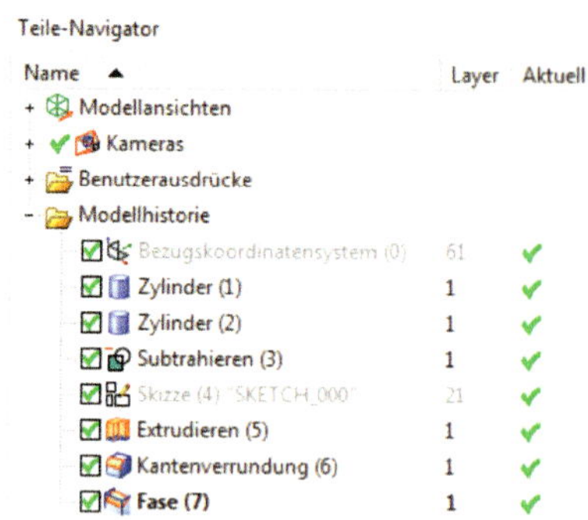

7. *Speichern*

Strg+S

4.2 Erzeugen eines Wellendichtrings durch Rotation

Vorgehensweise:

I. Erstellen einer Skizze
II. Drehen der Skizze
III. Erzeugen der Kantenverrundung und Fase

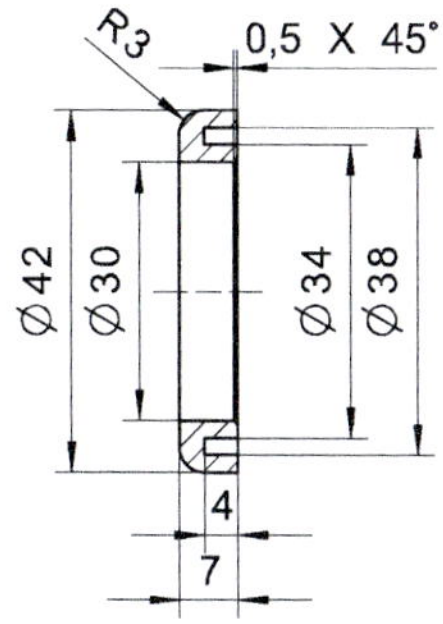

In dem Video werden als Ergänzung die Erstellung der Skizze und deren Rotation zu einem Körper gezeigt.

I. Erstellen einer Skizze

1. *Erstellen einer neuen Datei*

Dateiname ⇨ **RWDR_30_42**

2. *Arbeitslayer 21*

3. *Skizze*

⇨ **XY-Ebene**

⇨ Erzeugen zweier sich verschneidender *Rechtecke*

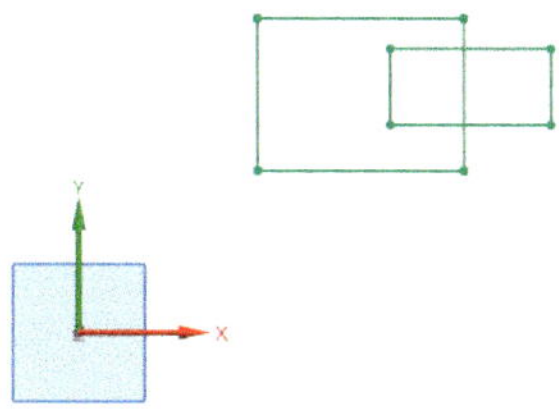

Die hellgrauen automatisch erzeugten Bemaßungen sind in den Abbildungen aus Gründen der Übersichtlichkeit ausgeblendet.

⇨ Alle nicht benötigten Elemente können durch *Schnell trimmen* entfernt werden.

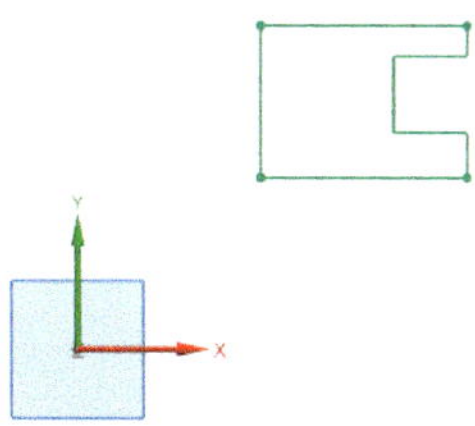

Alternativ kann auch mit einem *Profil* gearbeitet werden.

Die Skizze wird mit allen notwendigen Maßen und Zwangsbedingungen versehen (s. Hülse, Abschnitt 3.2).

Die beiden vertikalen Linien auf der rechten Seite können mit der Zwangsbedingung *Gleiche Länge* versehen werden.

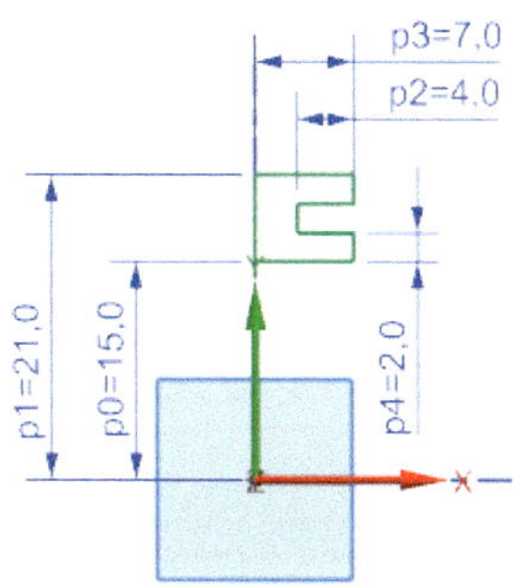

Skizze beenden

II. Drehen der Skizze

1 ▾ 1. *Arbeitslayer 1*

2. *Drehen*

⇨ Skizze wählen

⇨ Vektor angeben ⇨ **X-Achse**

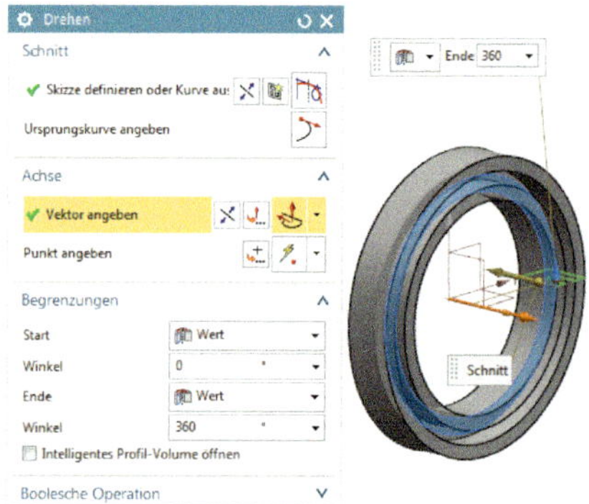

Wird direkt die X-Achse des Koordinatensystems ausgewählt, muss kein Punkt gewählt werden, da die X-Achse ortsfest ist.

III. Erzeugen der Kantenverrundung und Fase

1. *Kantenverrundung*

Radius 1 ⇨ **3**

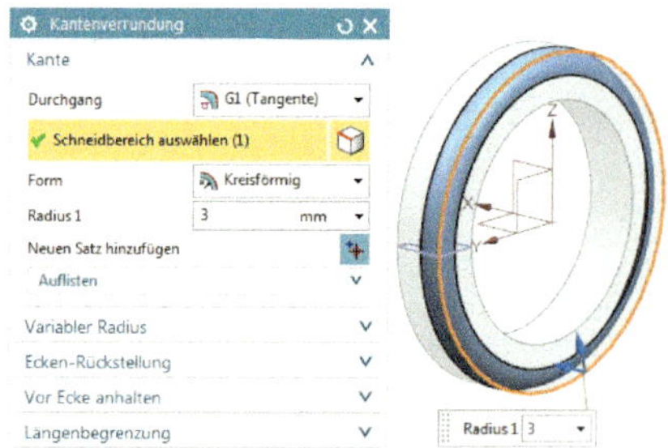

2. *Fase*

Querschnitt ⇨ **Symmetrisch**

Abstand ⇨ **0.5**

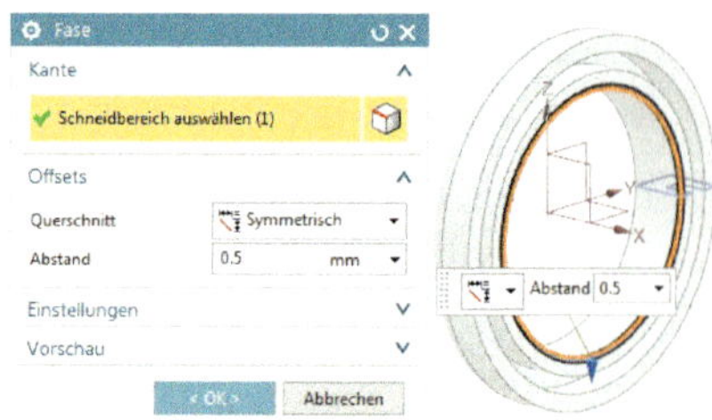

3. *Farbe zuweisen*

Strg+J

⇨ **Rot**

4. *Materialien zuweisen*

⇨ **Polyurethene-Hard**

5. *Überprüfen der Layer*

Ggf. Elemente *auf Layer verschieben*

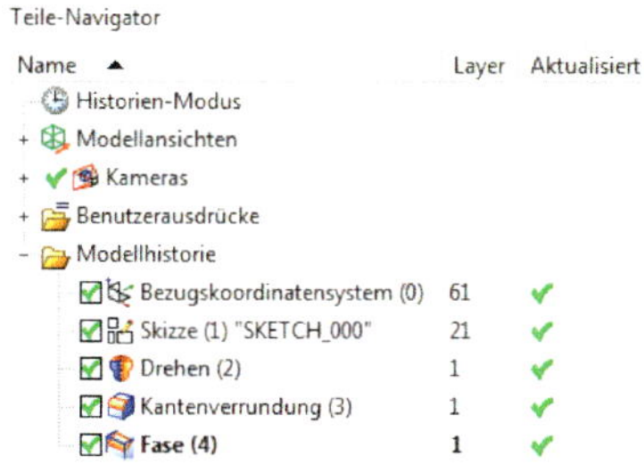

6. *Ausblenden der Layer 21 und 61*

Strg+L

7. *Speichern*

4.3 Erzeugen einer Hülse durch Formelemente

Vorgehensweise:

I. Erstellen eines Zylinders
II. Erzeugen der Bohrung
III. Erzeugen der Fasen

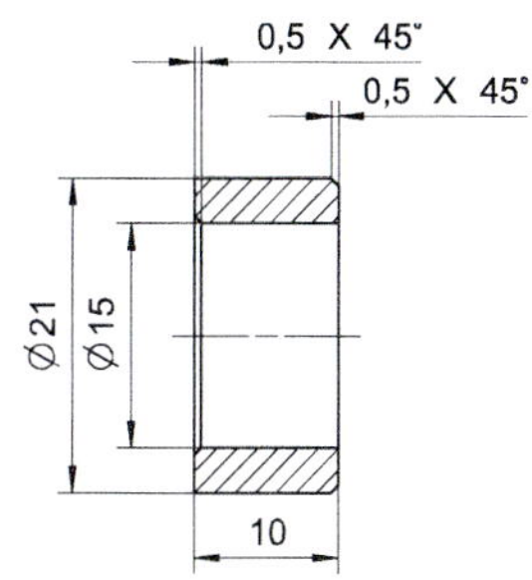

Das Video zeigt die gesamte Erstellung der Hülse.

I. Erstellen eines Zylinders

1. *Erstellen einer neuen Datei*

Dateiname ⇨ **Huelse_15_21**

2. *Zylinder*

⇨ Vektor angeben ⇨ **X-Achse**

⇨ Punkt angeben ⇨ **0;0;0**

Durchmesser ⇨ **21**

Höhe ⇨ **10**

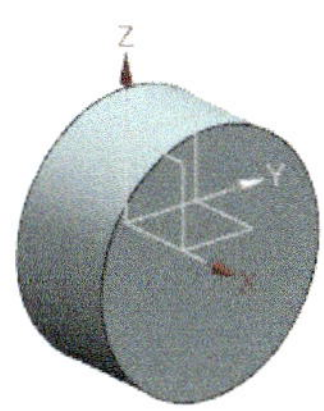

II. Erzeugen der Bohrung

1. *Bohrung*

Typ ⇨ **Allgemeine Bohrung**

⇨ Punkt angeben

⇨ *Bogenmittelpunkt* in den Fangpunkten wählen

⇨ Kante auswählen

Durchmesser ⇨ **15**

Tiefenbegrenzung ⇨ **Durch Körper**

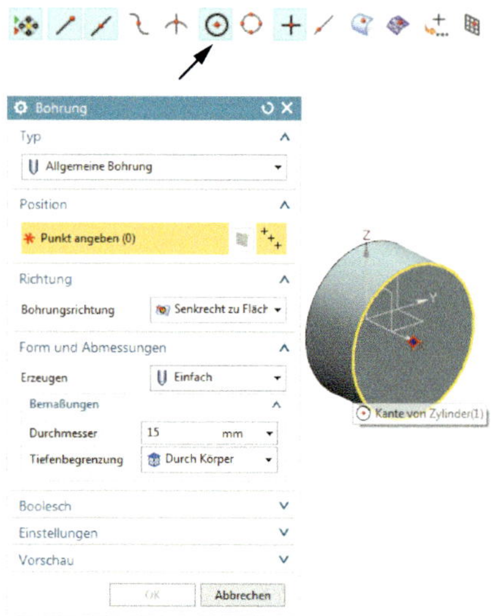

Bohrungen können über Skizzen oder wie hier gezeigt direkt über Punkte positioniert werden.

*Durch die Tiefenbegrenzung **Durch Körper** geht die Bohrung stets durch das gesamte Bauteil auch wenn dessen Länge später geändert wird.*

III. Erzeugen der Fasen

1. *Fase*

Querschnitt ⇨ **Symmetrisch**

Abstand ⇨ **0.5**

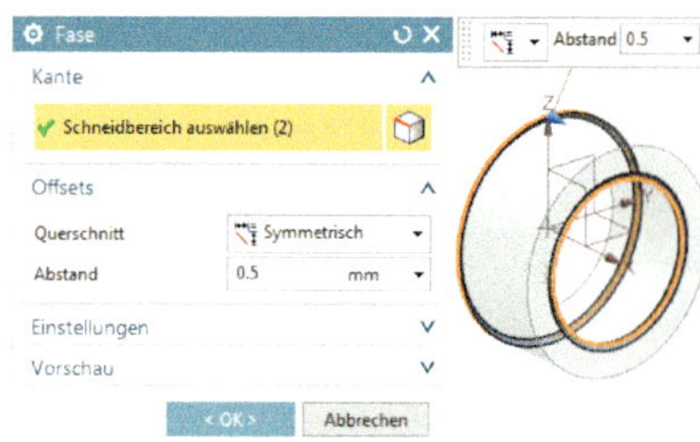

2. *Farbe zuweisen*

⇨ **Grün**

3. *Materialien zuweisen*

⇨ **Steel**

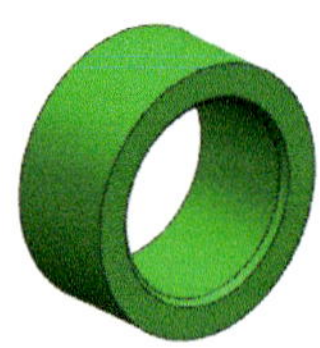

4. *Speichern*

4.4 Anpassen der Hülse

Vorgehensweise:

I. Öffnen der erzeugten Hülse
II. Ändern der Abmessungen
III. Speichern unter einem anderen Namen

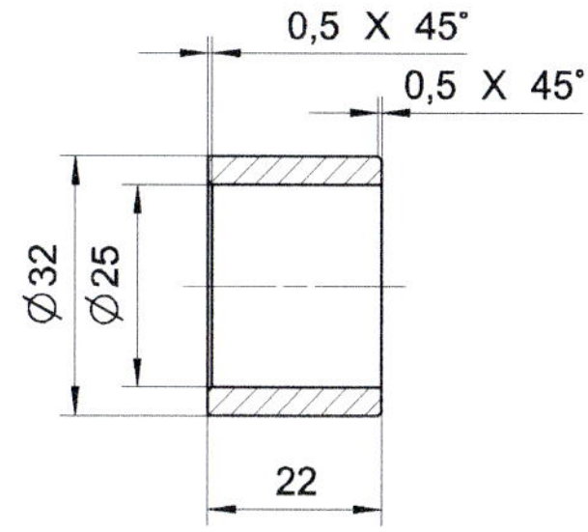

I. Öffnen der erzeugten Hülse

1. *Öffnen*

Dateiname ⇨ **Huelse_15_21**

II. Ändern der Abmessungen

1. *Zylinder bearbeiten*

⇨ Doppelklick auf **Zylinder (1)**

Durchmesser ⇨ **32**

Höhe ⇨ **22**

Alternativ lassen sich die Abmessungen auch in den *Details* im Teile-Navigator ändern. Dazu muss der Zylinder ausgewählt sein.

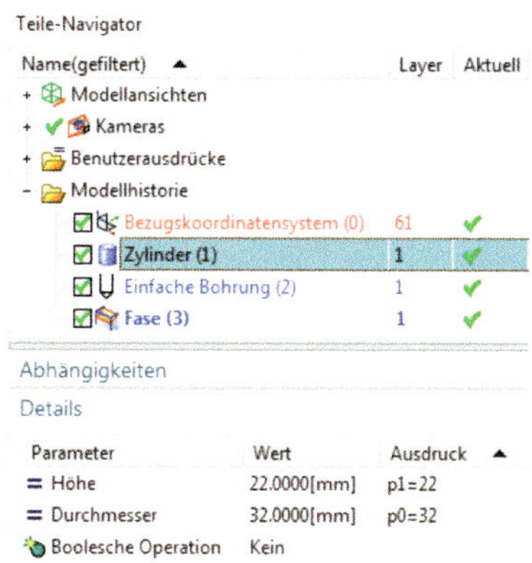

2. *Bohrung bearbeiten*

⇨ Doppelklick auf **Einfache Bohrung (2)**

Durchmesser ⇨ **25**

III. Speichern unter einem anderen Namen

1. *Speichern unter*

Dateiname ⇨ **Huelse_25_32**

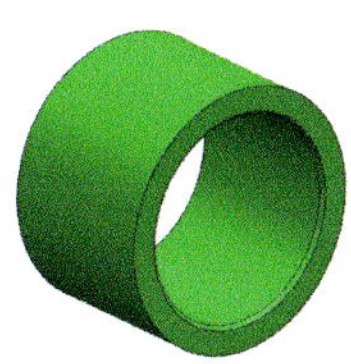

4.5 Erzeugen der Antriebswelle

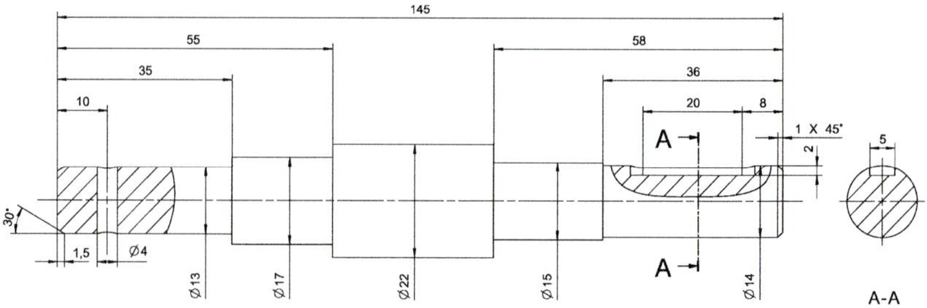

Vorgehensweise:

I. Grundkörper erstellen
II. Passfedernut erzeugen
III. Bohrung erzeugen
IV. Fasen erzeugen

Die Modellierung der Antriebswelle kann ergänzend auch vollständig im Video nachvollzogen werden.

I. Grundkörper erstellen

1. *Erstellen einer neuen Datei*

Dateiname ⇨ **Antriebswelle**

21 2. *Arbeitslayer 21*

3. *Skizze*

⇨ **XZ-Ebene**

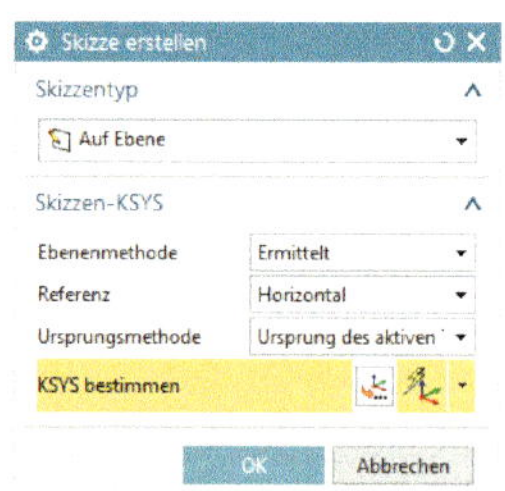

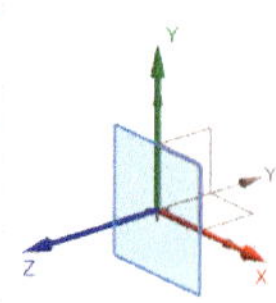

Profil

⇨ Zeichnen der einseitigen Kontur

Dabei werden alle Linien als horizontal bzw. vertikal erzeugt.

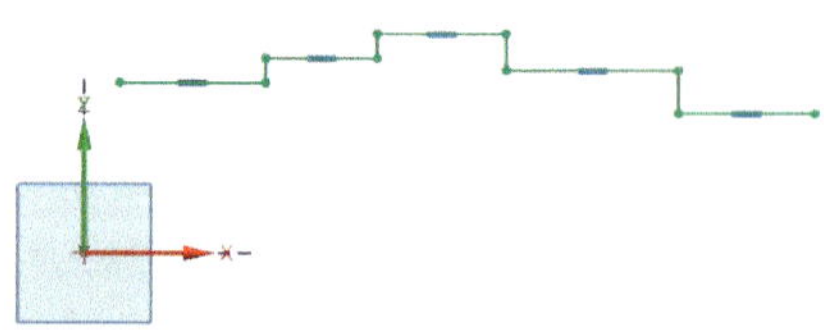

Geometrische Zwangsbedingungen

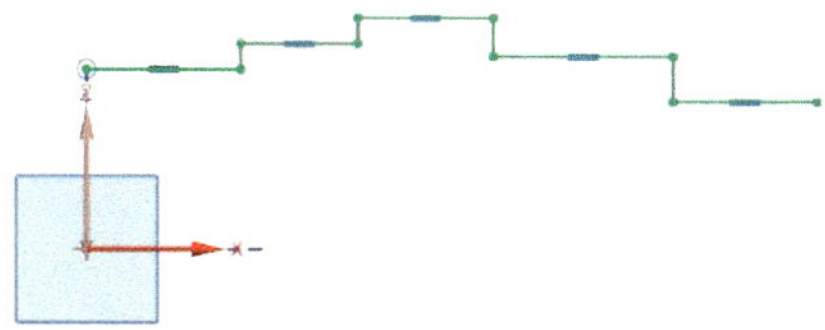

⇨ *Punkt auf Kurve*

⇨ Linken Endpunkt wählen

⇨ Vertikale Skizzenachse wählen

Schnellbemaßung

⇨ Erzeugen der Bemaßungen

D

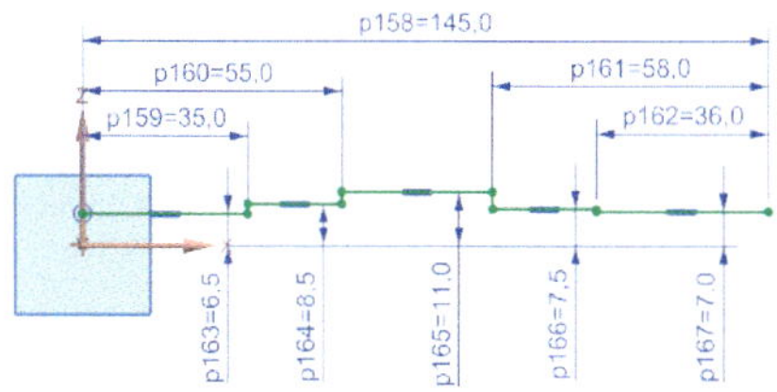

Bei der Erstellung der Bemaßungen für die Durchmesser kann der Durchmesserwert auch direkt als Formel eingegeben werden, z. B. 13/2.

4. *Arbeitslayer 1*

5. *Drehen*

⇨ Skizze wählen

⇨ Vektor angeben ⇨ **X-Achse**

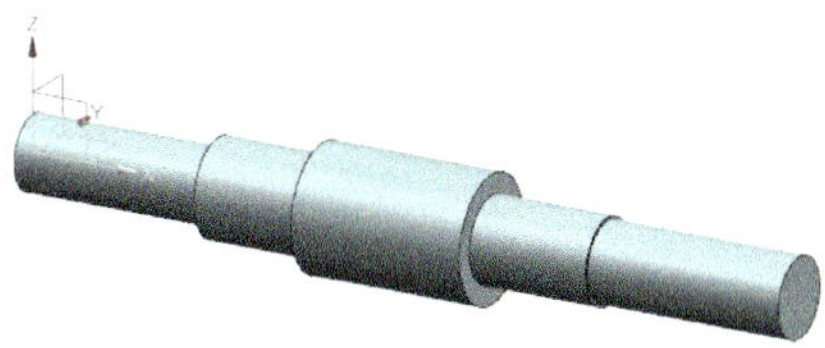

6. *Ausblenden von Layer 21*

Strg+L

Wird die Skizze wie in diesem Beispiel rotiert, ist auch ein offenes Profil ausreichend, um einen Volumenkörper zu erzeugen. Bei einer Extrusion würde ein offenes Profil zu einem Flächenkörper führen.

II. Passfedernut erzeugen

Zum Platzieren von Skizzen eignen sich auch Bezugsebenen, insbesondere, wenn keine planare Fläche vorhanden ist, wie in diesem Beispiel.

1. *Arbeitslayer 61*

2. *Bezugsebene*

Typ ⇨ **Ermittelt**

⇨ Mantelfläche und XY-Ebene wählen

Winkel ⇨ **0**

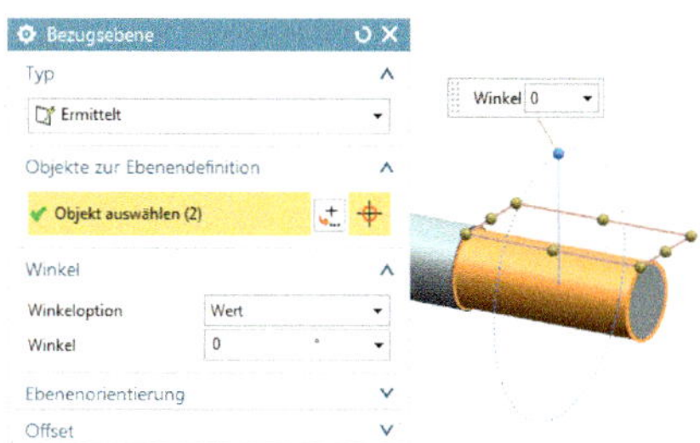

Da die Ebene für die Passfedernut am rechten Wellenabsatz genutzt wird, ist es sinnvoll die Ebene über die Kugeln an diese Position zu ziehen. So ist die Verwendung der Ebene später gut nachzuvollziehen.

3. *Arbeitslayer 22*

4. *Skizze*

⇨ **Erzeugte Bezugsebene (3)**

⇨ Erzeugen eines *Rechtecks*

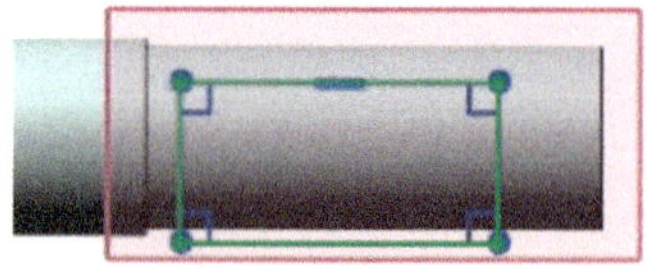

Als symmetrisch festlegen

⇨ Beide horizontalen Linien wählen

⇨ Mittellinie ⇨ Horizontale Skizzenachse wählen

Beide Linien sind somit symmetrisch zur horizontalen Skizzenachse.

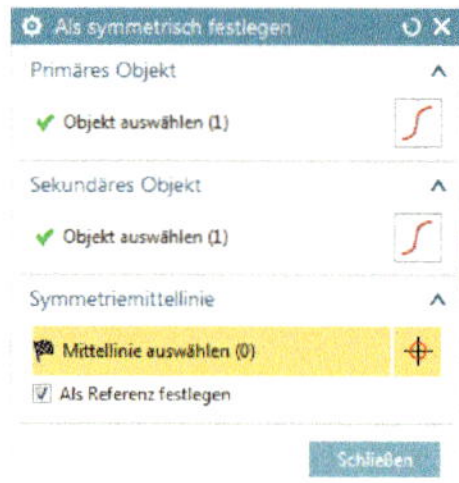

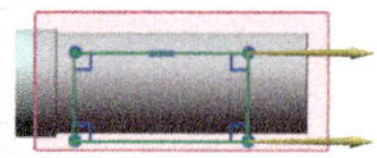

Bei der Definition von symmetrischen Linien ist darauf zu achten, dass die Linien so ausgewählt werden, dass die Vektoren in die gleiche Richtung zeigen.

Schnellbemaßung

D

⇨ Erzeugen der Bemaßungen

Bei aktiviertem *Bogenmittelpunkt* in den Fangpunkten kann der Bogenmittelpunkt der vorderen Kreiskante zur Bemaßung (5,5) genutzt werden.

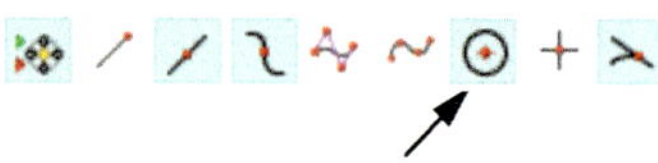

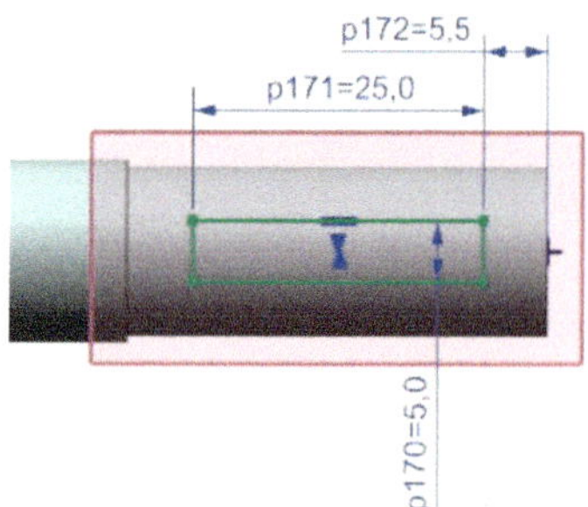

5. *Arbeitslayer 1*

6. *Extrudieren*

X

⇨ Skizze wählen

Ende ⇨ **Wert** ⇨ **2**

Boolesche Op. ⇨ **Subtrahieren**

⇨ Ggf. *Richtung umkehren*

7. *Ausblenden von Layer 22*

Strg+L

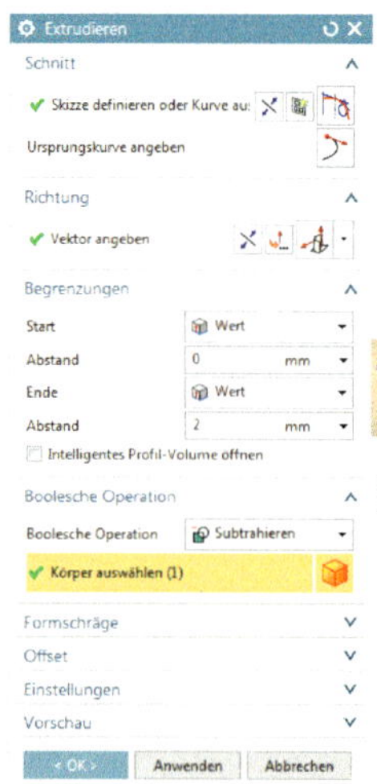

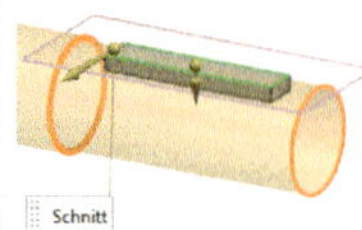

8. *Flächenverrundung*

Typ ⇨ **Dreiseitig**

Fläche 1 ⇨ **1. Seitenfläche**

Fläche 2 ⇨ **2. Seitenfläche**

Mittelfläche ⇨ **1. Kopffläche**

Zur Auswahl der Flächen muss die Flächenregel auf *Einzelfläche* gestellt werden.

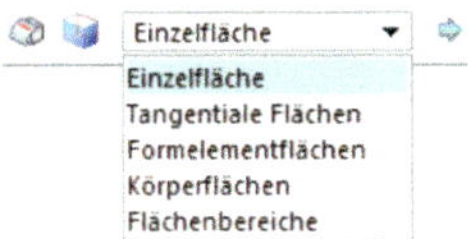

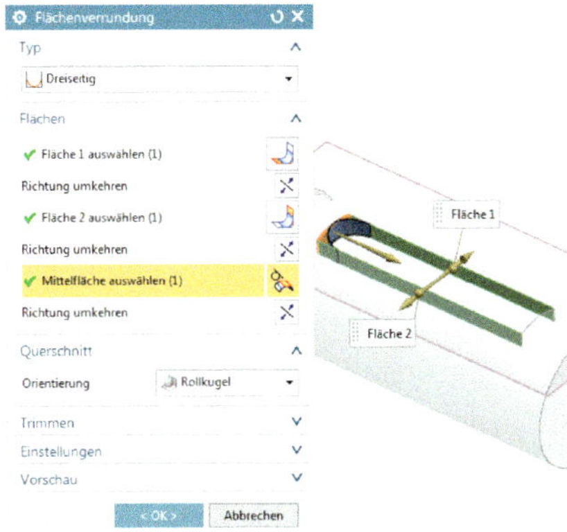

Über *Richtung umkehren* müssen die Vektoren so ausgerichtet werden, dass sie nach innen zueinander zeigen.

9. *Flächenverrundung*

Wiederholen des letzten Schrittes auf der anderen Seite.

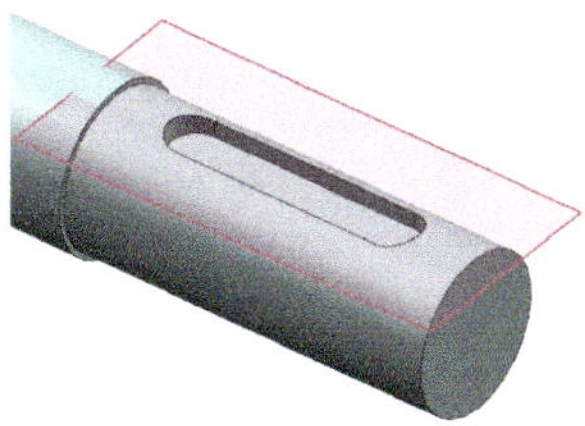

Da die Flächenverrundung immer tangential zu den drei Flächen verläuft, ergibt sich der Radius automatisch und muss nicht separat eingegeben werden.

III. Bohrung erzeugen

Die Bohrung wird ebenfalls mit Hilfe einer Bezugsebene positioniert.

61 ▾ 1. *Arbeitslayer 61*

2. *Bezugsebene*

Typ ⇨ **Ermittelt**

⇨ Mantelfläche und XY-Ebene auswählen

Winkel ⇨ **0**

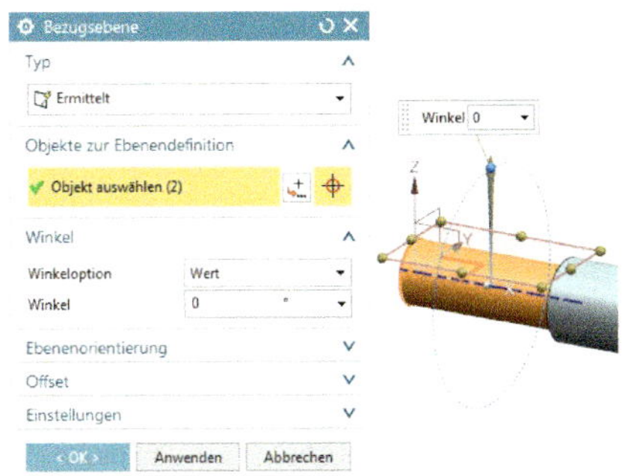

3. *Arbeitslayer 1*

4. *Bohrung*

Typ ⇨ **Allgemeine Bohrung**

⇨ Erzeugte Ebene auswählen

Die Skizzenumgebung wird automatisch geöffnet und der Punktdialog gestartet.

⇨ Erstellen eines *Punktes*

Der Punkt wird durch die Zwangsbedingung *Punkt auf Kurve* und eine *Bemaßung* am Skizzenkoordinatensystem positioniert.

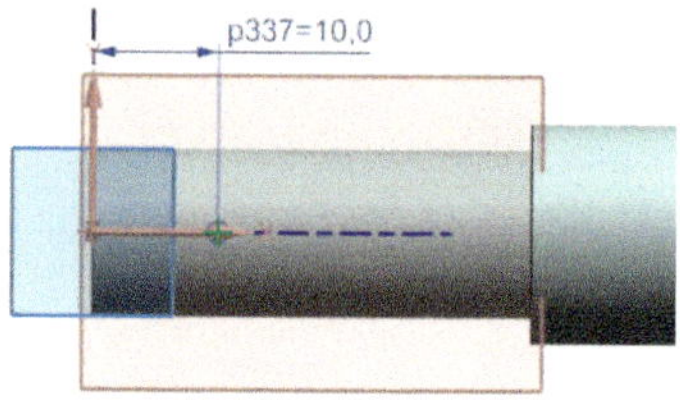

Skizze beenden

Bohrungsrichtung ⇨ **Entlang Vektor**

⇨ Negative Z-Achse wählen

⇨ Ggf. *Richtung umkehren*

Durchmesser ⇨ **4**

Tiefenbegrenzung ⇨ **Durch Körper**

Da der Bohrungspunkt auf einer Ebene und nicht auf einer Körperfläche liegt, wird die Bohrungsrichtung nicht immer automatisch gefunden, sondern muss manuell definiert werden.

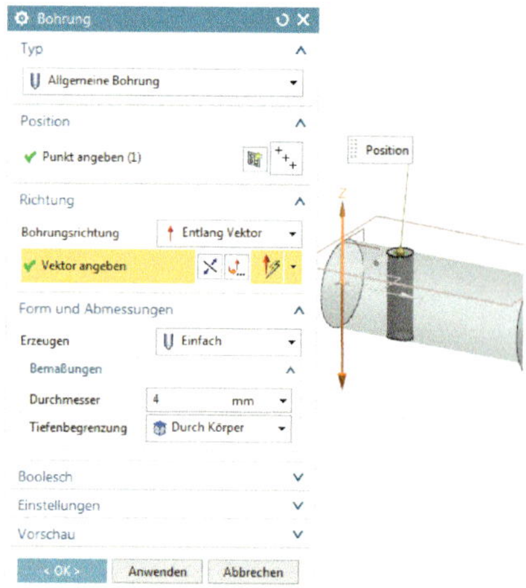

IV. Fasen erzeugen

1. *Fase*

Querschnitt ⇨ **Symmetrisch**

Abstand ⇨ **1**

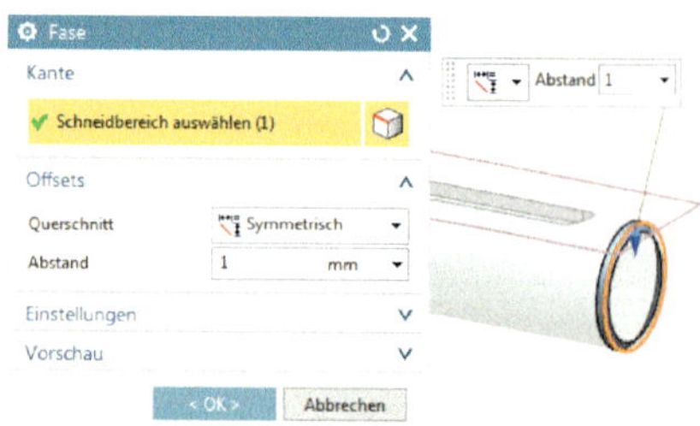

2. *Fase*

Querschnitt ⇨ **Offset und Winkel**

Abstand ⇨ **1.5**

Winkel ⇨ **30**

⇨ Ggf. *Richtung umkehren*

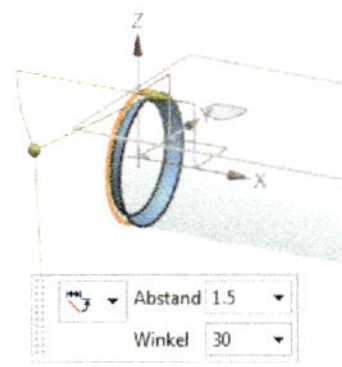

3. *Farbe zuweisen*

Strg+J

⇨ **Blau**

4. *Materialien zuweisen*

⇨ **Steel**

5. *Überprüfen der Layer*

Ggf. Elemente *auf Layer verschieben*

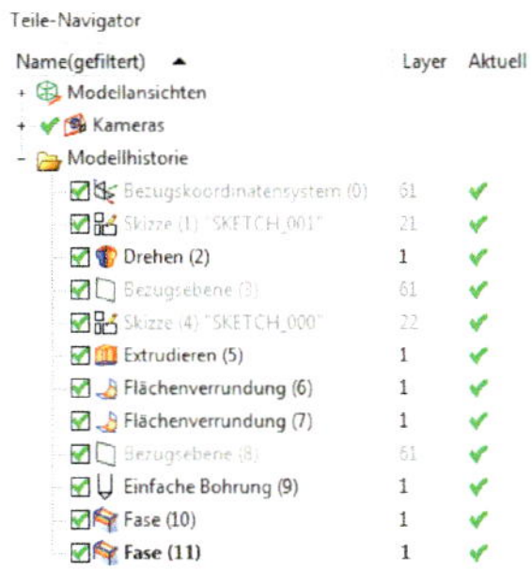

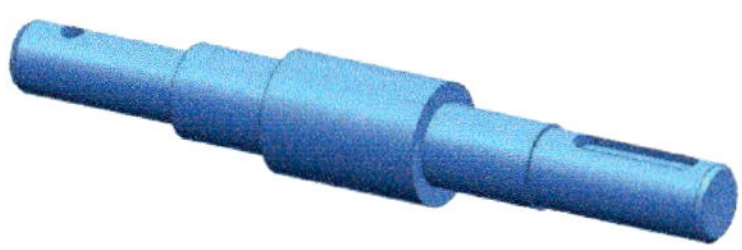

6. *Ausblenden aller Layer außer 1*

Strg+L

7. *Speichern*

4.6 Erzeugen der Abtriebswelle

Die Abtriebswelle in diesem Beispiel wird mit Formelementen modelliert. Dabei werden mit dem *Knauf* und der *Tasche* zwei als „alt“ markierte Formelemente verwendet. Diese sind nicht mehr im Menüband zu finden, können jedoch noch über die Befehlssuche aufgerufen werden (s. Abschnitt 3.1). Alternativ hierzu kann die Abtriebswelle auch selbstständig analog zur Antriebswelche modelliert werden.

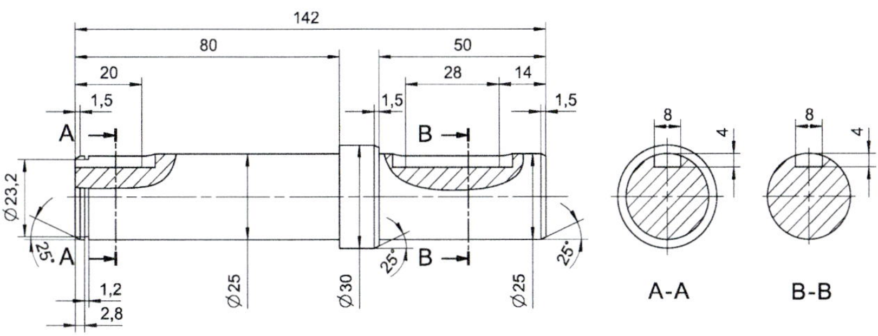

Vorgehensweise:

I. Grundkörper erzeugen

II. Einstich und Passfedernuten erzeugen

III. Fasen erzeugen

Die Modellierung der Abtriebswelle ist ebenfalls vollständig im Video dargestellt.

I. Grundkörper erzeugen

1. *Erstellen einer neuen Datei*

Dateiname ⇨ **Abtriebswelle**

2. *Zylinder*

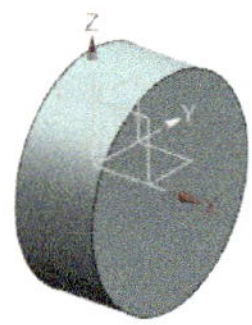

⇨ Vektor angeben ⇨ **X-Achse**

⇨ Punkt angeben ⇨ **0;0;0**

Durchmesser ⇨ **30**

Höhe ⇨ **12**

3. *Knauf*

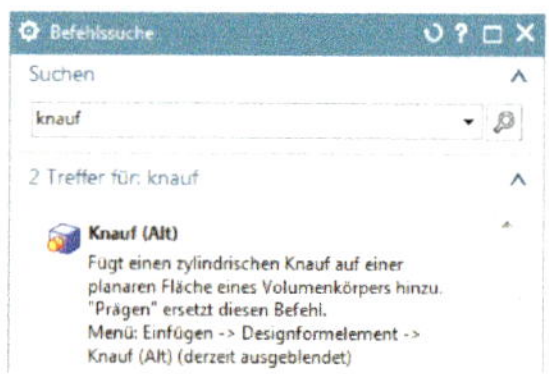

⇨ Starten des Dialogs über die *Befehlssuche*

⇨ Stirnfläche des Zylinders wählen

Durchmesser ⇨ **25**

Höhe ⇨ **50**

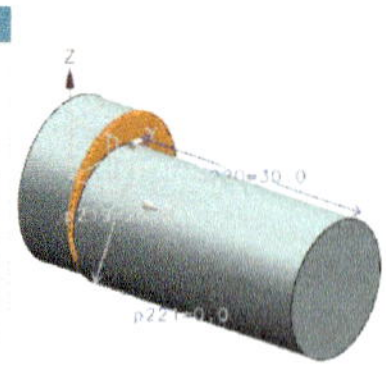

Positionierung

⇨ Punkt auf Punkt

⇨ Kreiskante des Zylinders wählen

⇨ Bogenmittelpunkt

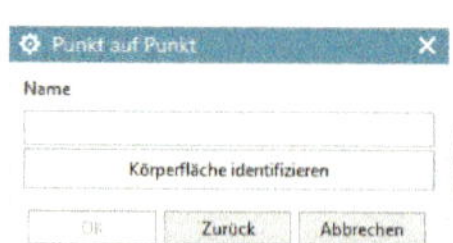

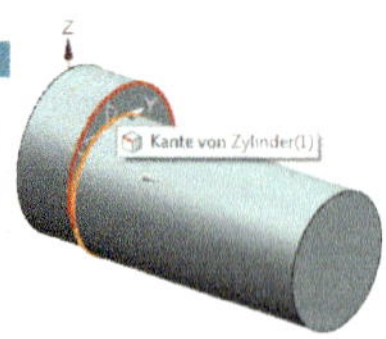

Mit der Positionierung Punkt auf Punkt werden zwei Punkte in der Ebene der Platzierungsfläche kongruent übereinander gelegt. Der erste Punkt ist der Mittelpunkt des Knaufs, welcher durch NX automatisch zur Positionierung ausgewählt ist. Der zweite Punkt ist der Bogenmittelpunkt der gewählten Kreiskante des Zylinders.

4. *Knauf*

⇨ Rückseitige Stirnfläche des Zylinders wählen

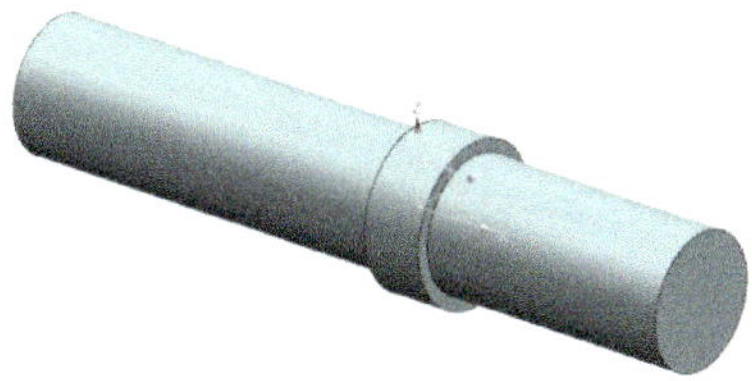

Durchmesser ⇨ **25**

Höhe ⇨ **80**

Die *Positionierung* erfolgt analog zum vorigen Schritt.

Ein Knauf ist die Kombination aus einem Zylinder und der Booleschen Operation Vereinigen. Mit Hilfe des Knaufs können sehr schnell Wellen mit verschiedenen Absätzen modelliert werden.

II. Einstich und Passfedernuten erzeugen

1. *Einstich*

⇨ Rechteckig

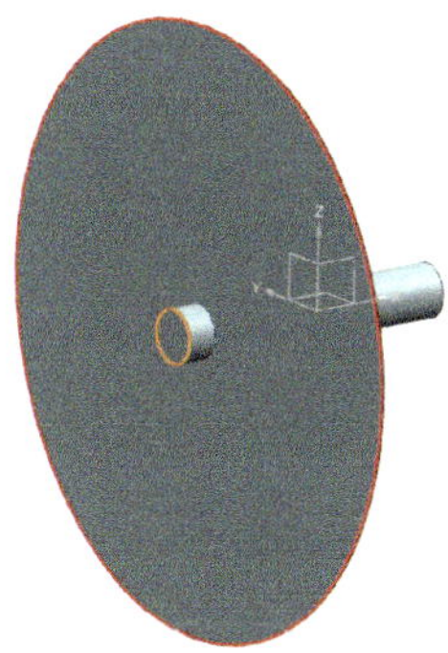

⇨ Mantelfläche des Knaufs wählen

Einstichdurchmesser ⇨ **23.2**

Breite ⇨ **1.2**

Einstich Positionieren

⇨ Vordere Kreiskante der Welle wählen (orange)

⇨ Vordere Kreiskante der Nut wählen (Vordere Kante der Scheibe, rot)

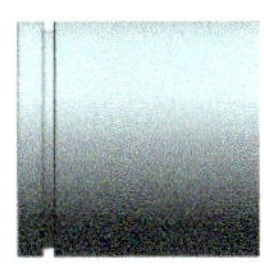

Wert ⇨ **2.8**

Um die Kantenauswahl bei der Positionierung zu erleichtern, wird ein flacher Zylinder angezeigt. Wird die Ansicht auf das Drahtmodell umgestellt, lässt sich die Mittellinie des Einstichs auswählen.

61

2. *Arbeitslayer 61*

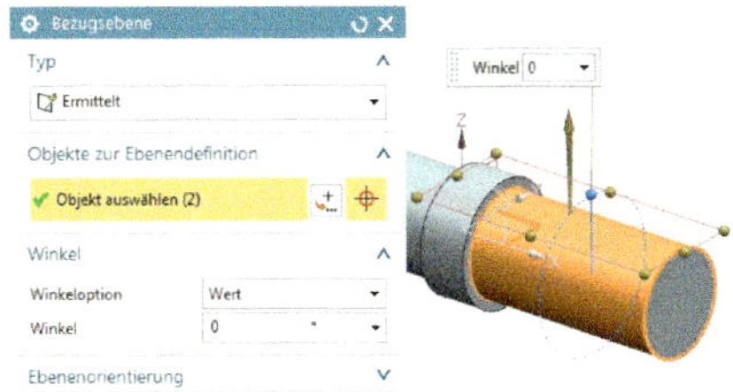

3. *Bezugsebene*

Typ ⇨ **Ermittelt**

⇨ Auswahl der Mantelfläche und der XY-Ebene

Winkel ⇨ **0**

1 ▾ 4. *Arbeitslayer 1*

5. *Tasche*

⇨ Starten des Dialogs über die *Befehlssuche*

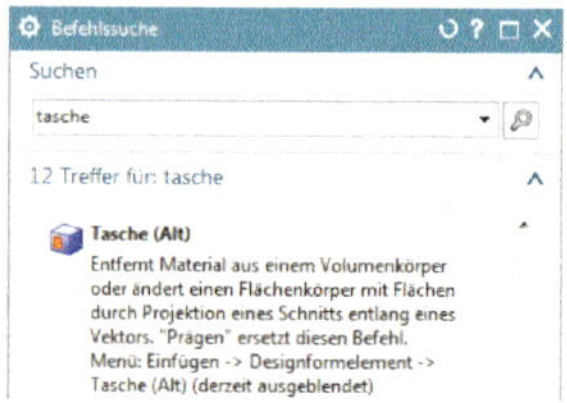

⇨ Rechteckig

⇨ Erzeugte Ebene auswählen

⇨ Seite akzeptieren, falls der angezeigte Pfeil in Richtung der Welle zeigt, andernfalls Seite umkehren

Horizontale Referenz ⇨ X-Achse auswählen

Länge ⇨ **36**

Breite ⇨ **8**

Tiefe ⇨ **4**

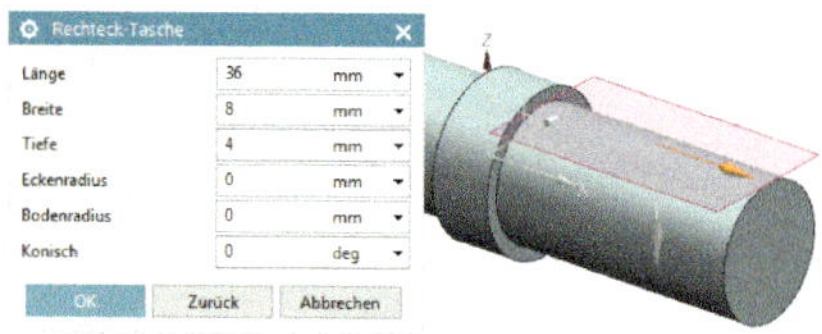

Positionierung

⇨ Gerade auf Gerade

⇨ X-Achse wählen

⇨ Längsmittellinie der Tasche

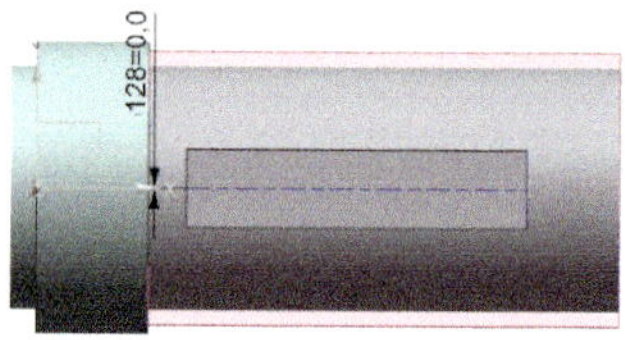

⇨ Horizontal

⇨ Vordere Kreiskante der Welle (Bogenmittelpunkt)

⇨ Vordere Kante der Tasche

Wert ⇨ **10**

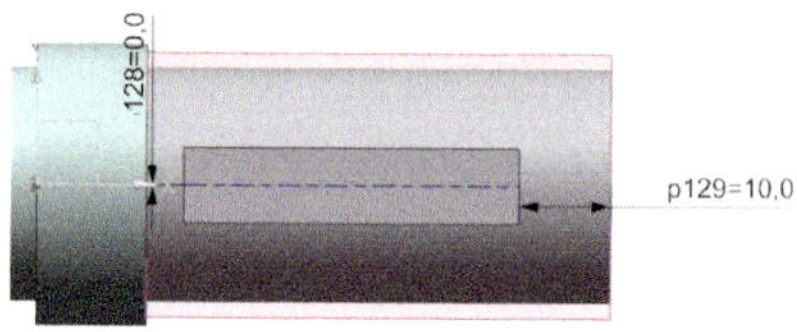

Die Tasche stellt die Kombination aus einem Quader und der Booleschen Operation Subtrahieren dar.

Nach dem Ändern der Positionierung wird das Modell im Grafikbereich erst aktualisiert wenn der komplette Dialog bestätigt wurde.

6. *Kantenverrundung*

Radius 1 ⇨ **4**

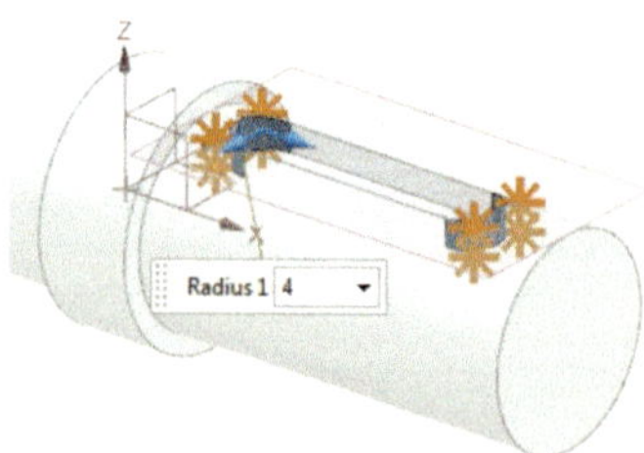

Alternativ können die Verrundungen auch durch eine *Flächenverrundung* erzeugt werden.

Die zweite Passfedernut hat die gleichen geometrischen Ausprägungen wie die erste und wird daher über ein Muster erzeugt.

7. *Formelement mustern*

⇨ Tasche und Kantenverrundung im Teile-Navigator wählen (Strg-Taste gedrückt halten)

Layout ⇨ **Linear**

Vektor ⇨ **negative X-Achse**

Abstand ⇨ **Anzahl und Steigung**

Anzahl ⇨ **2**

Steigungsabstand ⇨ **108**

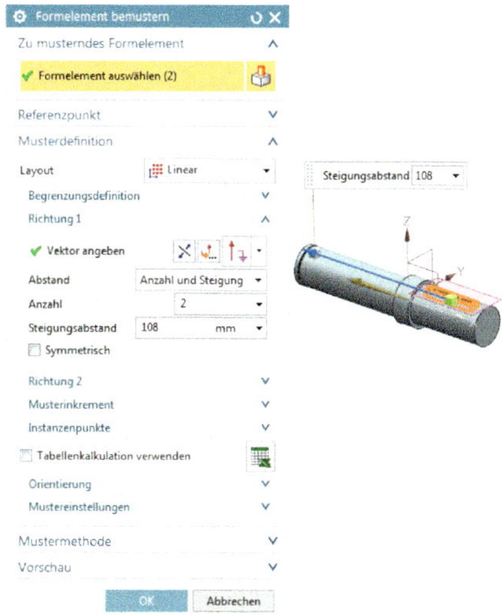

ⓘ *Elemente können bei Bedarf in zwei verschiedene Richtungen gemustert werden. Unter Richtung 2 werden die Einstellungen für die zweite Richtung vorgenommen.*

ⓘ *Die gemusterten Formelemente werden als Musterformelement gruppiert im Teile-Navigator aufgeführt.*

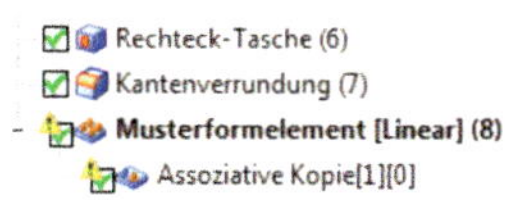

Die Warnung wird ausgegeben, da zwei Kanten der Tasche, welche in der Kantenverrundung referenziert sind, aufgrund der auslaufenden Tasche nicht mehr vorhanden sind. Diese Warnung stellt jedoch kein Problem dar.

III. Fasen erzeugen

1. *Fase*

Querschnitt ⇨ Offset und Winkel

Abstand ⇨ **1.5**

Winkel ⇨ **25**

⇨ Ggf. *Richtung umkehren*

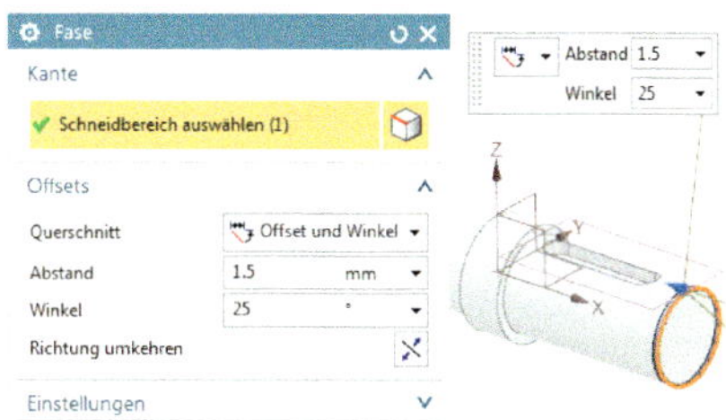

2. *Fase*

Querschnitt ⇨ **Offset und Winkel**

Abstand ⇨ **1.5**

Winkel ⇨ **25**

⇨ Ggf. *Richtung umkehren*

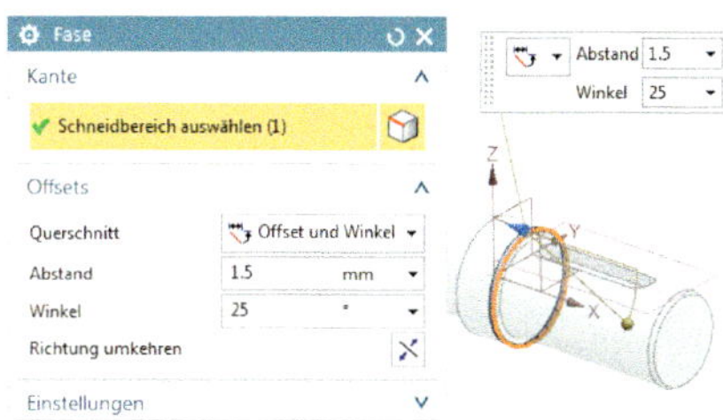

3. *Fase*

Querschnitt ⇨ **Offset und Winkel**

Abstand ⇨ **1.5**

Winkel ⇨ **25**

⇨ Ggf. *Richtung umkehren*

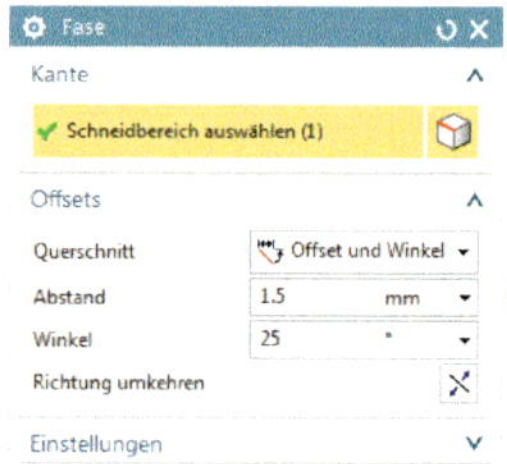

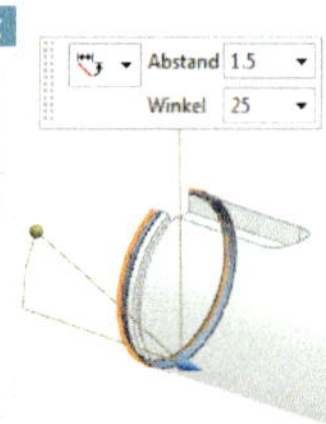

Strg+J

4. *Farbe zuweisen*

⇨ **Blau**

5. *Materialien zuweisen*

⇨ **Steel**

6. *Überprüfen der Layer*

Ggf. Elemente *auf Layer verschieben*

Strg+L

7. *Ausblenden von Layer 61*

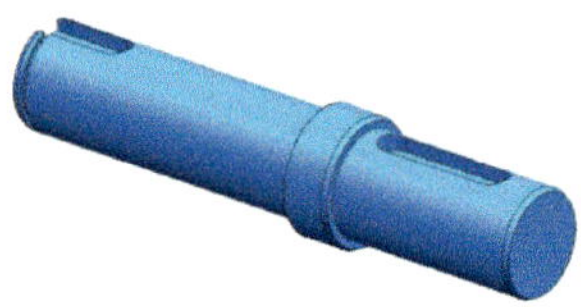

8. *Speichern*

4.7 Erzeugen des parametrischen Rillenkugellagers

Das Kugellager wird parametrisch aus verschiedenen Körpern aufgebaut. Es besteht aus einer Außenschale, einer Innenschale und den Kugelkörpern. Jedes Bauteil stellt dabei einen eigenen Körper dar. Boolesche Operationen werden nicht verwendet.

Durch die Parametrisierung kann das Kugellager schnell verändert und somit verschiedene Kugellagervarianten erzeugt werden. Die Parameterbezeichnungen sind in der Zeichnung in Klammern dargestellt.

Vorgehensweise:

I. Erstellen der Parameter

II. Modellieren der Außenschale

III. Modellieren der Innenschale

IV. Modellieren der Kugelkörper

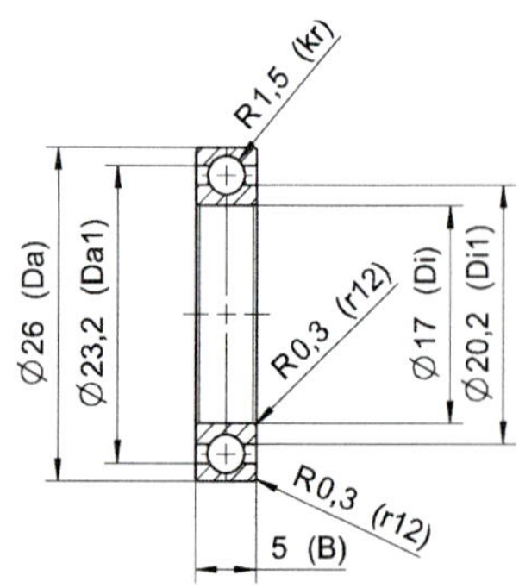

Die Modellierung des Rillenkugellagers ist vollständig im Video dargestellt.

I. Erstellen der Parameter

1. *Erstellen einer neuen Datei*

Dateiname ⇨ **Rillenkugellager_Vorlage**

2. *Ausdrücke*

Strg+E Werkzeuge ⇨ *Ausdrücke*

Name ⇨ **B**

Formel ⇨ **5**

Einheiten ⇨ **mm**

Dimensionalität ⇨ **Länge**

Typ ⇨ **Anzahl**

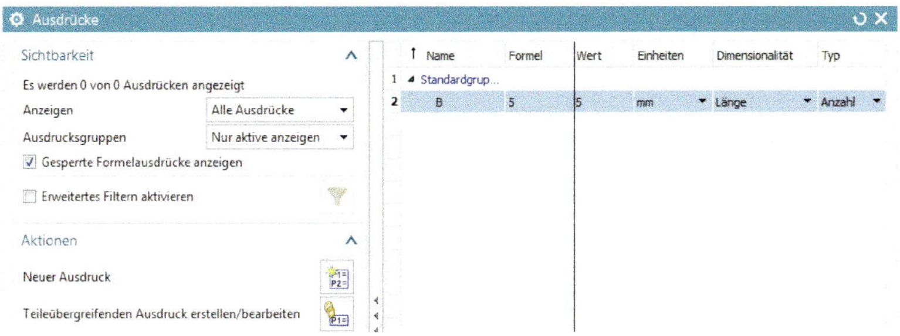

3. *Erzeugen der weiteren Ausdrücke:*

⇨ *Neuer Ausdruck*

Name	Formel	Einheiten	Dimensionalität	Typ
B	5	mm	Länge	Anzahl
Da	26	mm	Länge	Anzahl
Da1	23.2	mm	Länge	Anzahl
Di	17	mm	Länge	Anzahl
Di1	20.2	mm	Länge	Anzahl
kr	1.5	mm	Länge	Anzahl
r12	0.3	mm	Länge	Anzahl

4. *Erstellen eines Parameters für die Kugelanzahl*

⇨ *Neuer Ausdruck*

Name ⇨ **N_Kugeln**

Dimensionalität ⇨ **Ohne Einheit**

Typ ⇨ **Anzahl**

⇨ RMT in die Zelle *Formel* (rot markiert) ⇨ *Bearbeiten*

⇨ *Funktion*

Kategorie ⇨ **math**

Funktionsname ⇨ **round**

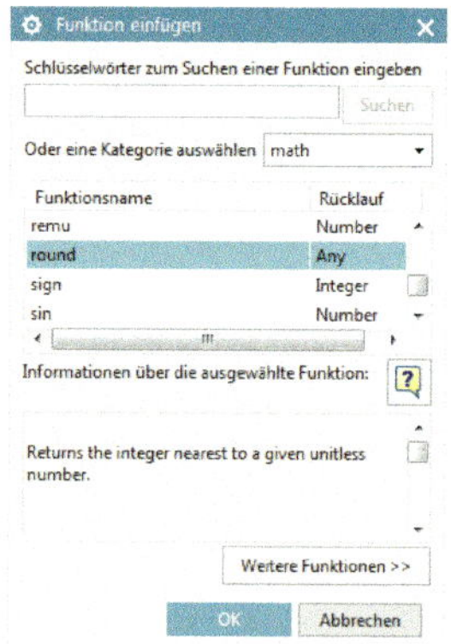

Zu rundende Zahl ⇨ **pi()*Da1/kr/3**

Im Feld Formel erscheint nun:

round(pi()*Da1/kr/3)

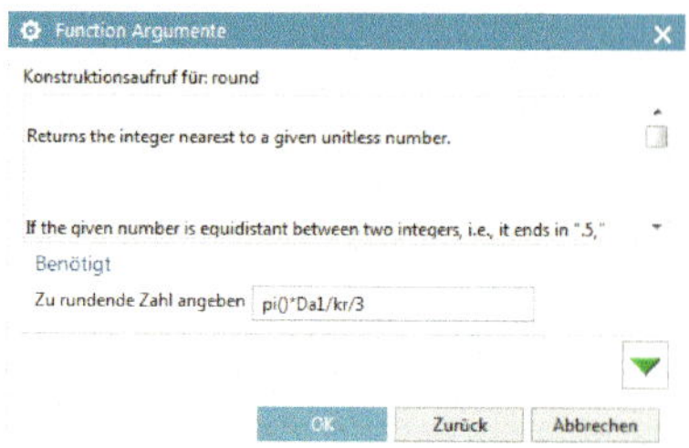

ⓘ *Die Funktion **round** gibt eine gerundete natürliche Zahl zurück. Endet die zu rundende Zahl auf „.5", wird immer zur geraden Zahl gerundet. Alternativ kann auch die Funktion **ceiling** verwendet werden. Diese Funktion gibt immer die nächst größere natürliche Zahl zurück.*

Alle Parameter wurden erstellt und es kann mit der Modellierung der Geometrie fortgefahren werden.

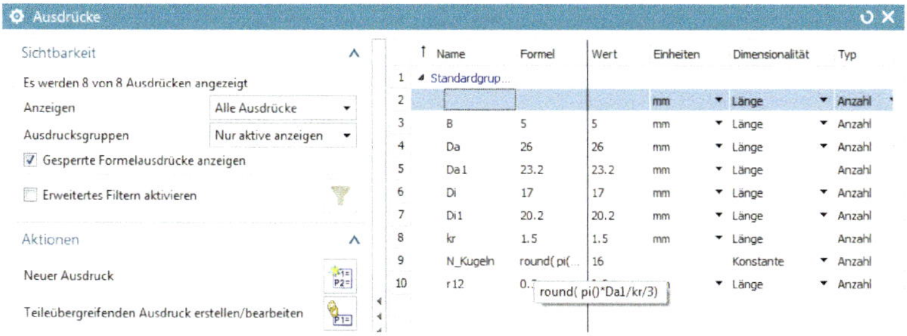

Die erstellten Parameter werden zusätzlich im Teile-Navigator aufgelistet. Die Parameterwerte können auch hier geändert werden.

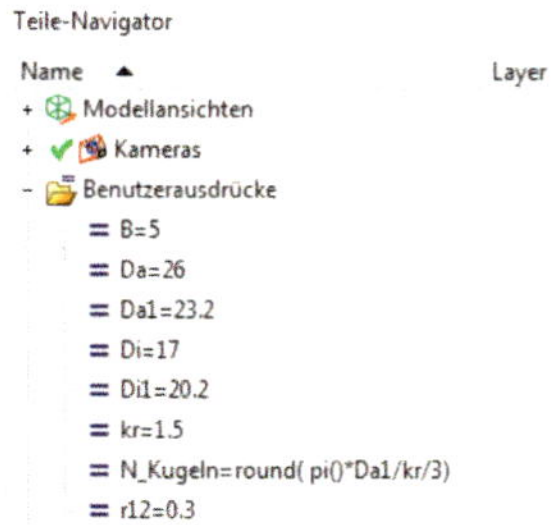

II. Modellieren der Außenschale

1. *Arbeitslayer 21*

2. *Skizze*

⇨ **YZ-Ebene**

⇨ Die Kontur aus einem *Rechteck* und einem *Kreis* erstellen.

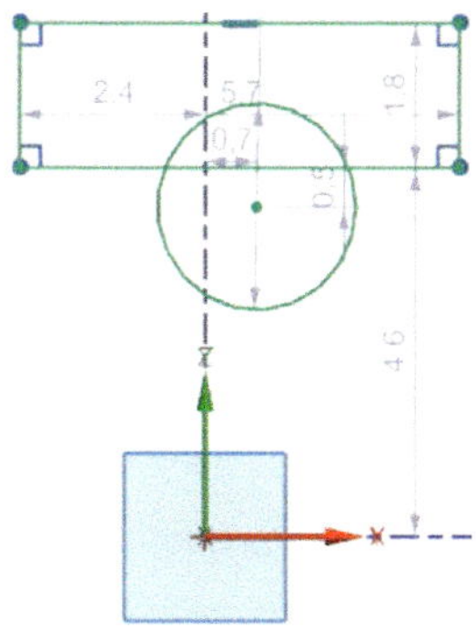

⇨ *Schnell trimmen*

⇨ Trimmen der überstehenden Elemente

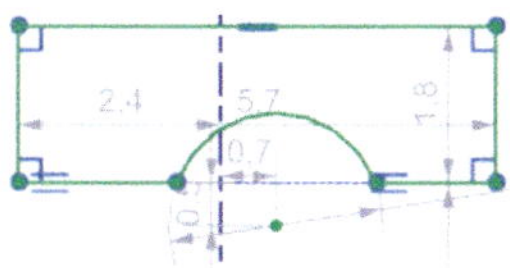

Geometrische Zwangsbedingungen

⇨ Der Mittelpunkt des Kreisbogens wird mit *Punkt auf Kurve* auf die vertikale Skizzenachse gelegt.

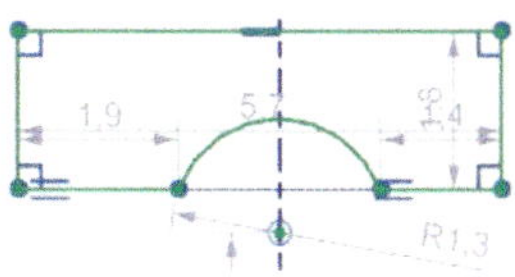

⇨ Die vertikalen Linien *als symmetrisch festlegen* zur vertikalen Skizzenachse

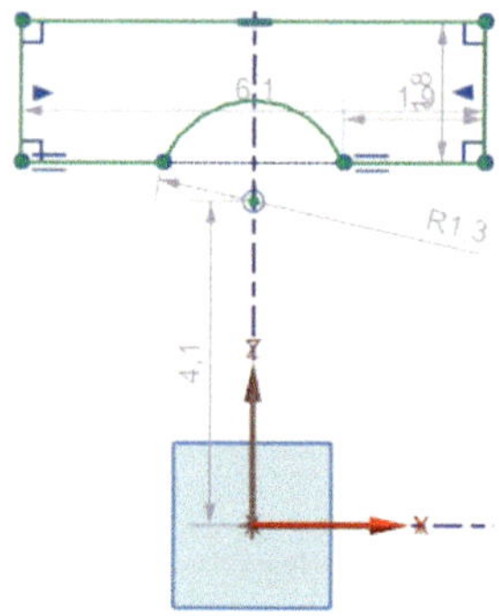

⇨ Bei der *Bemaßung* können direkt die Parameter eingetragen werden.

Skizze beenden

Strg+Q

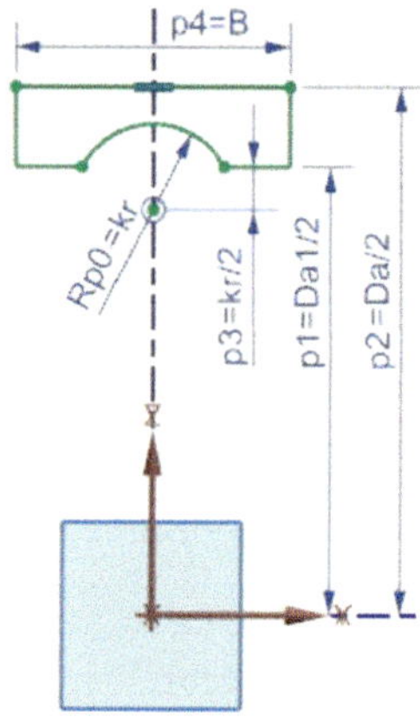

3. *Arbeitslayer 1*

4. *Drehen*

⇨ Skizze wählen

⇨ Vektor angeben ⇨ **Y-Achse**

5. *Kantenverrundung*

Radius 1 ⇨ **r12**

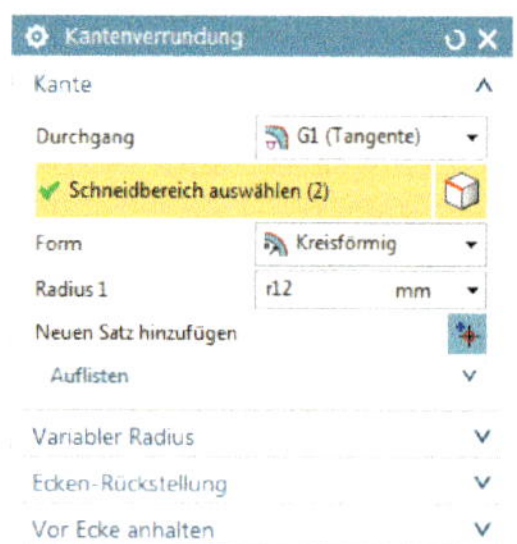

III. Modellieren der Innenschale

21 ▾ 1. *Arbeitslayer 21*

2. *Ausblenden von Layer 1*

Strg+L

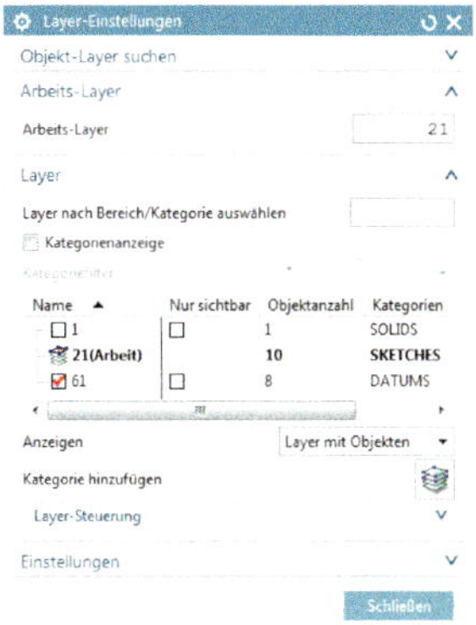

Zur besseren Übersicht bei der Erstellung der nächsten Skizze wird der Layer 1, welcher das Volumen enthält, ausgeblendet.

Ein Doppelklick auf Layer 21 in den Layer-Einstellungen definiert diesen als Arbeitslayer.

3. *Skizze*

⇨ **YZ-Ebene**

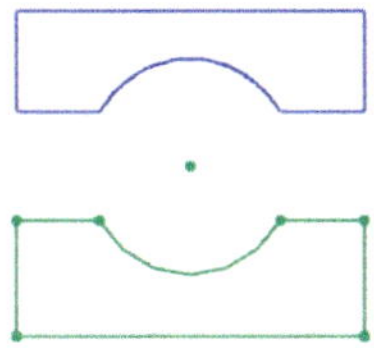

⇨ Die gesamte untere Kontur (grün) wird als *Profil* gezeichnet.

Alternativ kann auch wie bei der ersten Skizze vorgegangen werden.

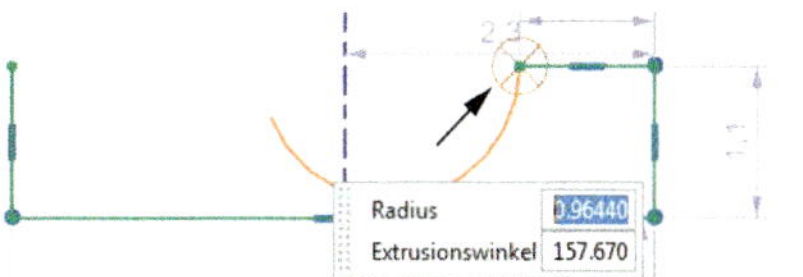

Im Profil wird auf *Bogen* gewechselt und die Maus vom Startpunkt aus durch den unteren Quadranten des orangen Kreises bewegt. Somit beginnt der Kreisbogen senkrecht zur vorigen Linie.

Objekttyp ⇨ *Bogen*

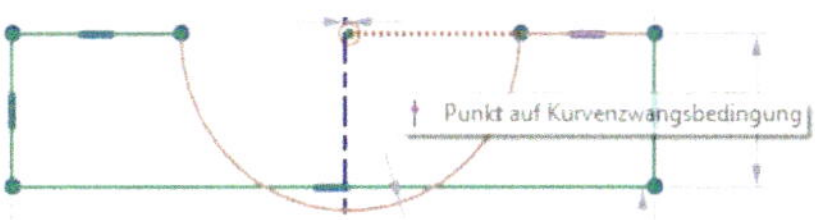

Der Bogenmittelpunkt des Profils wird dabei automatisch mit einer *Punkt auf Kurvenzwangsbedingung* versehen. Diese muss nachträglich *gelöscht* werden.

Bei der Verwendung eines eigenständigen *Kreisbogens* außerhalb der Profilfunktion entsteht diese Zwangsbedingung nicht.

Geometrische Zwangsbedingungen

Bei der Definition der Zwangsbedingungen werden Elemente der ersten Skizze verwendet.

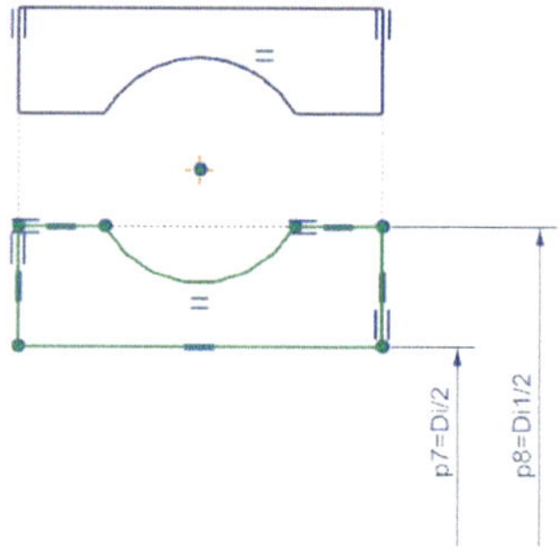

⇨ *Kollinear*

⇨ Linke untere vertikale Linie

⇨ Linke obere vertikale Linie

Wiederholen des Schrittes auf der rechten Seite

⇨ *Kollinear* der beiden kurzen horizontalen Linien zueinander

⇨ *Konzentrisch* zwischen beiden Kreisbögen

⇨ *Gleicher Radius* der Kreisbögen

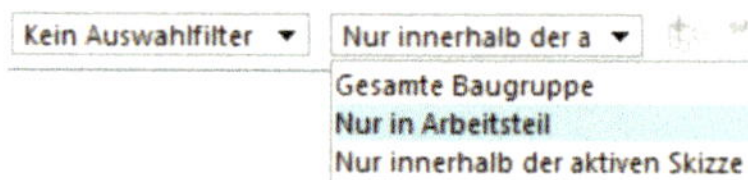

Um in einer Skizze bestehende Geometrie auswählen zu können, muss der Auswahlbereich auf ***Nur in Arbeitsteil*** *oder* ***Gesamte Baugruppe*** *umgestellt werden.*

Skizze beenden

4. *Arbeitslayer 1*

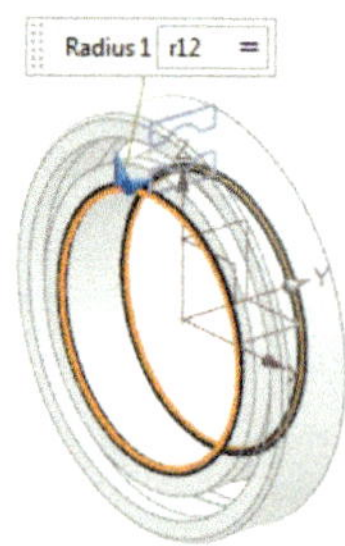

5. *Drehen*

⇨ Skizze wählen

⇨ Vektor angeben ⇨ **Y-Achse**

6. *Kantenverrundung*

Radius 1 ⇨ **r12**

IV. Modellieren der Kugelkörper

1. *Arbeitslayer 21*

2. *Ausblenden von Layer 1*

Strg+L

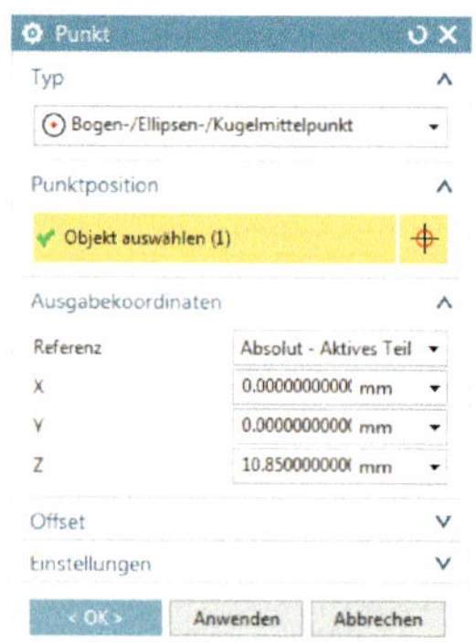

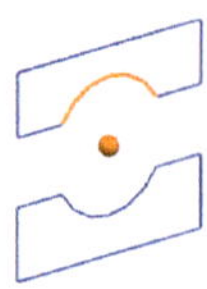

3. *Punkt*

Typ ⇨ **Bogen-/Ellipsen-/Kugelmittelpunkt**

⇨ Oberen Kreisbogen der ersten Skizze wählen

Beim Aufruf des Punktdialogs ist darauf zu achten, die Punkterzeugung im 3D-Raum zu wählen und **nicht** den Skizzenpunkt der direkten Skizze. Dieser würde einen Punkt innerhalb einer Skizze erzeugen.

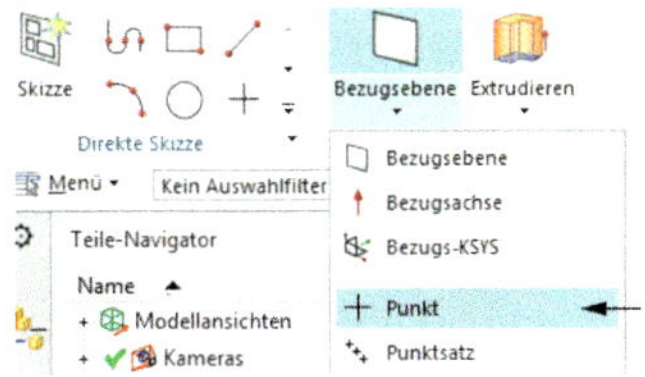

Werden wie hier einzelne Elemente auf vorhandene Elemente referenziert, sollte darauf geachtet werden, dass die Elemente sofern möglich nur auf ein Element referenziert sind (hier die erste Skizze) und keine verflochtenen unübersichtlichen Abhängigkeiten erstellt werden.

4. *Arbeitslayer 1*

5. *Kugel*

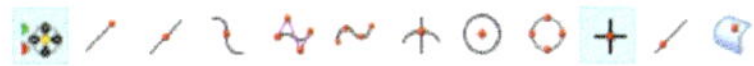

Fangpunkt ⇨ *Vorhandener Punkt*

⇨ Erzeugten Punkt wählen

Durchmesser ⇨ **2*kr**

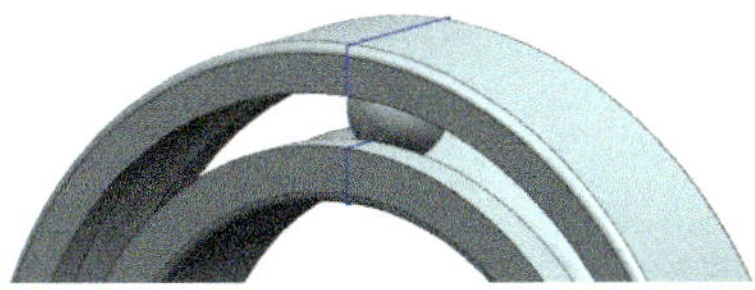

6. *Formelement mustern*

⇨ Kugel auswählen

Layout ⇨ **Kreisförmig**

Vektor ⇨ **Y-Achse**

Punkt ⇨ **0;0;0**

Abstand ⇨ **Anzahl und Abstand**

Anzahl ⇨ **N_Kugeln**

Spannwinkel ⇨ **360**

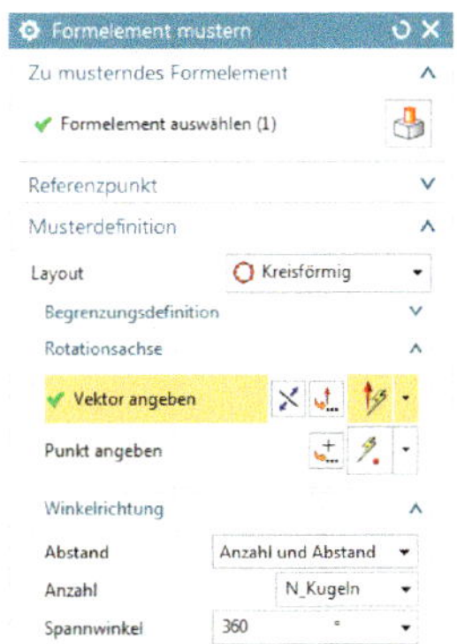

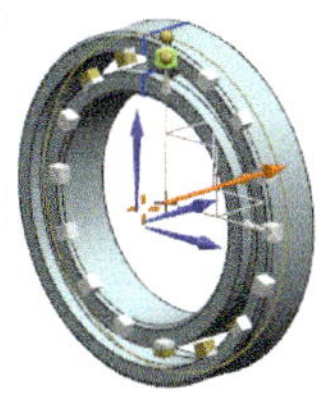

7. *Materialien zuweisen*

⇨ **Steel** für die Ringe und Kugeln

8. *Farbe zuweisen*

Strg+J

⇨ **Gelb** für die Ringe

Das Kugellager besteht aus mehreren Körpern, welche alle beim Einfärben und bei der Materialvergabe berücksichtigt werden müssen.

9. *Ausblenden der Layer 21 und 61*

10. *Speichern*

4.8 Erzeugen des Gehäuses - Antriebsseite

In diesem Abschnitt wird die antriebsseitige Hälfte des Getriebegehäuses gemäß der Zeichnung konstruiert. Die Zeichnung ist aufgrund der Komplexität nicht vollständig. In der Zeichnung fehlende Informationen werden in der Erklärung gegeben. Alle unbemaßten Radien haben den Wert R = 1,5 mm.

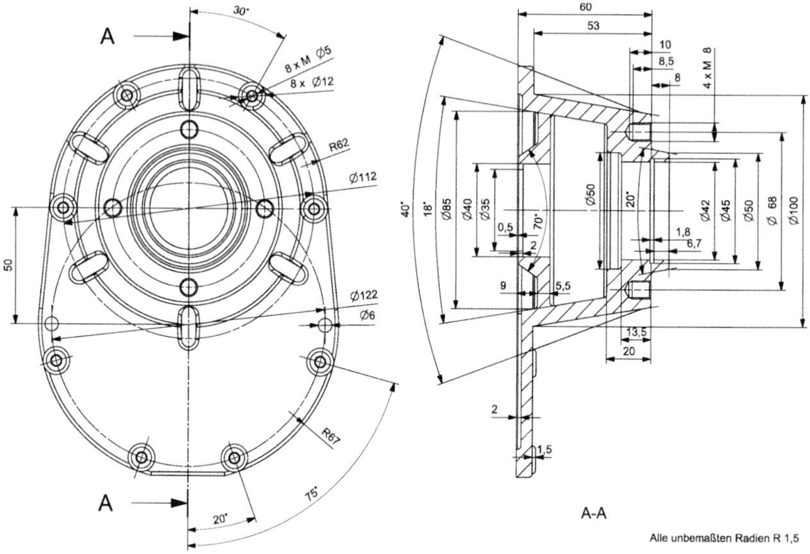

Vorgehensweise:

I. Erzeugen des Grundkörpers
II. Erzeugen der Lagersitze
III. Erzeugen der Rippen
IV. Erzeugen aller Bohrungen für den Antrieb
V. Erzeugen der Zentrierbohrungen
VI. Erzeugen der Bohrungen am Flansch
VII. Extrahieren der Flanschfläche

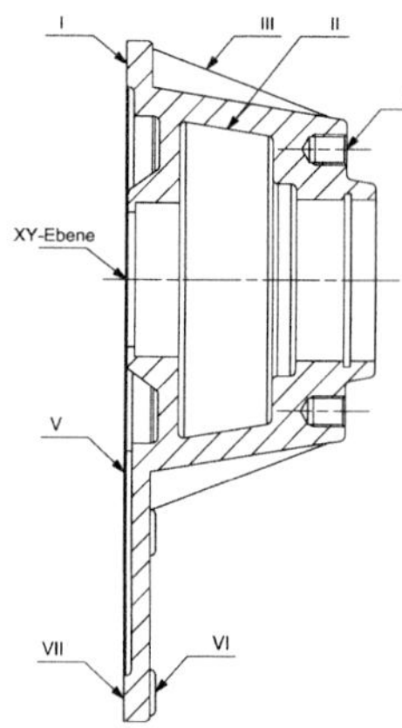

Das Video zeigt die Modellierung dieses Gehäuseteils ab Schritt III.

I. Erzeugen des Grundkörpers

1. *Erstellen einer neuen Datei*

Dateiname ⇨ **Gehaeuse_Antriebsseite**

2. *Arbeitslayer 21*

3. *Skizze*

⇨ **YZ-Ebene**

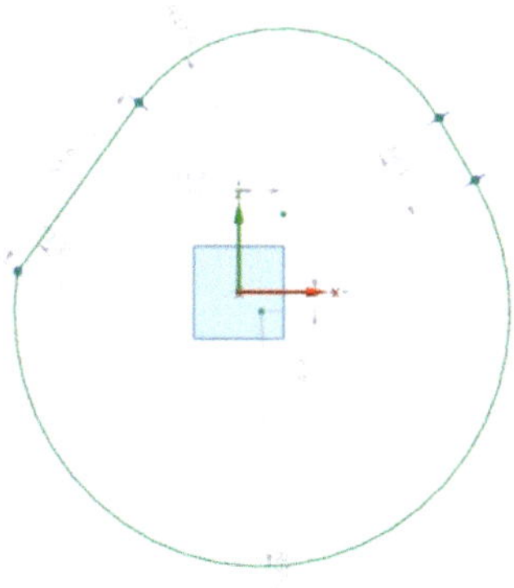

⇨ *Profil* aus zwei Kreisbögen und zwei Linien

Hierzu wird im Profil zwischen *Bogen* und *Linie* gewechselt.

Die hellgrauen *fortlaufenden automatischen Bemaßungen* können hier wieder ignoriert werden.

Geometrische Zwangsbedingungen

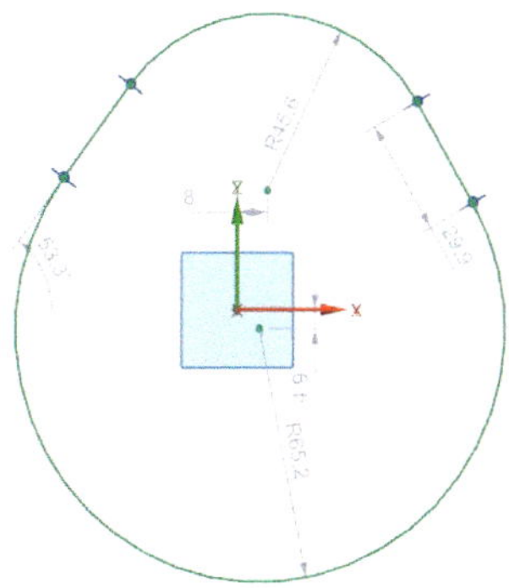

⇨ *Tangentialer* Übergang zwischen Linien und Kreisbögen

Als symmetrisch festlegen

⇨ Beide Linien wählen

⇨ Vertikale Skizzenachse als Mittellinie wählen

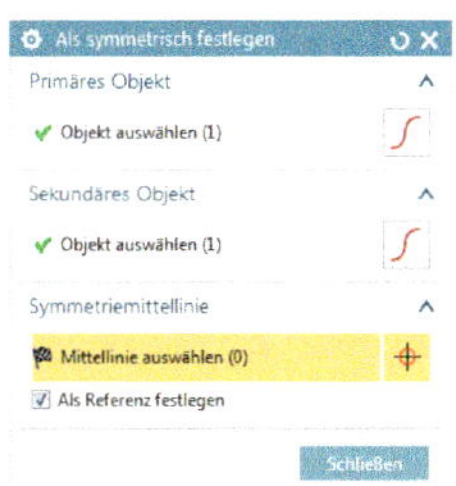

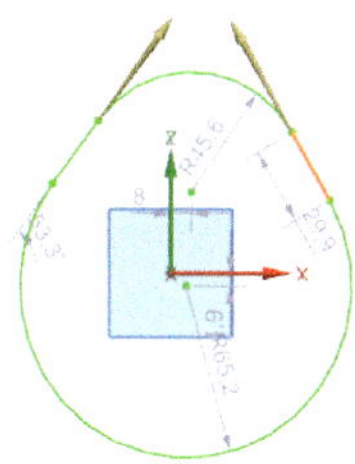

Bei der Auswahl der Linien muss darauf geachtet werden, dass die Pfeile in die gleiche Richtung zeigen.

Geometrische Zwangsbedingungen

⇨ *Punkt auf Kurve*

⇨ Mittelpunkt des oberen Kreisbogens auf horizontale Skizzenachse

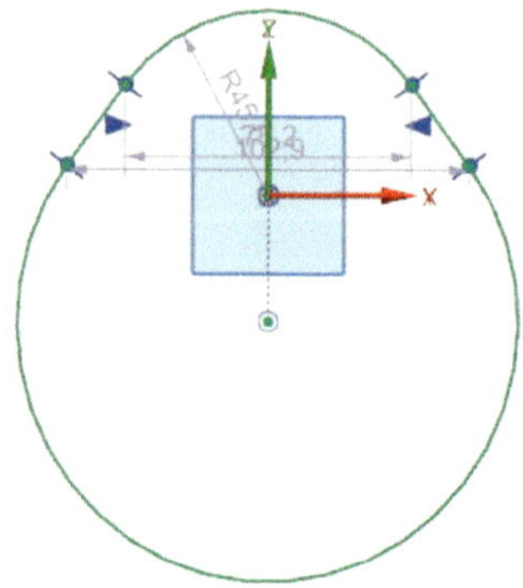

Schnellbemaßung

D

⇨ Abstand zwischen den Mittelpunkten der Kreisbögen erzeugen

Radiale Bemaßung

⇨ Kreisbögen bemaßen

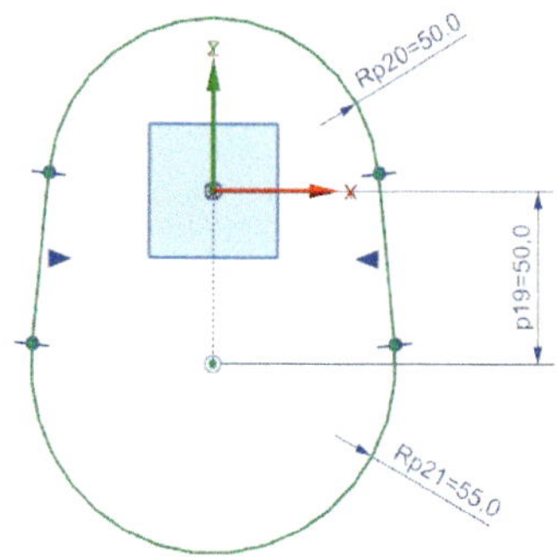

Horizontale Linie

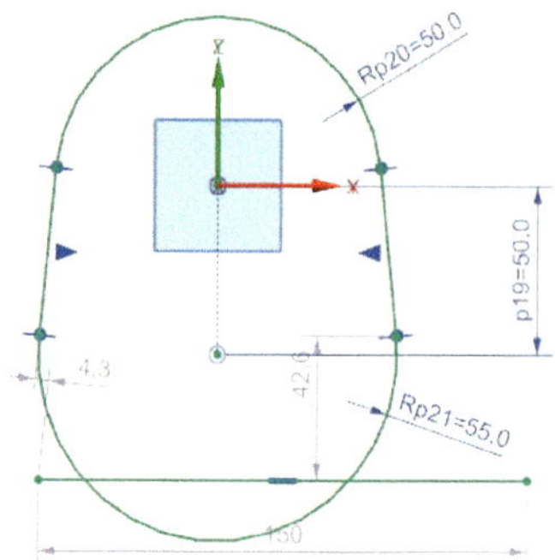

Schnell trimmen

⇨ Überstehende Elemente trimmen

Durch das Trimmen wird für die beiden unteren Kreisbögen automatisch die Zwangsbedingung gleicher Radius erzeugt, da diese ursprünglich zum gleichen Kreis gehörten.

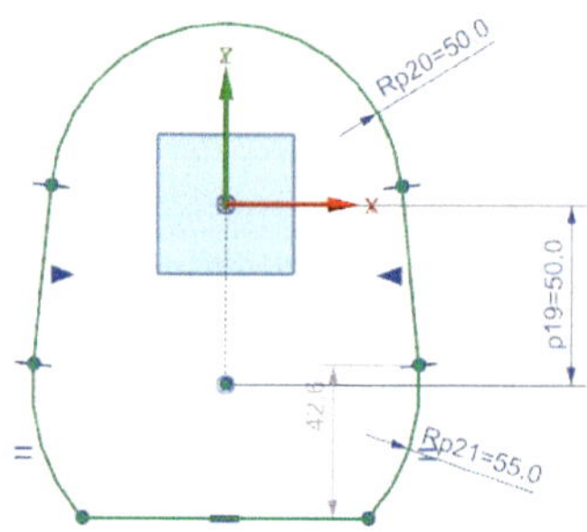

Schnellbemaßung

D

⇨ Erzeugen der unteren Bemaßung

Skizze beenden

Strg+Q

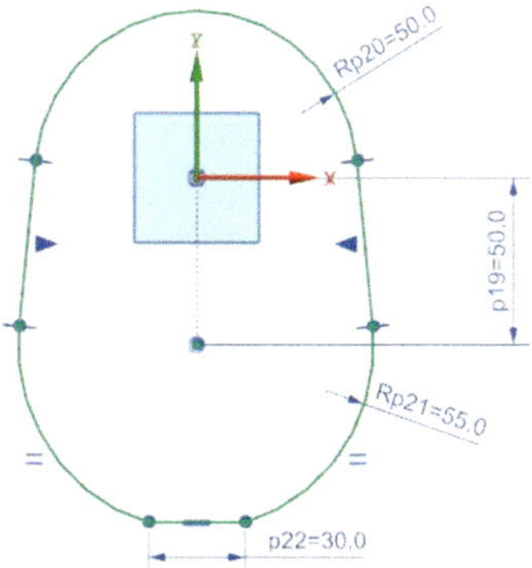

1

4. *Arbeitslayer 1*

5. *Extrudieren*

⇨ Skizze wählen

Richtung ⇨ **negative X-Achse**

⇨ Ggf. *Richtung umkehren*

Ende ⇨ **Wert** ⇨ **2**

Offset ⇨ **Zweiseitig**

Start ⇨ **0**

Ende ⇨ **12**

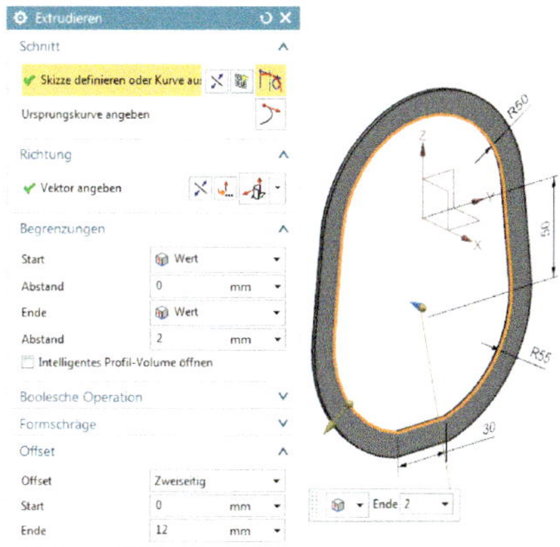

6. *Extrudieren*

⇨ Skizze wählen

Richtung ⇨ **negative X-Achse**

⇨ Ggf. *Richtung umkehren*

Start ⇨ **Wert** ⇨ **2**

Ende ⇨ **Wert** ⇨ **7**

Boolesche Op. ⇨ **Vereinigen**

Offset ⇨ **Einseitig**

Ende ⇨ **12**

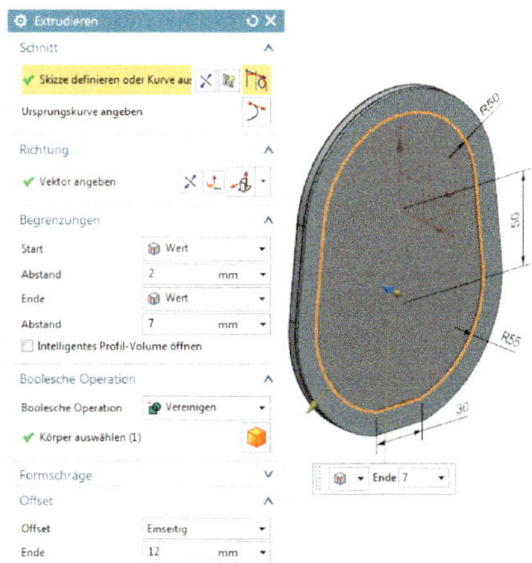

Eine Extrusion muss nicht zwangsläufig an der Position der Skizze beginnen, sondern kann durch Festlegung eines Startwertes auch vor oder hinter der Skizze entstehen.

Mit der Funktion Offset können Skizzen, Kurven und Kanten mit einem Abstand extrudiert und somit breitere oder offene Profilkörper erzeugt werden.

7. *Arbeitslayer 21*

8. *Skizze*

Ursprungsmethode ⇨ **Ursprung des aktiven Teils verwenden**

⇨ Vordere Fläche des Körpers wählen

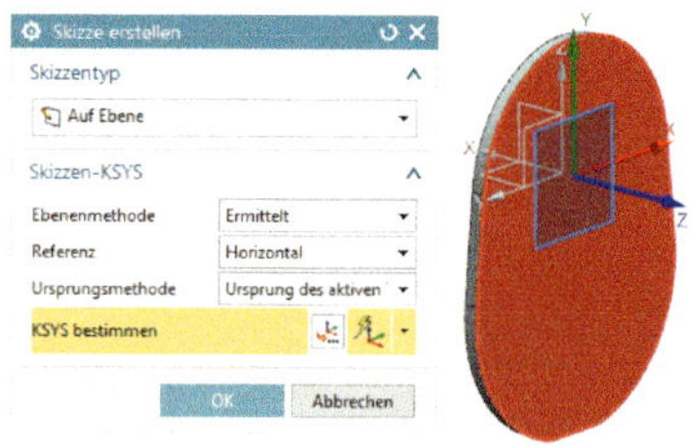

Layer 1 ausblenden

Strg+L

Layer lassen sich auch in der Skizzenumgebung wie bisher bekannt über die Layer-Einstellungen ausblenden.

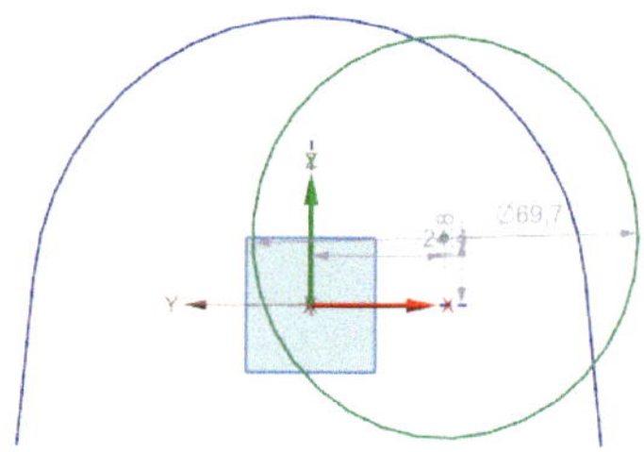

⇨ *Kreis* erstellen

Geometrische Zwangsbedingungen

⇨ *Konzentrisch* zwischen dem Kreis und Kreisbogen der ersten Skizze

⇨ *Gleicher Radius* des Kreises und des Kreisbogens der ersten Skizze

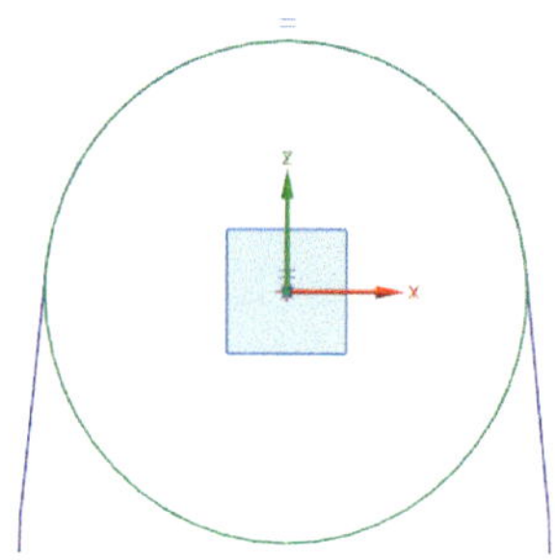

Skizze beenden

*Um in einer Skizze Elemente einer bereits bestehenden Skizze auswählen zu können, muss der Auswahlbereich auf **Nur in Arbeitsteil** oder **Gesamte Baugruppe** umgestellt werden.*

Sofern möglich sollten stets Skizzen, Ebenen oder Achsen als Referenzelemente verwendet werden, da diese Referenzen robuster sind als z. B. Kanten. Änderungen der vorigen Elemente in der Modellhistorie wirken sich auf Skizzen, Ebenen oder Achsen gar nicht oder nur bedingt aus. Das Referenzieren auf einfache Kanten sollte vermieden werden.

9. *Arbeitslayer 1*

10. *Extrudieren*

⇨ Skizze wählen

Richtung ⇨ **negative X-Achse**

⇨ Ggf. *Richtung umkehren*

Ende ⇨ **Wert** ⇨ **53**

Boolesche Op. ⇨ **Vereinigen**

Formschräge ⇨ **Von Startgrenze**

Winkel ⇨ **9**

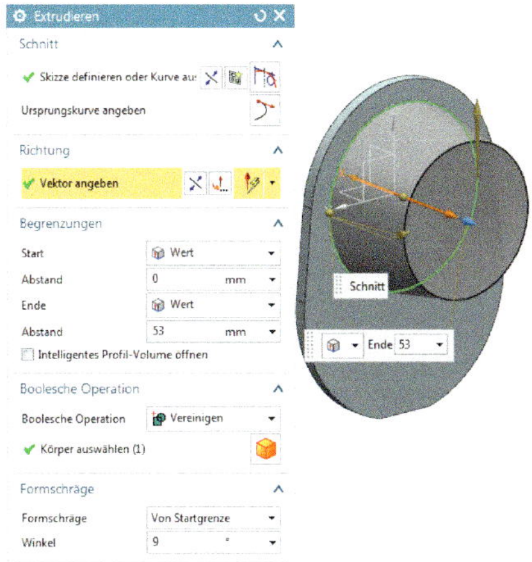

II. Erzeugen der Lagersitze

1. *Arbeitslayer 22*

2. *Skizze*

⇨ **XZ-Ebene**

Neu zuordnen

Stimmt beim Erzeugen einer Skizze die automatisch eingestellte Ausrichtung nicht mit der gewünschten Ausrichtung überein, kann die Skizze neu zugeordnet werden.

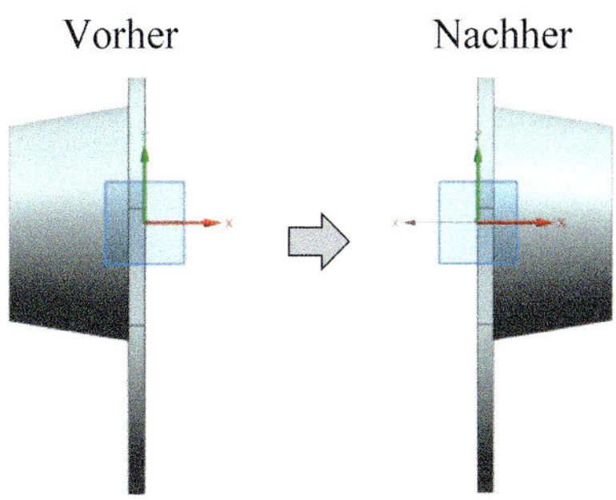

Skizzenebene ⇨ *Richtung umkehren*

Skizzenorientierung ⇨ *Richtung umkehren*

Schnittkurve

Da die Mantelfläche des Absatzes keine wirkliche Kante darstellt, muss zunächst die Schnittkurve gebildet werden, um diese als Referenzelement in der Skizze zu verwenden.

⇨ Mantelfläche des Absatzes wählen

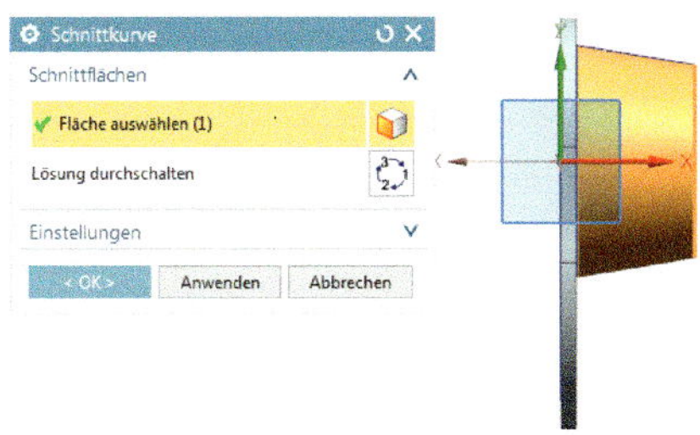

⇨ *Lösung durchschalten* bis die obere Kurve gewählt ist

Mit der Funktion Schnittkurve wird in der Skizze die Schnittkurve zwischen der gewählten Fläche und der Skizzenebene erzeugt. Schnittkurven werden hellblau dargestellt. Führt die Operation zu mehreren möglichen Lösungen, kann bis zur gewünschten Lösung durchgeschaltet werden.

In/Aus Referenz konvertieren

⇨ Projizierte Kurve auswählen

⇨ *In/Aus Referenz konvertieren*

alternativ:

⇨ RMT auf die projizierte Kurve

⇨ *In/Aus Referenz konvertieren*

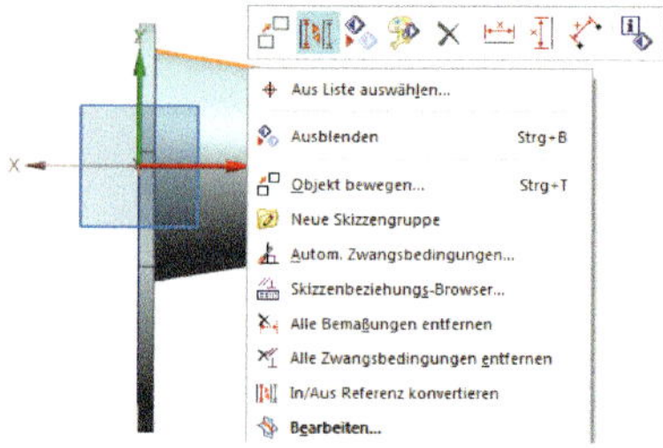

Referenzgeometrie erzeugt selbst keine Geometrie (z. B. durch Extrudieren oder Drehen), unterstützt aber das Erstellen der Skizze. Referenzgeometrie wird durch braune Strichzweipunktlinien dargestellt.

⇨ *Profil* aus zwei Linien

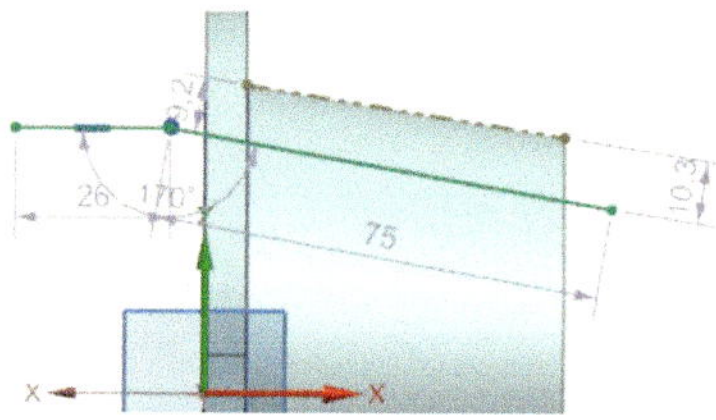

Geometrische Zwangsbedingungen

⇨ *Vertikale Ausrichtung*

⇨ Knickpunkt zwischen den erzeugten Linien zum Endpunkt der Referenzlinie

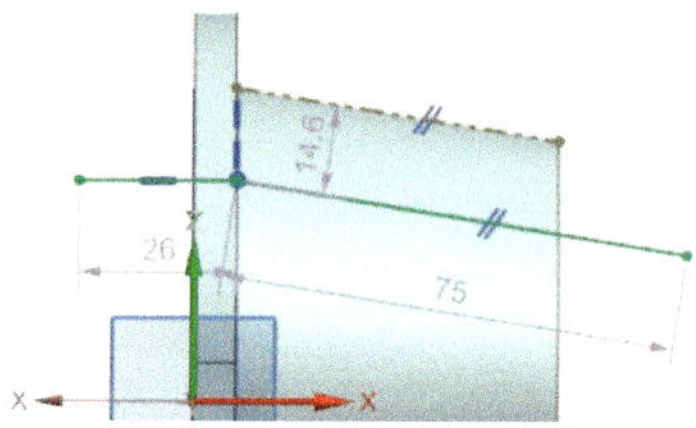

⇨ *Parallel*

⇨ Rechte Linie zur Referenzlinie

Schnellbemaßung

D

Skizze beenden

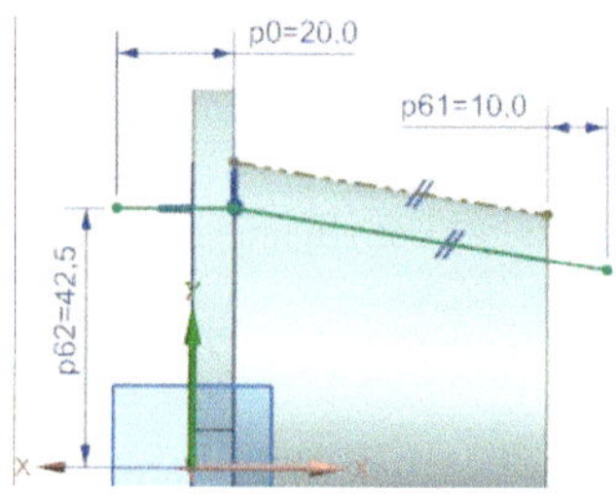

81 3. *Arbeitslayer 81*

4. *Drehen*

⇨ Skizze wählen

⇨ Vektor angeben ⇨ **X-Achse**

Körpertyp ⇨ **Fläche**

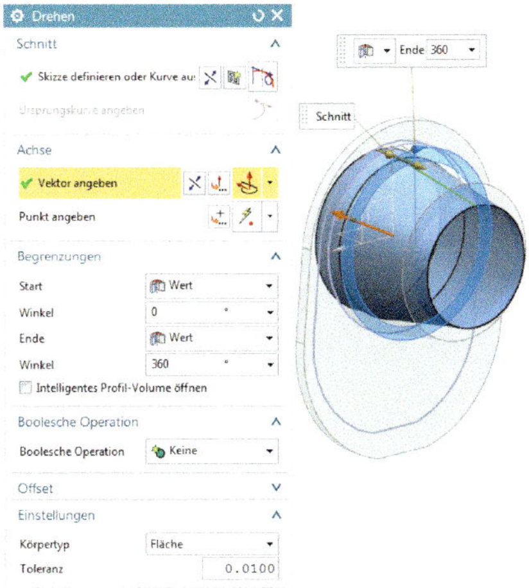

(i) *Durch Drehen oder Extrudieren von Skizzen und Kurven können auch Flächen erzeugt werden. Flächen werden in NX blaugrau dargestellt.*

1 5. *Arbeitslayer 1*

6. *Körper trimmen*

Ziel ⇨ **Körper**

Werkzeug ⇨ **Fläche**

⇨ Ggf. *Richtung umkehren*

7. *Layer 21, 22 und 81 ausblenden*

Strg+L

8. *Querschnitt bearbeiten*

Strg+H Ansicht ⇨ *Querschnitt bearbeiten*

Die folgenden Formelemente werden im Inneren des Gehäuses erstellt. Um die Formelementerstellung zu vereinfachen, wird ein Schnitt erstellt.

⇨ *Ebene auf Y festlegen*

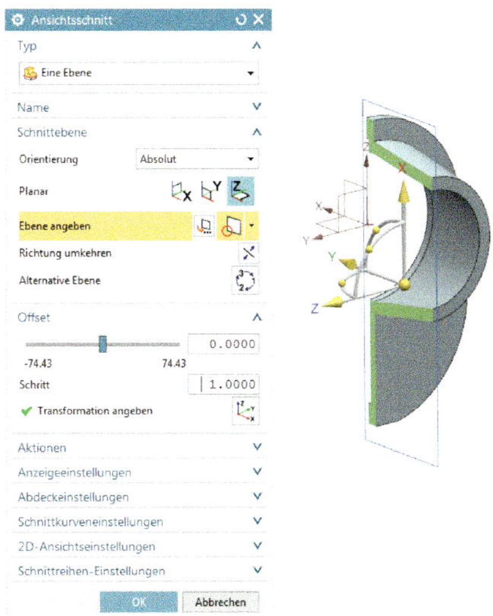

(i) *Mit dem Schieberegler kann die Schnittebene parallel verschoben werden.*

Weiterhin können die Farbe des Schnittes eingestellt und Durchdringungen sichtbar gemacht werden.

9. *Schnitt aktivieren*

Nach der Erstellung des Schnittes kann dieser über *Schnitt aktivieren* ein und ausgeblendet werden.

10. *Extrudieren*

X

⇨ Vordere innere Kreiskante wählen

Richtung ⇨ **positive X-Achse**

⇨ Ggf. *Richtung umkehren*

Ende ⇨ **Wert** ⇨ **20**

Boolesche Op. ⇨ **Vereinigen**

Formschräge ⇨ **Von Startgrenze**

Winkel ⇨ **-9**

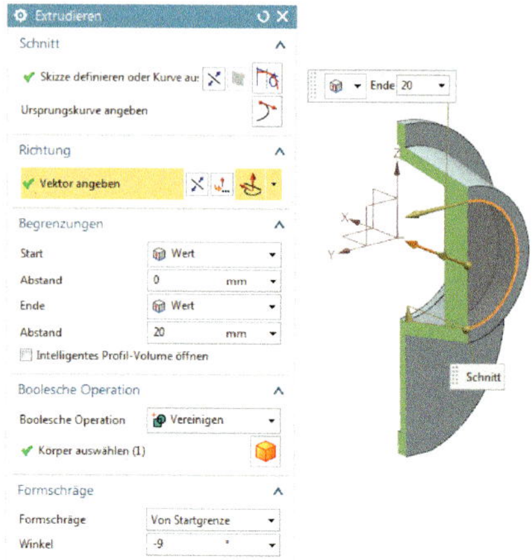

11. *Bohrung*

Typ ⇨ **Allgemeine Bohrung**

⇨ Mittelpunkt der vorderen Kreis-kante

Durchmesser ⇨ **42**

Tiefenbegrenzung ⇨ **Bis zum nächs-ten**

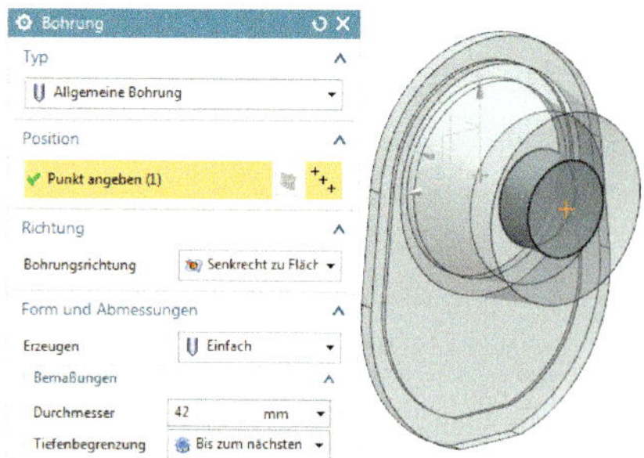

12. *Extrudieren*

X

⇨ Vordere Kreiskante der Bohrung

Richtung ⇨ **negative X-Achse**

⇨ Ggf. *Richtung umkehren*

Ende ⇨ **Wert** ⇨ **8**

Boolesche Op. ⇨ **Vereinigen**

Offset ⇨ **Zweiseitig**

Start ⇨ **0**

Ende ⇨ **4**

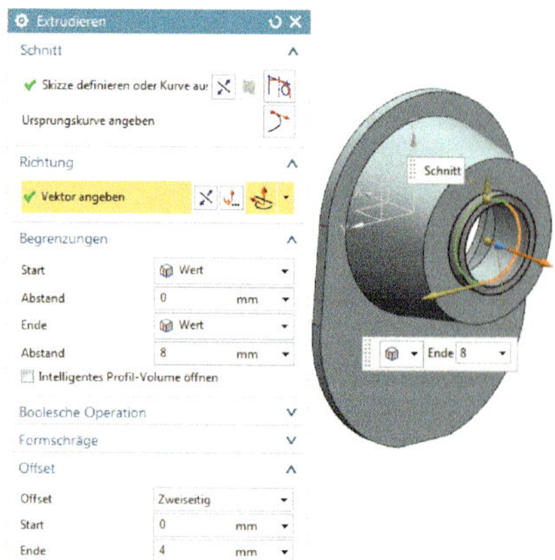

Für eine Extrusion ist nicht zwingend eine Skizze oder Kurve notwendig. Es können auch Körperkanten genutzt werden.

13. *Extrudieren*

X

⇨ Innere Kreiskante der Bohrung

Richtung ⇨ **negative X-Achse**

⇨ Ggf. *Richtung umkehren*

Ende ⇨ **Wert** ⇨ **6.5**

Boolesche Op. ⇨ **Subtrahieren**

Offset ⇨ **Zweiseitig**

Start ⇨ **0**

Ende ⇨ **4**

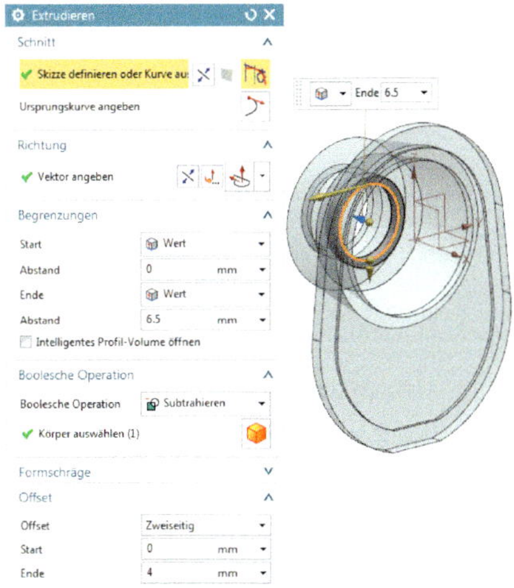

14. *Schnitt aktivieren*

15. *Einstich*

⇨ Rechteckig

⇨ Mantelfläche der Bohrung wählen

Einstichdurchmesser ⇨ **45**

Breite ⇨ **1.8**

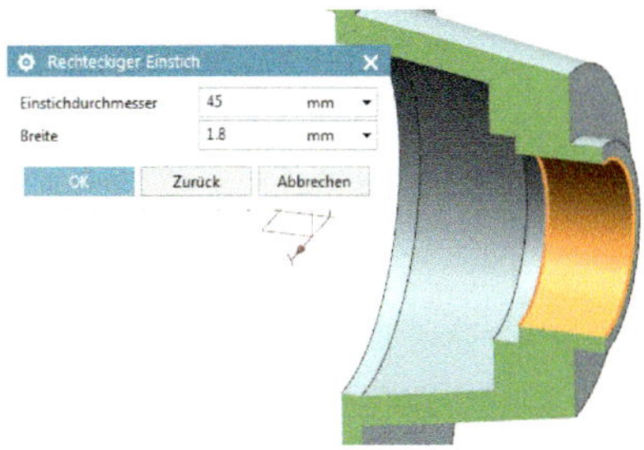

Einstich Positionieren

⇨ Vordere Kreiskante der Bohrung wählen

⇨ Kreiskante der Nut wählen

Wert ⇨ **6.7**

Das Umstellen der Ansicht auf *Drahtmodell mit abgeblendeten Kanten* vereinfacht die Auswahl.

16. *Formschräge*

Typ ⇨ **Kante**

Vektor ⇨ **negative X-Achse**

Unveränderte Kanten ⇨ **vordere Kreiskante des Absatzes**

Winkel 1 ⇨ **10**

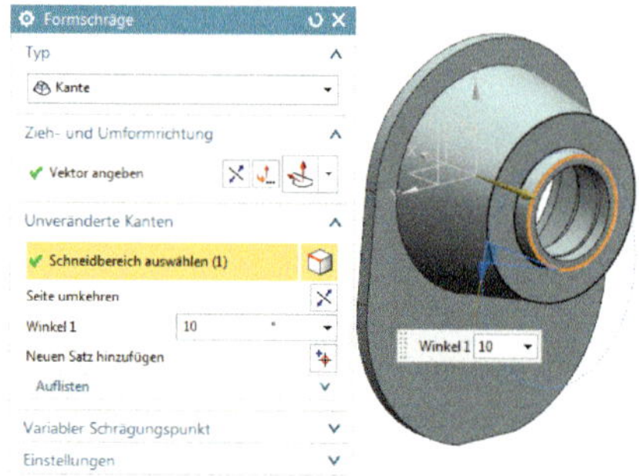

17. *Arbeitslayer 22*

18. *Skizze*

⇨ **XZ-Ebene**

⇨ Ggf. *Neu zuordnen*

⇨ Selbstständiges Erzeugen der abgebildeten Skizze

Skizze beenden

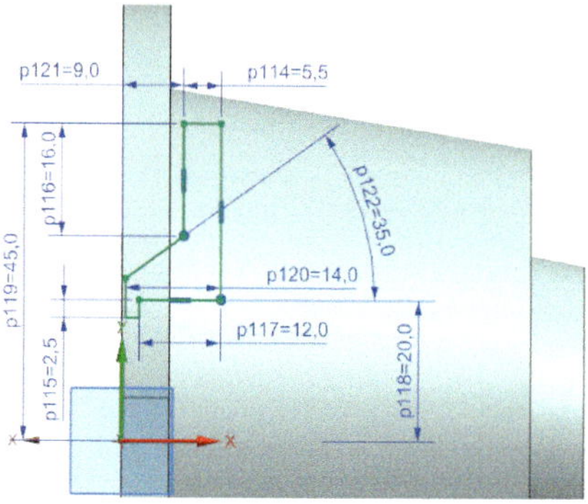

19. *Arbeitslayer 1*

20. *Drehen*

⇨ Skizze wählen

⇨ Vektor angeben ⇨ **X-Achse**

Boolesche Op. ⇨ **Vereinigen**

21. *Layer 22 ausblenden*

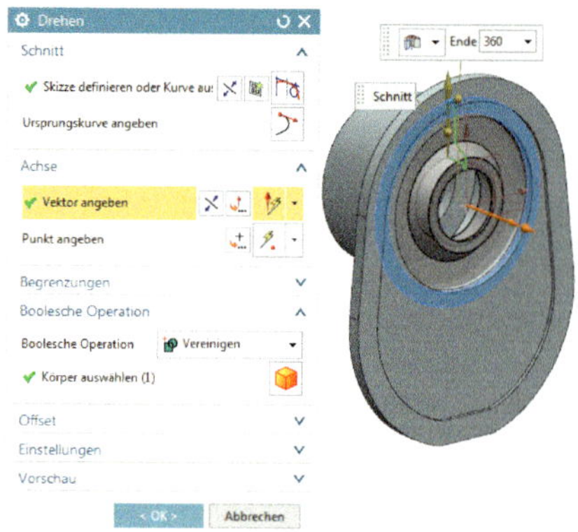

III. Erzeugen der Rippen

1. *Arbeitslayer 23*

2. *Skizze*

⇨ **XZ-Ebene**

⇨ Ggf. *Neu zuordnen*

Schnittkurve

⇨ Mantelfläche des Absatzes wählen

Als Referenz für die Skizze wird wieder die Schnittkurve der Mantelfläche genutzt.

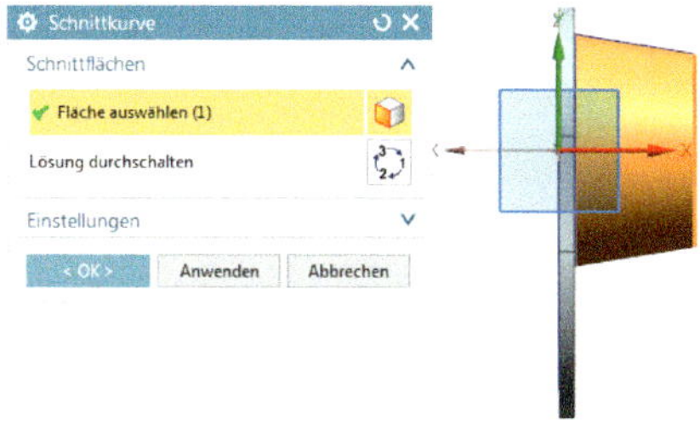

⇨ *Lösung durchschalten* bis die obere Kante gewählt ist

In/Aus Referenz konvertieren

⇨ Schnittkurve wählen

Linie

Geometrische Zwangsbedingungen

⇨ *Vertikale Ausrichtung*

⇨ Linker Endpunkt der Linie zum linken Endpunkt der Referenzlinie

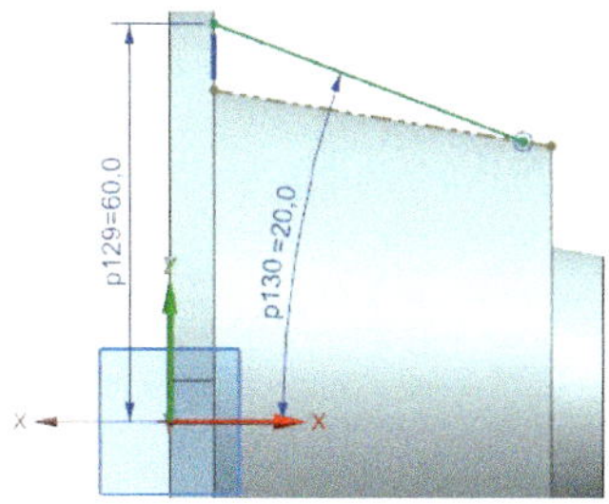

⇨ *Punkt auf Kurve*

⇨ Rechter Endpunkt der Linie auf die Referenzlinie

Schnellbemaßung

⇨ Maße erzeugen

Skizze beenden

Bei einer Rippe wird automatisch der Bereich zwischen der Linie und dem Körper gefüllt. Die Länge der Linie ist dabei nicht zwingend notwendig.

3. *Arbeitslayer 1*

4. *Rippe*

⇨ Skizze auswählen

⇨ *Parallel zu Schnittebene*

Abmessung ⇨ **Symmetrisch**

Stärke ⇨ **6**

⇨ *Rippe mit Ziel kombinieren*

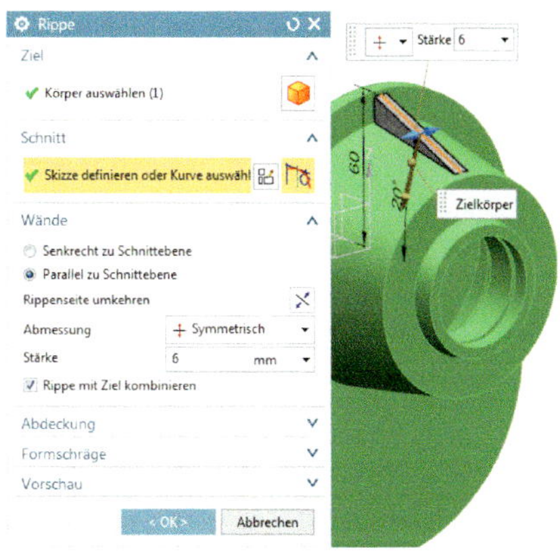

5. *Formschräge*

Typ ⇨ **Kante**

Vektor ⇨ **obere Fläche der Rippe**

Unveränderte Kanten ⇨ **Obere Kanten der Rippe**

Winkel 1 ⇨ **4**

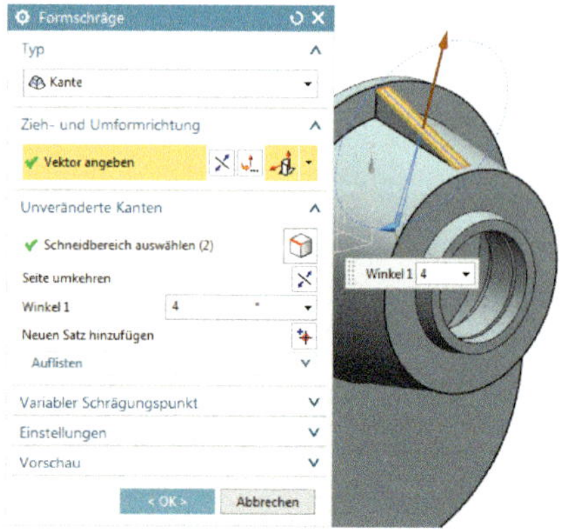

*Wird bei einer Richtungs- oder Vektorauswahl die Auswahl auf **Ermittelter Vektor** gestellt, so wird der Vektor anhand der Eingabe automatisch gewählt. Durch die Auswahl einer Fläche wird dabei die Flächennormale als Richtung ermittelt.*

6. *Layer 23 ausblenden*

Strg+L

7. *Flächenverrundung*

Typ ⇨ **Dreiseitig**

Fläche 1 ⇨ **vordere Seitenfläche**

Fläche 2 ⇨ **hintere Seitenfläche**

Mittelfläche ⇨ **obere Fläche**

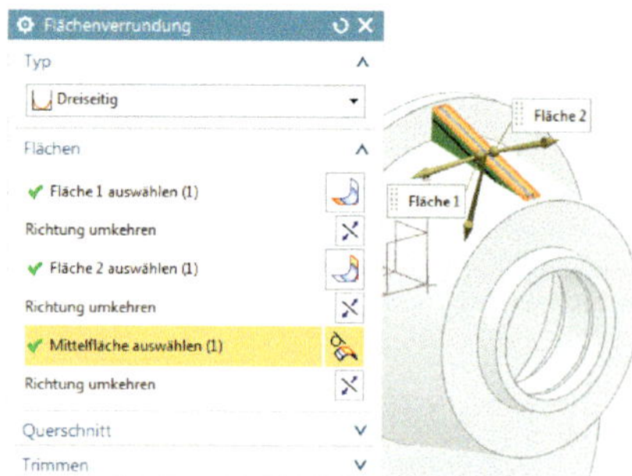

8. *Kantenverrundung*

Radius 1 ⇨ **1.5**

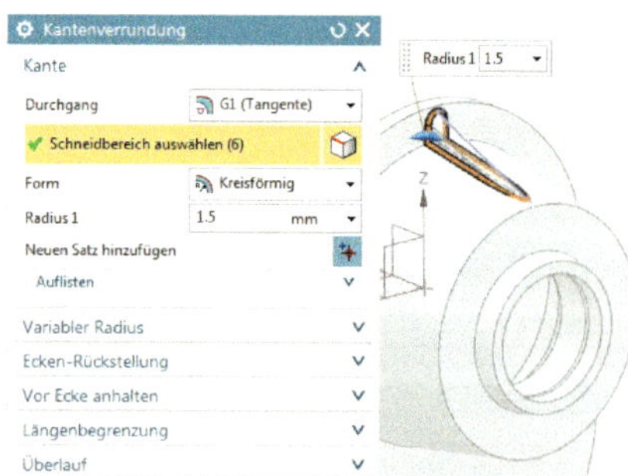

9. *Formelement mustern*

⇨ Auswahl der folgenden Formelemente im Teile-Navigator: (Strg-Taste gedrückt halten)

- Skizze
- Rippe
- Formschräge
- Flächenverrundung
- Kantenverrundung

Layout ⇨ **Kreisförmig**

Vektor ⇨ **X-Achse**

Abstand ⇨ **Anzahl und Abstand**

Anzahl ⇨ **6**

Spannwinkel ⇨ **360**

10. *Kantenverrundung*

⇨ Verrunden der inneren Kanten mit Ausnahme der Lagersitze

Radius 1 ⇨ **1.5**

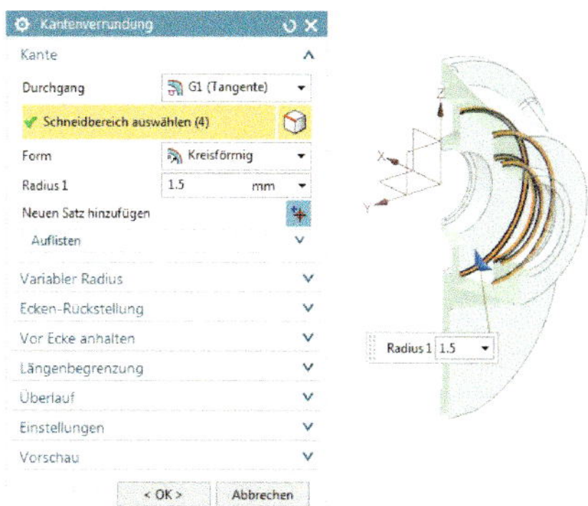

11. *Kantenverrundung*

⇨ Erzeugen der restlichen Verrundungen

Radius 1 ⇨ **1.5**

ⓘ *Die Flanschfläche auf der Rückseite wird nicht verrundet.*

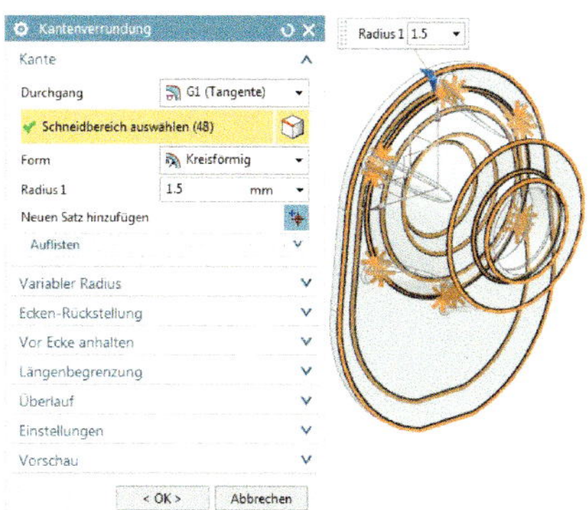

IV. Erzeugen der Bohrungen für den Antrieb

1. *Bohrung*

⇨ Vordere Fläche des Knaufs wählen

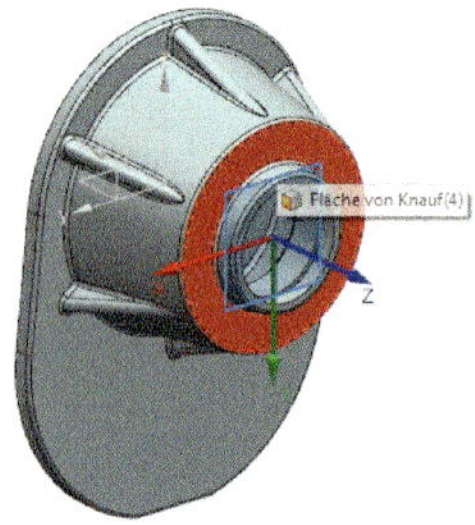

Der Dialog zur Skizzenerstellung wird geöffnet. Die Ebene ist darin bereits ausgewählt.

Referenz ⇨ **Horizontal**

Vektor ⇨ **Y-Achse**

⇨ *Richtung umkehren*

Ursprungsmethode ⇨ **Ursprung des aktiven Teils verwenden**

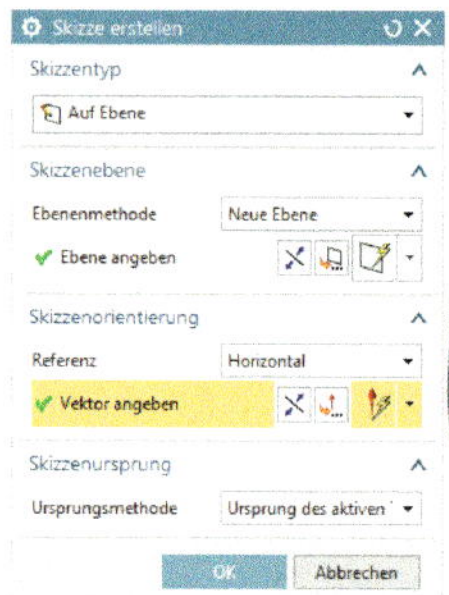

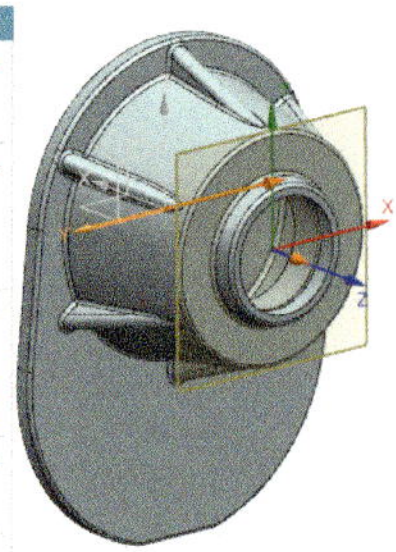

Der Dialog zur Skizzenerstellung wird geöffnet, wenn automatisch kein Punkt für den Skizzenursprung gefunden werden kann.

Geometrische Zwangsbedingungen

⇨ *Punkt auf Kurve*

⇨ Punkt auf vertikale Skizzenachse

Schnellbemaßung

⇨ Bemaßen des Punktes

Skizze beenden

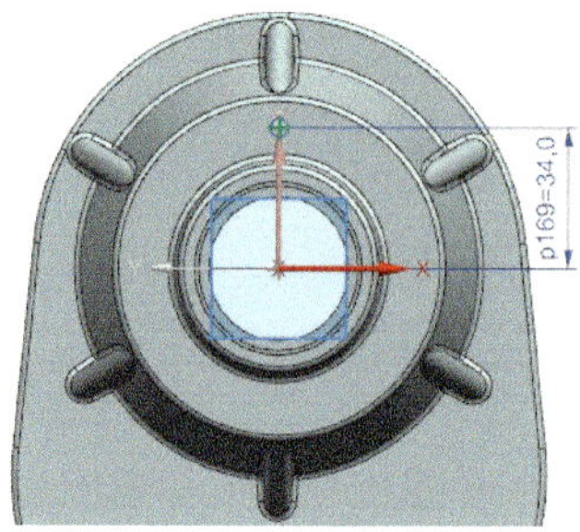

Typ ⇨ **Gewindebohrung**

Größe ⇨ **M8 x 1.25**

Tiefentyp ⇨ **Benutzerdefiniert**

Gewindetiefe ⇨ **8.5**

Tiefenbegrenzung ⇨ **Wert**

Tiefe ⇨ **10**

Tiefe bis ⇨ **Zylinderboden**

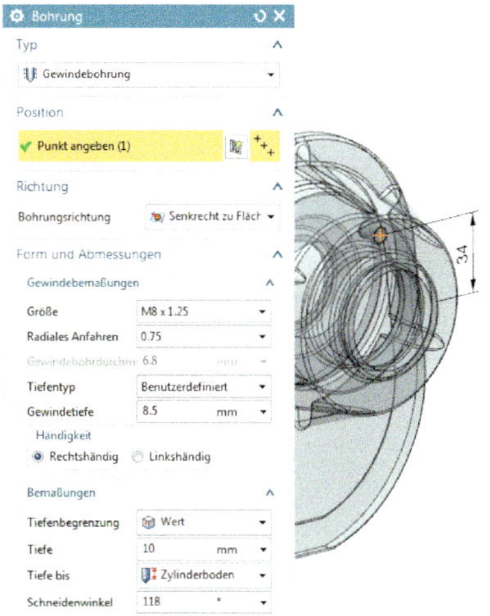

2. *Formelement mustern*

⇨ Gewindebohrung wählen

Layout ⇨ **Kreisförmig**

Vektor ⇨ **X-Achse**

Abstand ⇨ **Anzahl und Abstand**

Anzahl ⇨ **4**

Spannwinkel ⇨ **360**

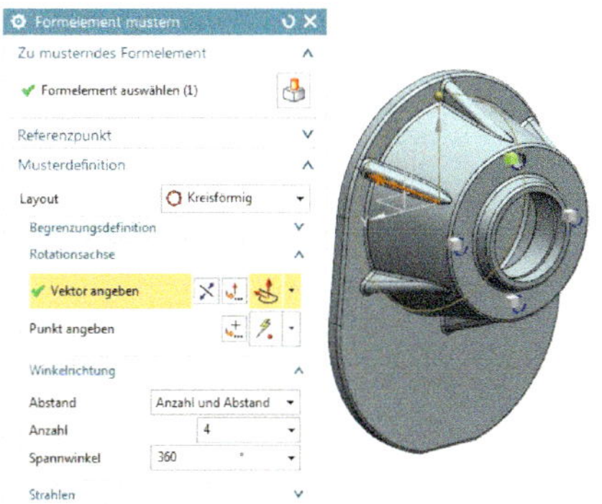

V. Erzeugen der Zentrierbohrungen

1. *Bohrung*

Typ ⇨ **Allgemeine Bohrung**

⇨ Flanschfläche wählen

Neu zuordnen

Ursprungsmethode ⇨ **Ursprung des aktiven Teils verwenden**

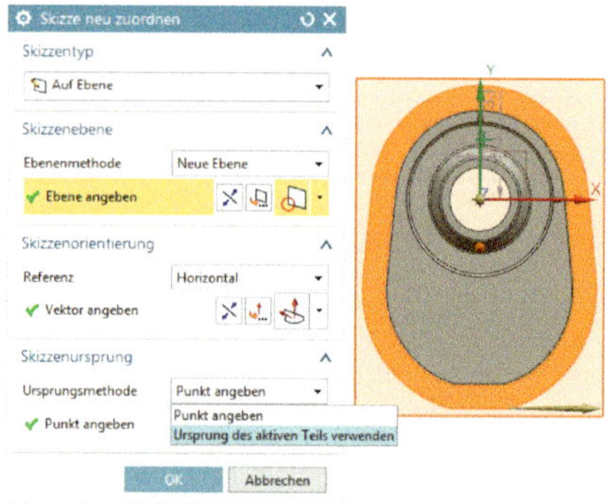

Der Ursprungspunkt einer Skizze kann jederzeit neu definiert werden. Ggf. müssen dabei bereits definierte Referenzen berücksichtigt werden.

⇨ Ggf. Skizzenorientierung über *Richtung umkehren* anpassen

2. *Einblenden von Layer 21*

Strg+L

Da für die Positionierung des Bohrungspunktes der Mittelpunkt aus der ersten Skizze genutzt werden soll, wird Layer 21 einblendet. Dies funktioniert auch innerhalb der Skizzenumgebung.

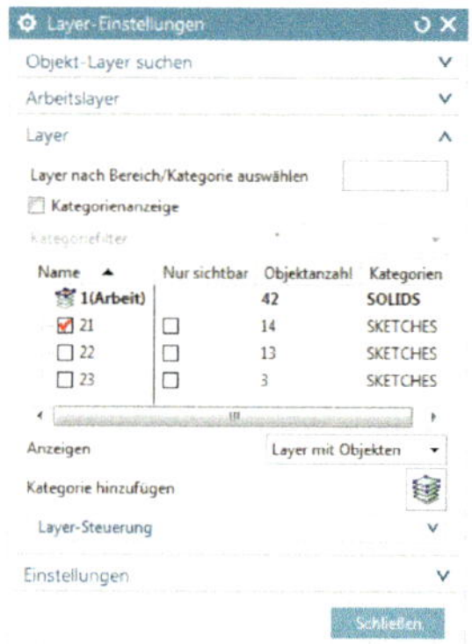

Geometrische Zwangsbedingungen

⇨ *Horizontale Ausrichtung*

⇨ Bohrungspunkt zum Mittelpunkt des unteren Kreisbogens der ersten Skizze

Schnellbemaßung

⇨ Abstand zwischen Bohrungspunkt und Mittelpunkt des Kreisbogens des ersten Skizze ⇨ **61**

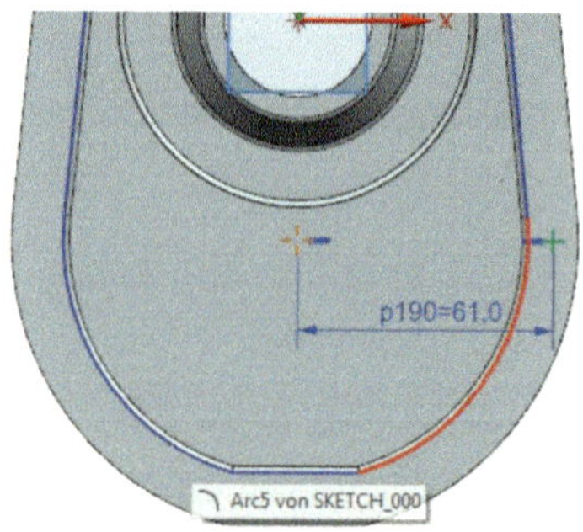

*Um in der aktuellen Skizze Elemente aus der ersten Skizze auswählen zu können, muss der Auswahlbereich auf **Nur in Arbeitsteil** oder **Gesamte Baugruppe** umgestellt werden.*

Durchmesser ⇨ **6**

Tiefenbegrenzung ⇨ **Bis zum nächsten**

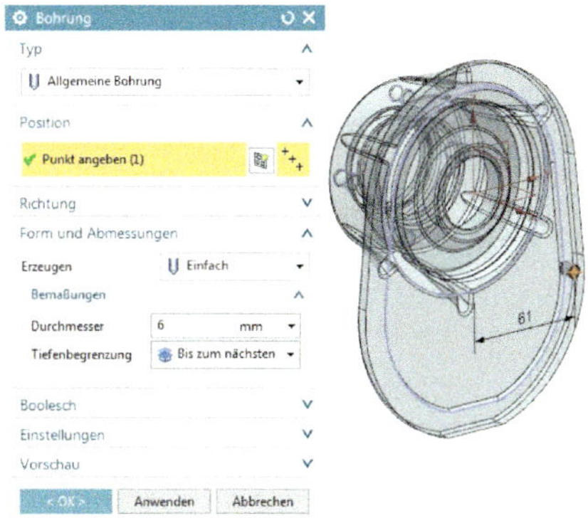

3. *Formelement spiegeln*

⇨ Einfache Bohrung wählen

Ebene ⇨ **XZ-Ebene**

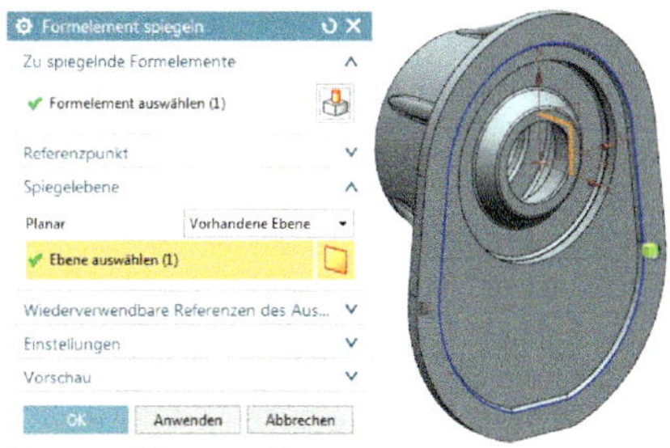

VI. Erzeugen der Bohrungen am Flansch

Die Position der Flanschbohrungen wird über eine Skizze definiert.

24 ▾ 1. *Arbeitslayer 24*

2. *Skizze*

⇨ **YZ-Ebene**

⇨ Erzeugen der rechts abgebildeten Skizze aus zwei *Kreisen* und vier *Linien*

Geometrische Zwangsbedingungen

⇨ Die Kreise sind *Konzentrisch* zu den Kreisbögen der ersten Skizze

In/Aus Referenz konvertieren

⇨ Alle Kreise und Linien

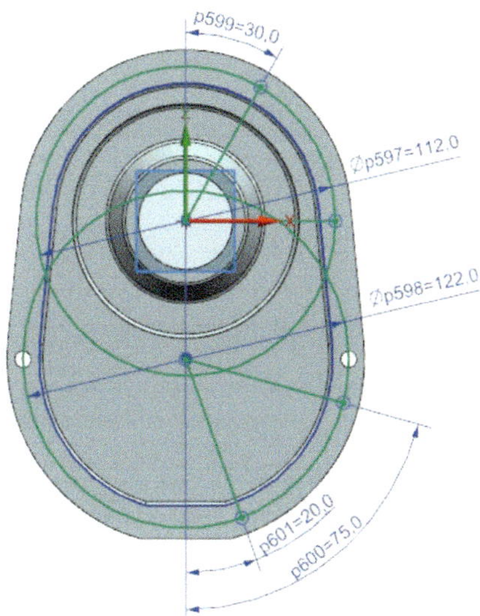

Punkt

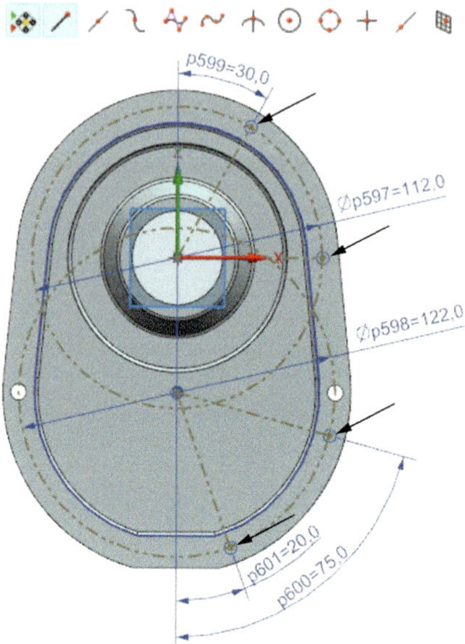

⇨ Fangpunkt ⇨ *Endpunkt*

⇨ Erstellen von vier Punkten an den Linienenden

Durch die Verwendung des Fangpunktes ***Endpunkt*** *können Fehler beim Setzen der Punkte vermieden werden, da die Punkte exakt auf den Endpunkten platziert werden.*

Kurve spiegeln

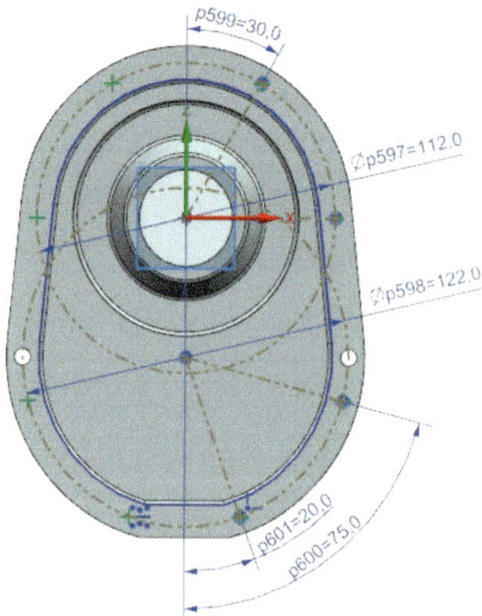

⇨ Typenfilter ⇨ *Punkt*

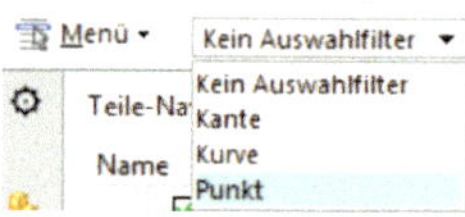

⇨ Punkte wählen

Mittellinie ⇨ **Vertikale Skizzenachse**

Durch die Verwendung des Typenfilters Punkt wird sichergestellt, dass nur die erzeugten Punkte ausgewählt werden. Die Auswahl wird in der unteren Rahmenleiste angezeigt.

Skizze beenden

Strg+Q Das Ergebnis ist eine Skizze, bestehend aus acht Punkten. Diese Punkte definieren im Folgenden das Musterlayout.

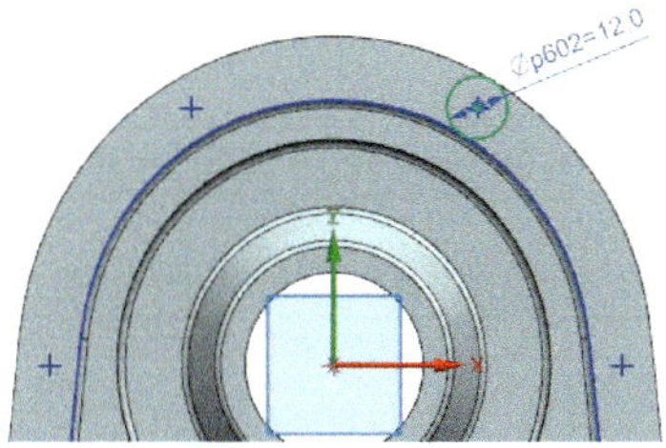

3. *Skizze*

⇨ **YZ-Ebene**

⇨ *Kreis* erzeugen

⇨ Mittelpunkt des Kreises *zusammenfallend* mit einem Punkt der vorigen Skizze

4. *Arbeitslayer 1*

5. *Extrudieren*

⇨ Skizze wählen

Richtung ⇨ **negative X-Achse**

⇨ Ggf. *Richtung umkehren*

Ende ⇨ **Wert** ⇨ **8.5**

Boolesche Op. ⇨ **Vereinigen**

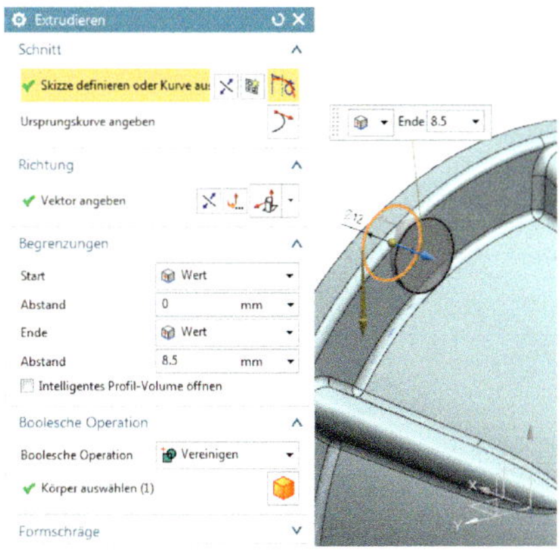

6. *Bohrung*

Typ ⇨ **Gewindebohrung**

⇨ Punkt der erzeugten Skizze wählen, an dem auch die Extrusion erzeugt wurde

Größe ⇨ **M4 x 0.7**

Tiefentyp ⇨ **Vollständig**

Tiefenbegrenzung ⇨ **Bis zum nächsten**

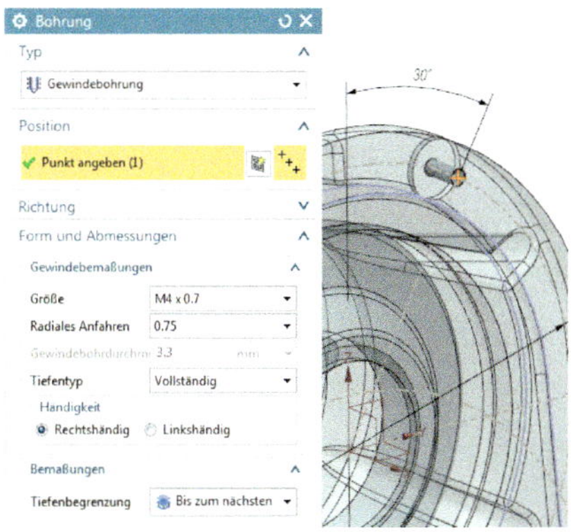

7. *Kantenverrundung*

⇨ Kante des extrudierten Körpers

Radius 1 ⇨ **1.5**

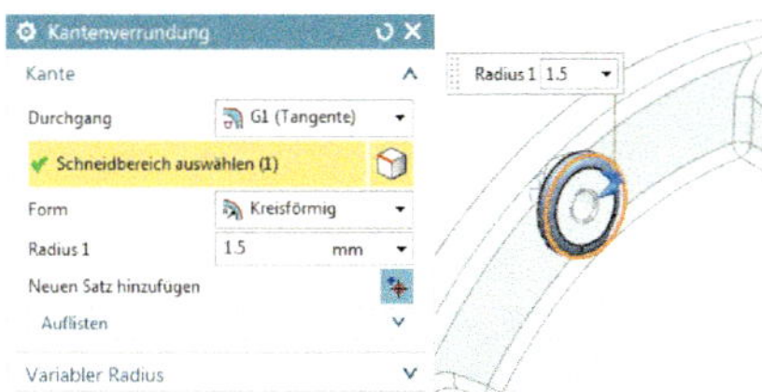

8. *Ausblenden von Layer 21 und 24*

9. *Formelement mustern*

⇨ Auswahl von:

- Extrudieren
- Gewindebohrung
- Kantenverrundung

Layout ⇨ **Allgemein**

Von Position ⇨ Punkt der Skizze wählen, an dem der extrudierte Körper und die Bohrung positioniert sind

Vor Kontur ⇨ restliche Punkte der Skizze wählen

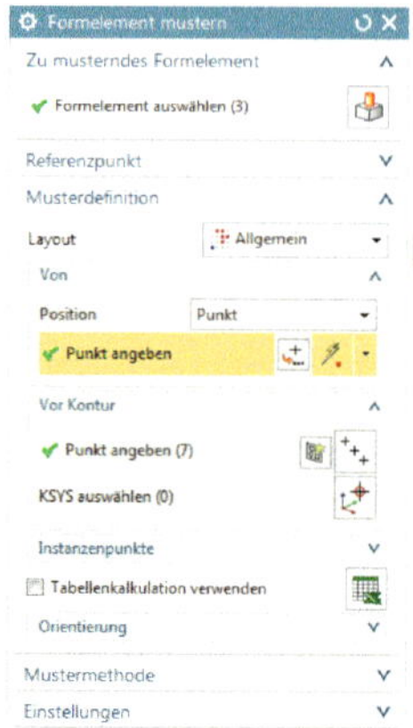

⇨ Fangpunkt ⇨ *Vorhandener Punkt*

Dies erleichtert die Auswahl der Punkte der erzeugten Skizze.

10. *Materialien zuweisen*

⇨ **Steel**

VII. Extrahieren der Flanschfläche

1. *Arbeitslayer 82*

2. *Geometrie extrahieren*

⇨ Registerkarte Flächen ⇨ *Geometrie extrahieren*

Typ ⇨ **Fläche**

Flächenoption ⇨ **Einzelfläche**

⇨ Flanschfläche auswählen

⇨ *Assoziativ* aktivieren

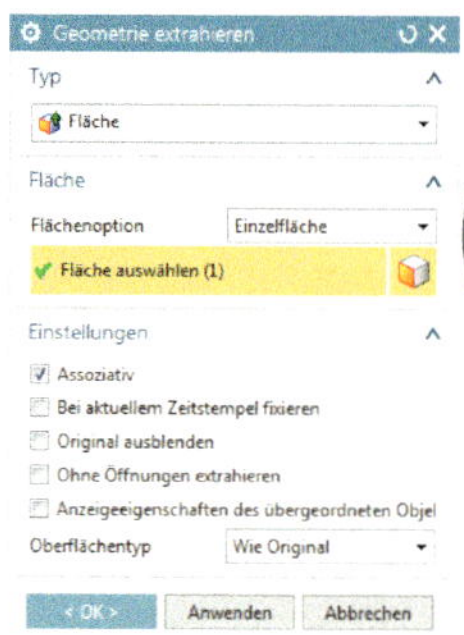

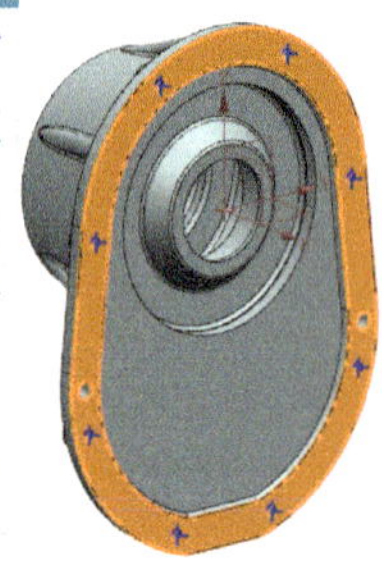

Die Flanschfläche wird nun als separates Flächenobjekt gespeichert.

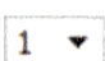

3. *Arbeitslayer 1*

4. *Überprüfen der Layer*

Ggf. Elemente *auf Layer verschieben*

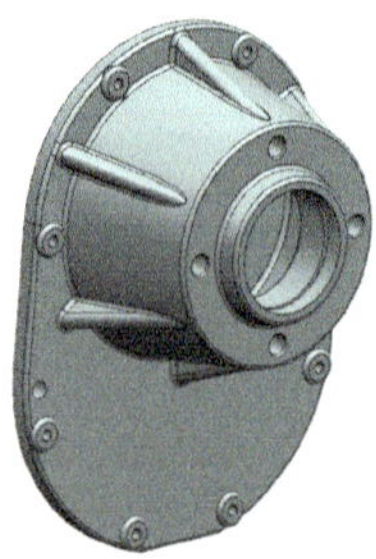

5. *Ausblenden aller Layer außer 1*

6. *Speichern*

4.9 Erzeugen des Gehäuses - Abtriebsseite

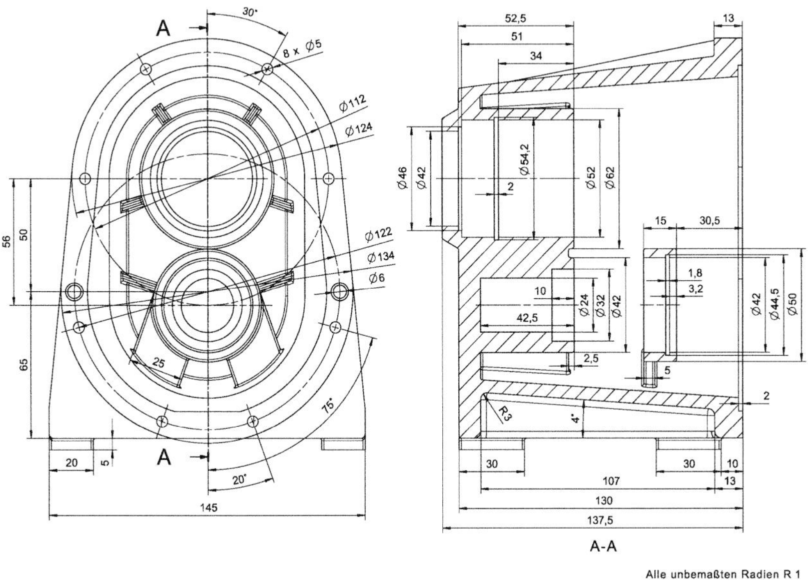

In diesem Abschnitt wird die abtriebsseitige Hälfte des Getriebegehäuses gemäß der Zeichnung konstruiert. Dieses Bauteil bildet das Gegenstück zu der im vorigen Abschnitt erzeugten Gehäusehälfte. Die Zeichnung ist aufgrund der Komplexität nicht vollständig. In der Zeichnung fehlende Informationen werden in den Erklärungen gegeben.

Aufbauend auf der Drahtgeometrie des Gehäuses werden zwei alternative Methoden zur Modellierung des Grundkörpers vorgestellt. Zunächst wird die Hüllgeometrie des Grundkörpers aus Flächen aufgebaut, aus denen anschließend der Volumenkörper erzeugt wird. Da die verwendeten Skizzen und Kurven geschlossene Konturen darstellen, wird der Grundkörper bei der zweiten Methode direkt als Volumenkörper erstellt. Beide Methoden sollten nachvollzogen werden, um die Unterschiede dieser Modellierungstechniken zu verstehen.

Die weiteren Elemente werden anschließend als Volumenkörper erzeugt. Zudem wird die Flanschfläche des abtriebsseitigen Gehäuses assoziativ mit der des antriebsseitigen Gehäuses verknüpft.

Im Video werden die Erzeugung der Drahtgeometrie sowie die Erstellung des Grundkörpers aus Flächen gezeigt.

Vorgehensweise:

I. Einfügen der Flanschfläche
II. Erzeugen der Drahtgeometrie
III. Methode I: Erzeugen des Grundkörpers aus Flächen
IV. Methode II: Erzeugen des Grundkörpers aus Volumenkörpern
V. Erzeugen des Flansch- und Bodenbereichs
VI. Erzeugen der Standfüße
VII. Erzeugen der Lagersitze
VIII. Erzeugen der äußeren Rippen
IX. Erzeugen der Verrundungen
X. Erzeugen der Bohrungen am Flansch

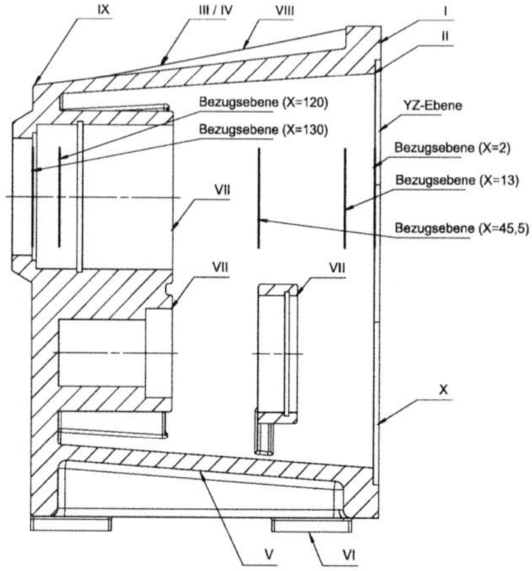

I. Einfügen der Flanschfläche

1. *Erstellen einer neuen Datei*

Dateiname ⇨ **Gehaeuse_Abtriebsseite**

82 ▾ 2. *Arbeitslayer 82*

3. *Öffnen*

Dateiname ⇨ **Gehaeuse_Antriebsseite**

4. *Kopieren der extrahierten Fläche*

Strg+C ⇨ RMT auf Extrahierte Fläche

⇨ *Kopieren*

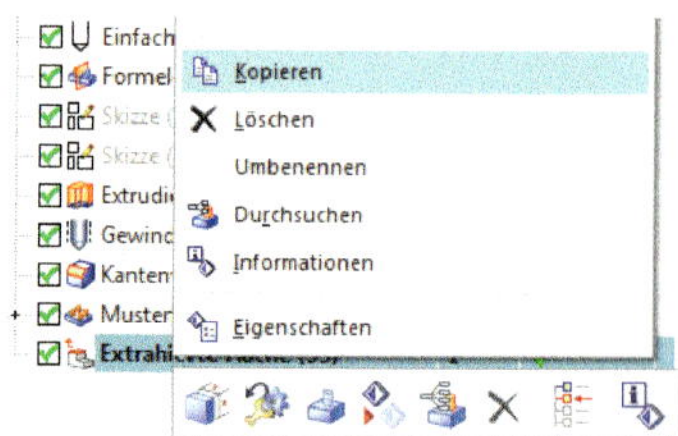

5. *Wechsel nach Gehäuse_Abtriebsseite.prt*

Alternativ kann auch *Fenster wechseln* genutzt werden.

Strg +Tab

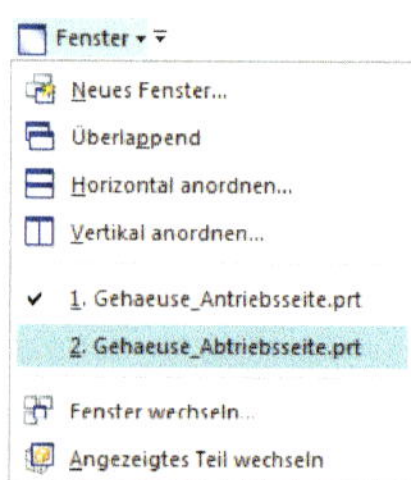

Strg+V

6. *Einfügen der extrahierten Fläche*

Menü ⇨ Bearbeiten ⇨ *Einfügen*

⇨ Dialog ohne eine Auswahl bestätigen

⇨ Das erscheinende Informationsfenster kann ebenfalls bestätigt werden.

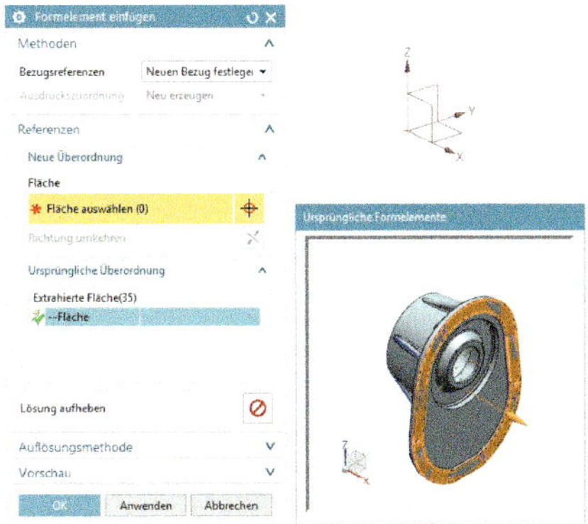

Die Flanschfläche wurde nun als Fläche mit einer assoziativen Verlinkung zum Ursprungsteil eingefügt.

Dies ist auch an dem Kettengliedsymbol der Fläche und an dem Ordner *Links* im Teile-Navigator zu erkennen.

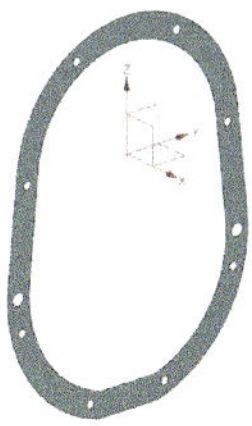

7. *WAVE-Geometrie-Linker*

⇨ Doppelklick auf die verbundene Fläche im Teile-Navigator

Im WAVE-Geometrie-Linker-Dialog kann die Assoziativität des verlinkten Objektes überprüft und bearbeitet werden.

⇨ *Bei aktuellem Zeitstempel fixieren* deaktivieren

Durch Deaktivieren der *Fixierung bei aktuellem Zeitstempel* wird die Fläche bei jeder Änderung automatisch angepasst.

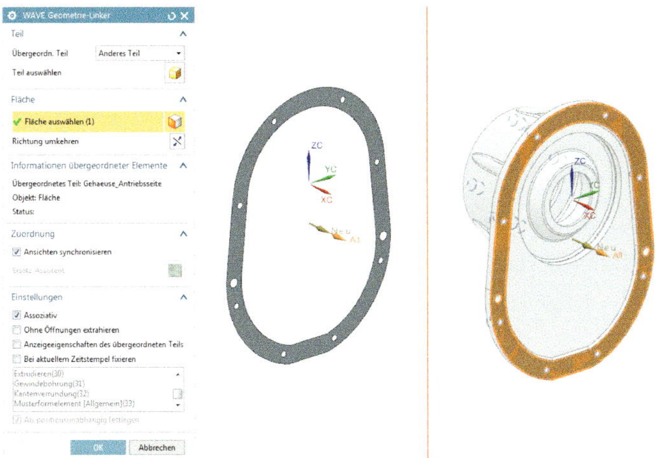

II. Erzeugen der Drahtgeometrie

Für das Drahtmodell werden zunächst die folgenden Ebenen benötigt. Zur Orientierung sind zusätzlich die jeweils referenzierten Skizzen angegeben.

Bezeichnung	Abstand YZ-Ebene	Referenzierte Skizzen
Bezugsebene (2)	2 mm	SKETCH_000, SKETCH_004
Bezugsebene (3)	13 mm	SKETCH_001
Bezugsebene (4)	120 mm	SKETCH_003
Bezugsebene (5)	130 mm	SKETCH_002, SKETCH_005

61 ▾ 1. *Arbeitslayer 61*

2. *Bezugsebene*

Typ ⇨ **Im Abstand**

⇨ **YZ-Ebene**

Abstand ⇨ **2**

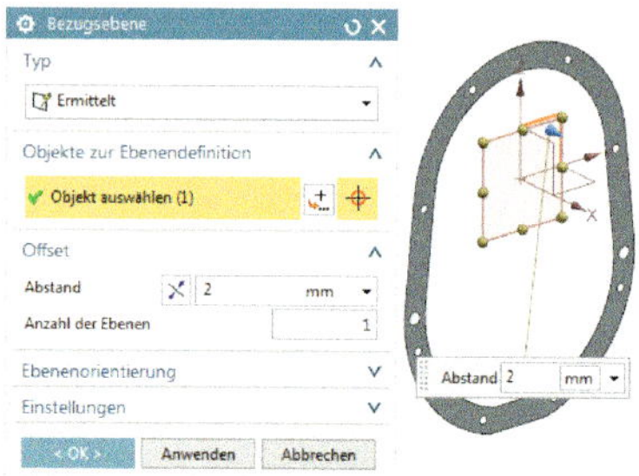

3. *Erzeugen der weiteren Ebenen*

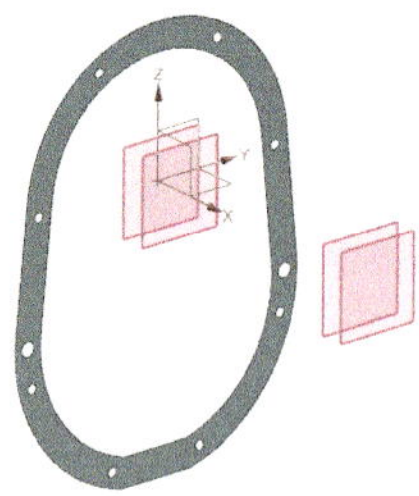

4. *Umbenennen der Ebenen*

⇨ RMT auf die jeweilige Ebene

⇨ *Umbenennen*

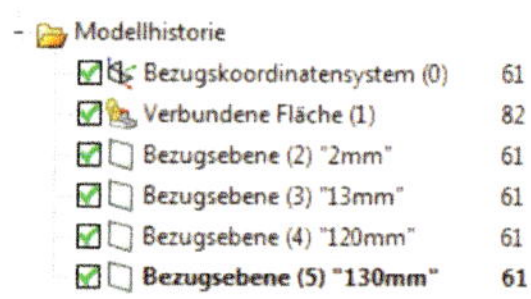

21 ▾ 5. *Arbeitslayer 21*

6. *Skizze*

⇨ **Bezugsebene (2) "2mm"**

Kurve projizieren

⇨ Kurvenregel ⇨ *Einzelne Kurve*

⇨ Auswahl der oberen Kreiskante und der geraden Kanten

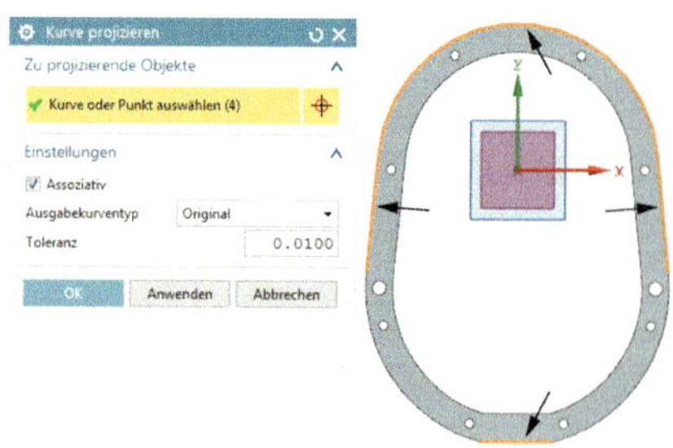

Mit der Funktion Kurve projizieren können Geometriekanten und Kurven auf die Skizzenebene projiziert und als Skizzenelemente verwendet werden. Projizierte Kurven werden hellblau dargestellt.

⇨ *Profil* aus drei Linien erstellen

Die kurze Linie ist dabei vertikal.

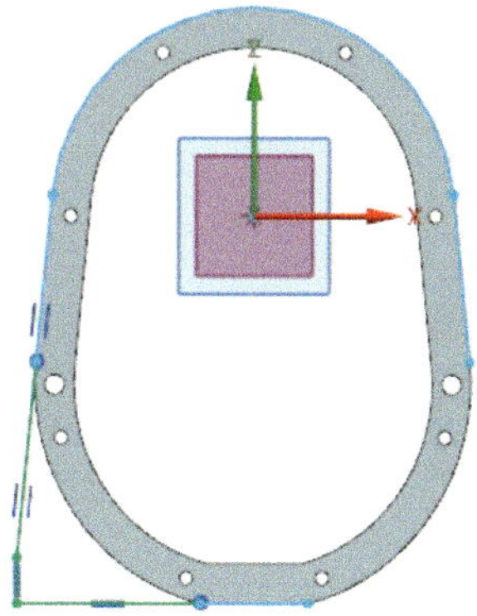

Kurve spiegeln

⇨ Erzeugtes Profil an der vertikalen Skizzenachse spiegeln

Schnellbemaßung

D ⇨ Maß erzeugen

Skizze beenden

Strg+Q

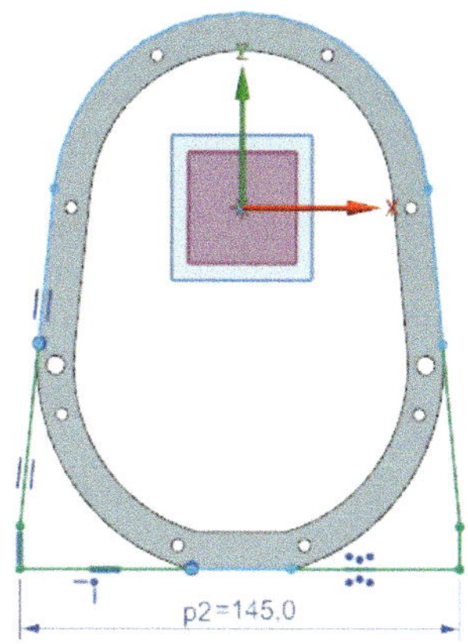

7. *Ausblenden von Layer 82*

Das Ausblenden der Fläche erleichtert die Erstellung der weiteren Skizzen.

8. *Skizze*

⇨ **Bezugsebene (3) "13mm"**

Der Fuß wird von der ersten Skizze *projiziert* (s. Pfeile).

⇨ Kurvenregel ⇨ *Einzelne Kurve*

⇨ Selbstständiges Erzeugen der restlichen Kontur, z. B. als *Profil*

Die Linien sind horizontal bzw. vertikal und gehen jeweils tangential in die Bögen über.

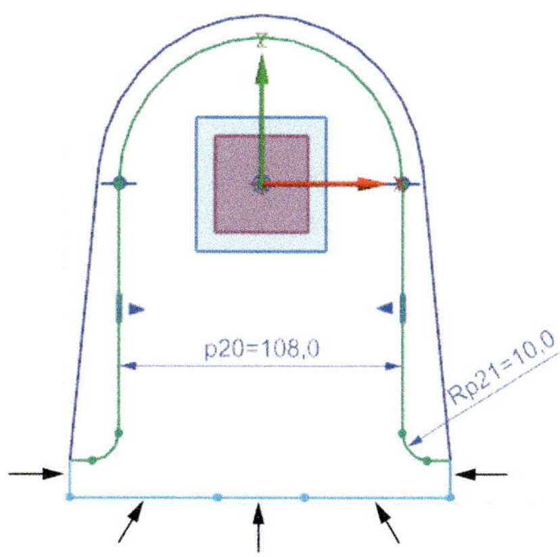

Werden die Radien als *Verrundung* erstellt, entstehen Hilfspunkte wenn die Skizze zu diesem Zeitpunkt noch nicht vollständig bestimmt ist.

Diese Hilfspunkte können Probleme bei der späteren Flächenerstellung verursachen und sollten daher *gelöscht* werden.

Bei der Erstellung der Skizzen ist darauf zu achten, dass der Fußbereich auf die gleiche Art und Weise erstellt wird und die Anzahl der Linien im Fußbereich identisch ist, da sonst Probleme bei der Erzeugung der Flächen entstehen.

Da die nächste Skizze der vorigen ähnelt und sich nur die Maße unterscheiden, wird die vorige Skizze kopiert und neu auf eine andere Ebene zugeordnet.

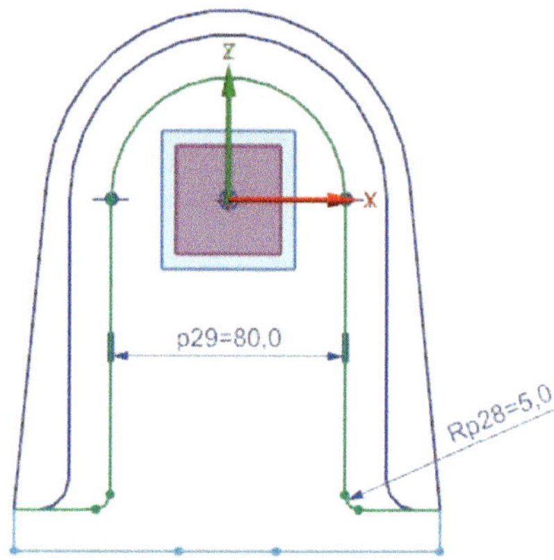

9. *Kopieren der Skizze*

Strg+C

⇨ RMT auf SKETCH_001

⇨ *Kopieren*

10. *Einfügen der Skizze*

Strg+V

Menü ⇨ Bearbeiten ⇨ *Einfügen*

⇨ Den Dialog ohne eine Auswahl bestätigen

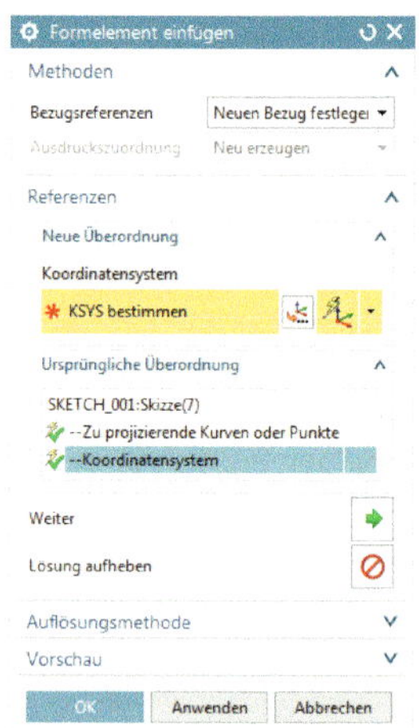

Die Skizze wird mit den gleichen Referenzen kopiert und liegt nach dem Einfügen an der gleichen Position wie die ursprüngliche Skizze.

Die kopierte Skizze trägt auch die gleiche Bezeichnung wie die ursprüngliche, jedoch mit der Endung „_0“.

11. *Skizze mit Rollback bearbeiten*

⇨ RMT auf SKETCH_001_0

⇨ *Mit Rollback bearbeiten*

12. *Neu zuordnen*

⇨ Bezugsebene (5) "130mm" wählen

Ursprungsmethode ⇨ **Ursprung des aktiven Teils verwenden**

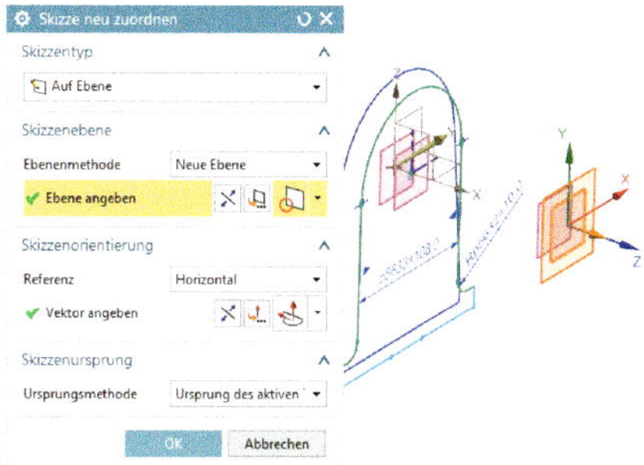

Die Ebene kann im Teile-Navigator oder im Grafikbereich ausgewählt werden. Wird die Ebene im Grafikbereich ausgewählt, ist es sinnvoll, die Ansicht zu drehen.

Shift +F8

Über *An Skizze ausrichten* wird die Ansicht wieder senkrecht zur Skizze gedreht.

⇨ Anpassen der Maße über Doppelklick

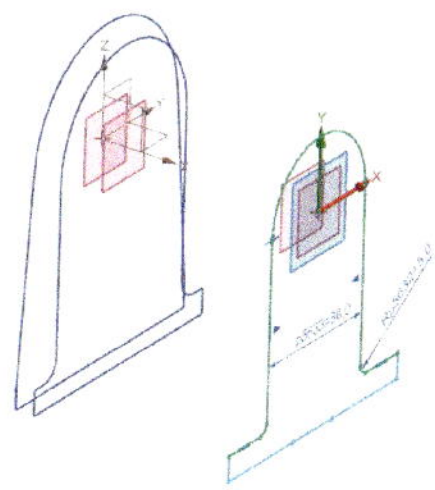

Abstand der Linien ⇨ **80**

Radius ⇨ **5**

Strg+Q

Skizze beenden

13. *Ändern des Objektnamens*

⇨ RMT auf SKETCH_001_1

⇨ *Eigenschaften*

⇨ Allgemein

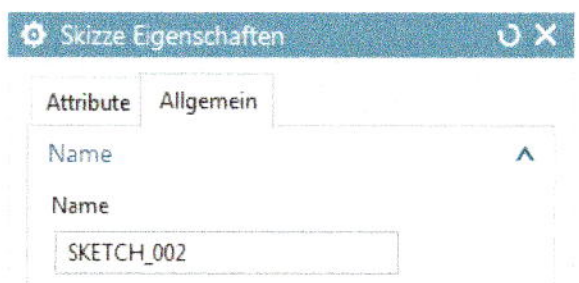

Name ⇨ **SKETCH_002**

Die Skizze ist somit nicht mehr als kopierte Skizze erkennbar.

14. *Skizze*

⇨ **Bezugsebene (4) "120mm"**

⇨ Selbstständiges Erzeugen der Skizze

⇨ *Profil* aus zwei Linien und zwei Kreisbögen

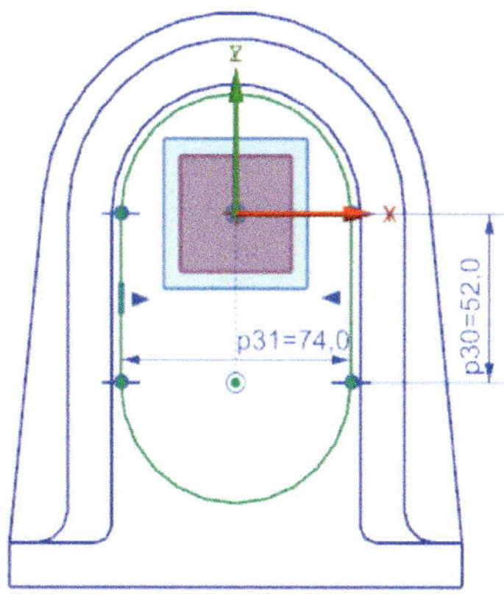

15. *Skizze*

⇨ **Bezugsebene (2) "2mm"**

⇨ Selbstständiges Erzeugen der Skizze

⇨ *Profil* aus zwei Linien und zwei Kreisbögen

Alternativ kann diese Skizze auch durch Kopieren der vorigen Skizze erzeugt werden.

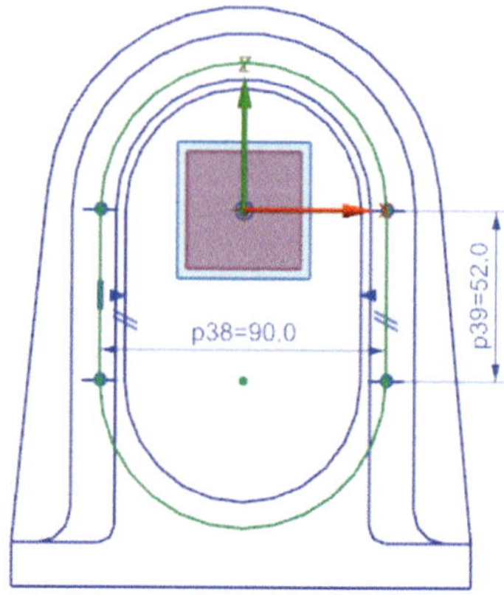

16. *Skizze*

⇨ **Bezugsebene (4) "130mm"**

⇨ *Kreis* im Koordinatenursprung erzeugen

Durchmesser ⇨ **52**

Skizze beenden

Strg+Q

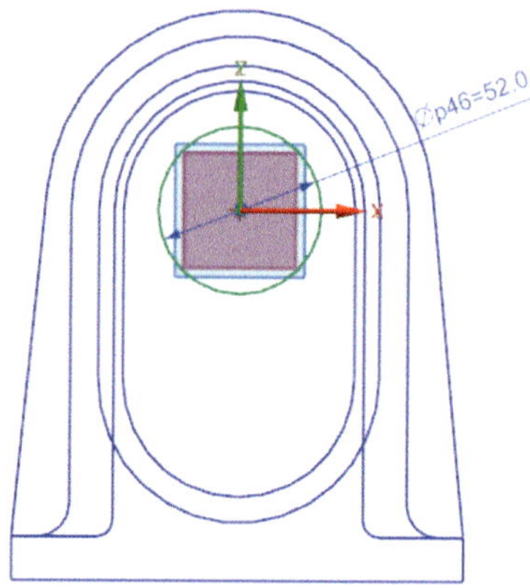

17. *Kurve projizieren*

Register Kurve ⇨ *Kurve projizieren*

⇨ SKETCH_000 wählen

⇨ Bezugsebene (3) "13mm" wählen

Diese Operation erfolgt nicht in der Skizze, sondern wird direkt im Register Kurve aufgerufen.

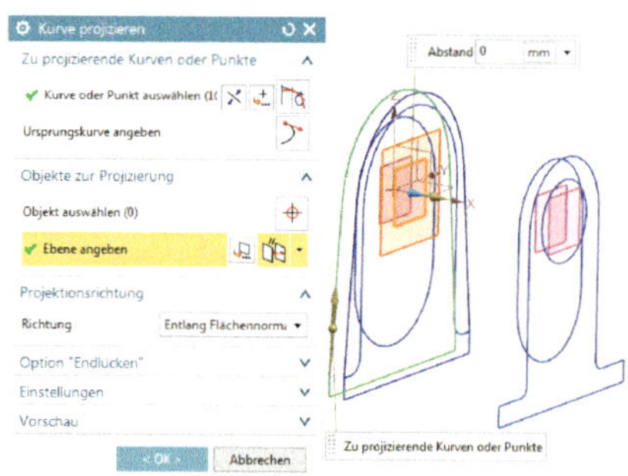

*Die Auswahl der Skizze kann wieder im Teile-Navigator oder im Grafikbereich erfolgen. Erfolgt die Auswahl im Grafikbereich, sollte die Kurvenregel **Verbundene Kurven** verwendet werden.*

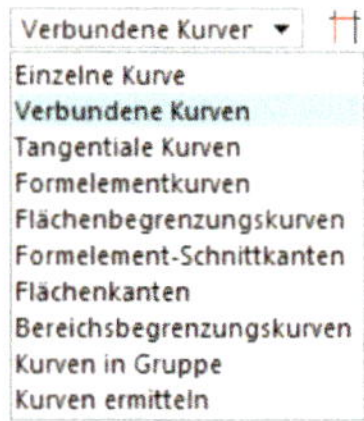

Die Erstellung der Drahtgeometrie ist somit abgeschlossen.

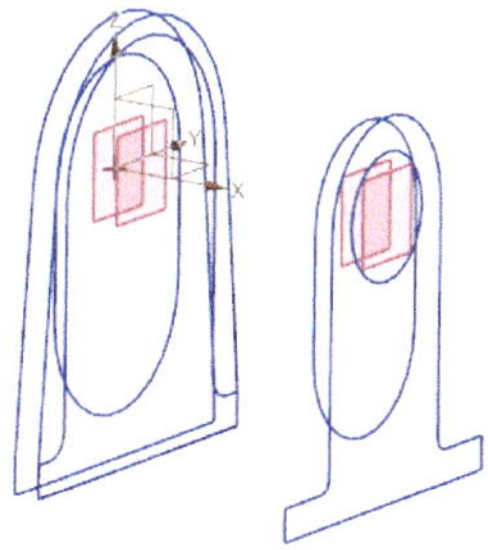

III. Methode I: Erzeugen des Grundkörpers aus Flächen

Im Folgenden wird aus der Drahtgeometrie mit Hilfe von Flächen ein Volumenkörper erzeugt. Dadurch soll der Umgang mit den Flächenoperationen in NX geschult werden. Die verwendeten Funktionen sind im Register *Flächen* zu finden. Alternativ kann auch mit der Erzeugung des Grundkörpers aus Volumenkörpern fortgefahren werden (s. IV).

1. *Arbeitslayer 1*

2. *Studio-Oberfläche*

N

⇨ Kurven von SKETCH_001 wählen

⇨ *Neuen Satz hinzufügen*

⇨ Kurven von SKETCH_002 wählen

Körpertyp ⇨ **Fläche**

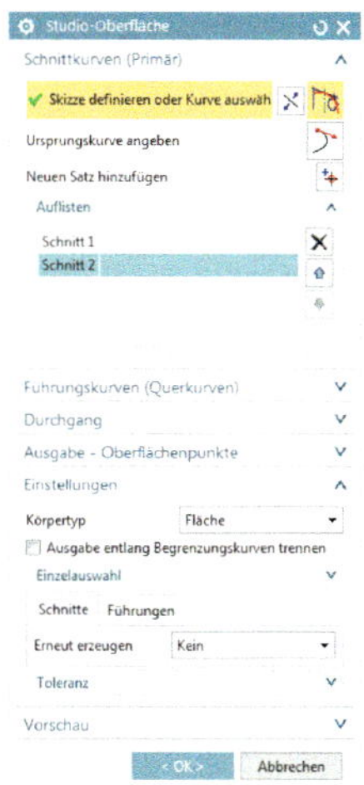

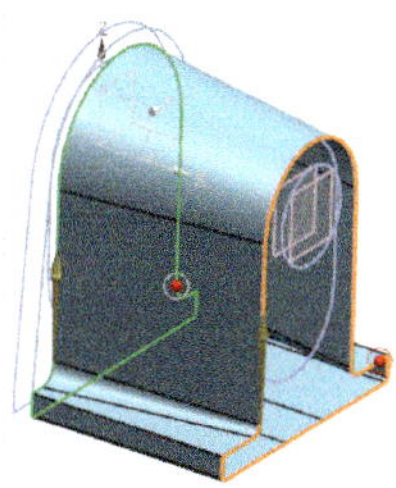

Wenn eine Skizze nur eine geschlossene Kontur ohne zusätzliche Elemente enthält, kann diese auch im Teile-Navigator ausgewählt werden.

*Erfolgt die Auswahl der Kurven im Grafikbereich, muss darauf geachtet werden, dass die Kurven etwa im gleichen Bereich angeklickt werden und die Pfeile an den Kurven in die gleiche Richtung zeigen. Die Verwendung des Kurvenfilters **Verbundene Kurven** vereinfacht dabei die Auswahl.*

Durch das Anklicken einer Schnittkurve im Grafikbereich wird die Ursprungskurve der Schnittkurve definiert. Der Punkt und die Orientierung der Ursprungskurve einer Schnittkurve werden zum Punkt und der Orientierung der nächsten Schnittkurve geführt. Liegen die Punkte nicht gegenüber oder stimmen die Orientierungen nicht überein, wird die Fläche ähnlich der Abbildung verdreht.

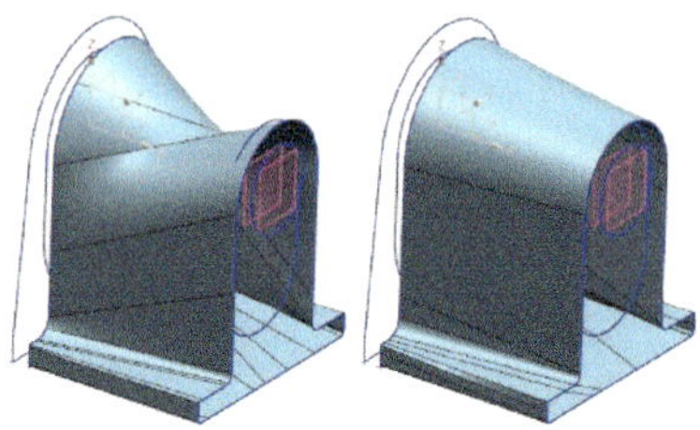

In diesem Fall muss die *Ursprungskurve* manuell definiert oder die Skizzen der Schnittkurven müssen angepasst werden.

Dabei ist darauf zu achten, dass die Skizzen die gleiche Anzahl von Elementen haben und gleich aufgebaut sind. Andernfalls kann auch mit Leitkurven gearbeitet werden.

In NX wird dem Nutzer eine Vielzahl von Funktionen zur Flächenerzeugung angeboten, welche hinsichtlich Ursprungsgeometrie, Komplexität, Randbedingungen und Ergebnis unterschieden werden. Bei der Auswahl der geeigneten Funktion ist es neben einiger Erfahrung oft auch hilfreich verschiedene Funktionen einfach auszuprobieren.

Die Studio-Oberfläche stellt die komplexeste, aber auch die robusteste Funktion zur Flächenerzeugung dar. Die Definition von Leit- bzw. Führungskurven ist hierbei nicht zwingend notwendig, kann jedoch zur Beeinflussung des Ergebnisses genutzt werden.

In der folgenden Tabelle sind die wichtigsten Extrusionsfunktionen zur Flächenerzeugung hinsichtlich ihrer Komplexität aufgeführt.

Icon	**Bezeichnung**	**Schnittkurven**	**Leitkurven**
	Extrudieren	1	Richtung
	Entlang Führung Extrudieren	1	1
	Abweichende Extrusion	1 + Variationen	1
	Regelfläche	2	-
	Durch Kurven	≥ 2	-
	Kurvennetz	≥ 2	≥ 2
	Gestaltete Extrusion	≥ 1	1 - 2
	Extrudiert	≥ 1	1 - 3
	Studio-Oberfläche	≥ 1	≥ 0

3. *Fläche füllen*

⇨ SKETCH_002 wählen

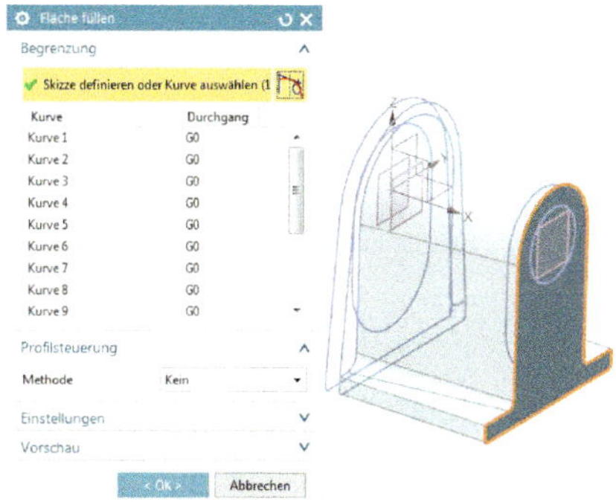

Wenn die Skizze nur aus einer geschlossenen Kontur besteht, kann die Skizze in diesem Schritt auch im Teile-Navigator ausgewählt werden. Die Auswahl im Grafikbereich ist immer möglich.

4. *Fläche füllen*

⇨ Projizierte Kurve wählen

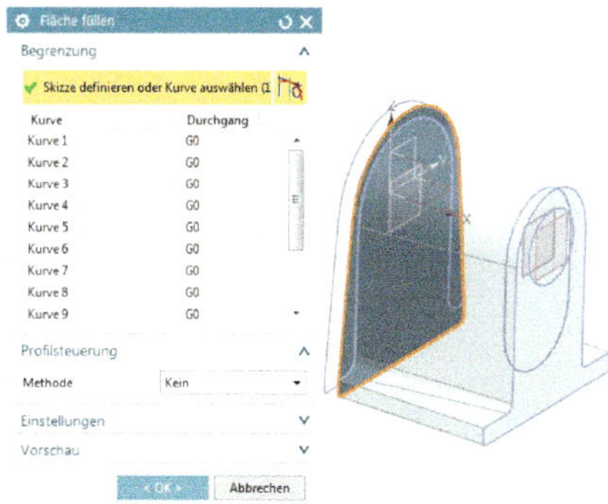

5. *Fläche trimmen*

Flächenkörper ⇨ **Fläche füllen**

Begrenzung ⇨ **SKETCH_001**

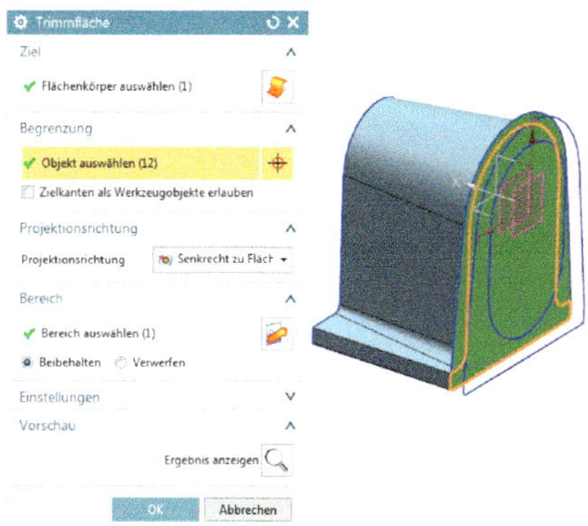

Durch *Bereich auswählen* kann der Flächenbereich ausgewählt werden, welcher nach der Operation beibehalten bzw. verworfen wird.

In diesem Fall soll der äußere Bereich beibehalten werden.

Über *Ergebnis anzeigen* kann die Auswahl überprüft werden, ohne dass der Dialog beendet wird.

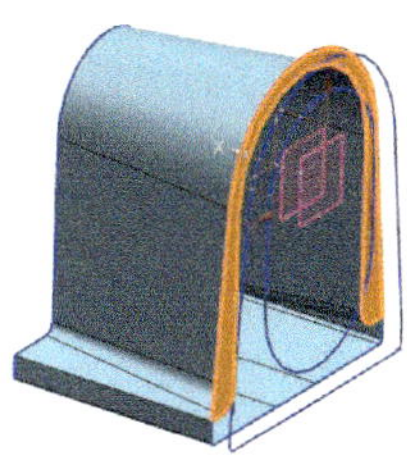

6. *Durch Kurven*

⇨ Kurven von Projizierte Kurve

⇨ *Neuen Satz hinzufügen*

⇨ Kurven von SKETCH_000

⇨ *Form beibehalten* aktivieren

Körpertyp ⇨ **Fläche**

Die Kurven sollten im Grafikbereich ausgewählt werden.

Kurvenregel ⇨ *Verbundene Kurven*

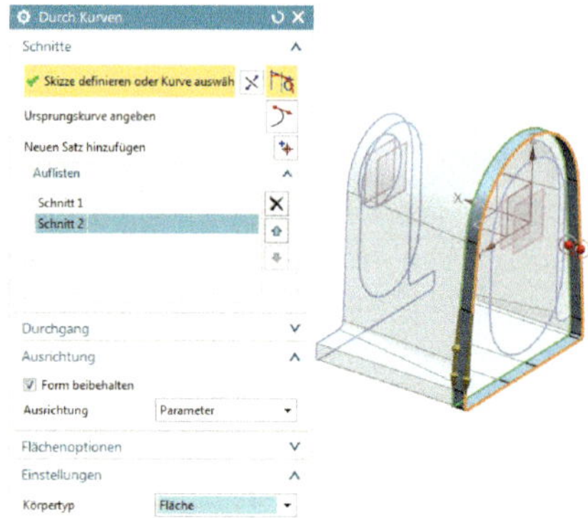

7. *Fläche füllen*

⇨ SKETCH_000 wählen

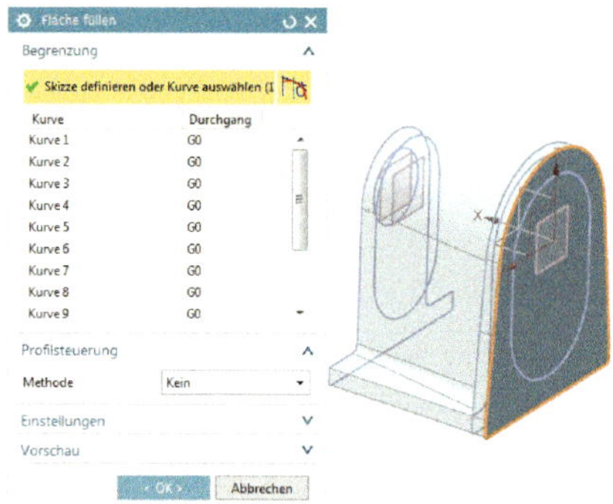

8. *Fläche trimmen*

Flächenkörper ⇨ **Fläche füllen**

Begrenzung ⇨ **SKETCH_004**

⇨ *Beizubehaltenden Bereich auswählen*

Der äußere Bereich soll beibehalten werden.

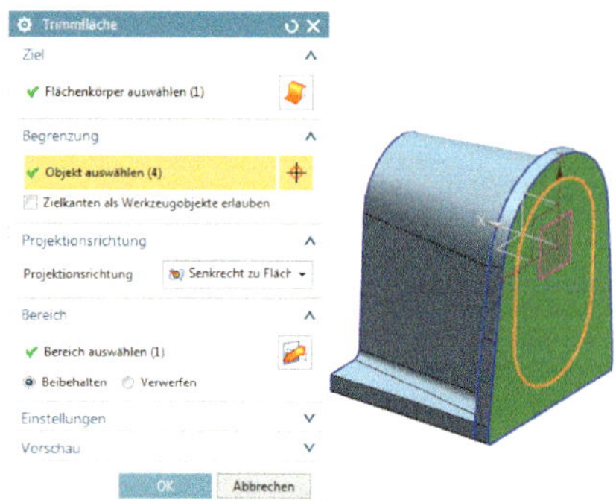

9. *Regelfläche*

Konturzug 1 ⇨ **SKETCH_003**

Konturzug 2 ⇨ **SKETCH_004**

⇨ *Form beibehalten* aktivieren

Körpertyp ⇨ **Fläche**

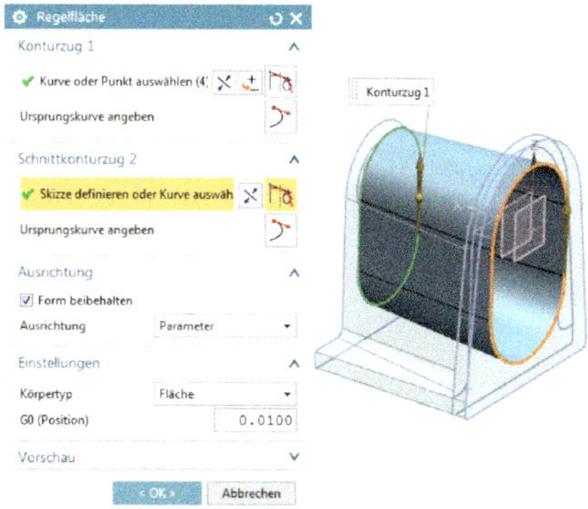

ⓘ *Die Regelfläche stellt die einfachste Funktion zur Flächenerzeugung zwischen zwei Kurven dar. Hierbei werden zwei Schnittkurven linear durch eine Fläche miteinander verbunden.*

10. *Fläche füllen*

⇨ SKETCH_003 wählen

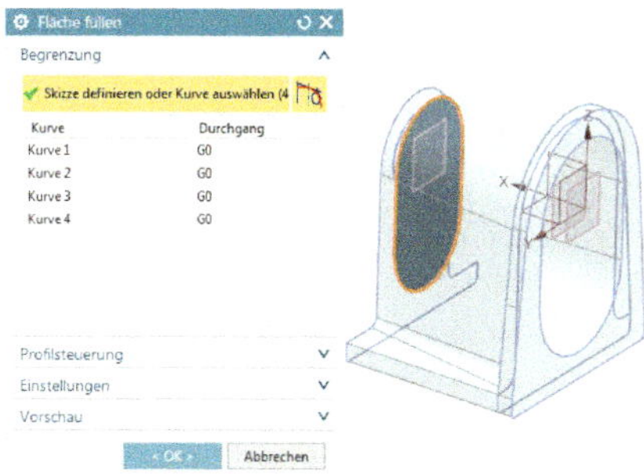

11. *Zusammenfügen/Vernähen*

Ziel ⇨ Vordere Fläche

Werkzeug ⇨ Restliche Flächen

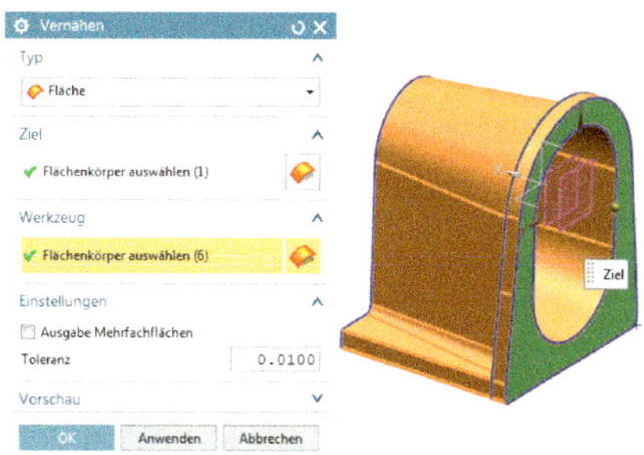

ⓘ *Sind alle Flächen lückenlos miteinander verbunden, entsteht durch das Zusammenfügen ein Volumenkörper. Sind die Flächen nicht lückenlos verbunden, entsteht lediglich ein Verbund aus Flächen.*

12. *Schnitt aktivieren*

Die Erzeugung eines Volumenkörpers kann am schnellsten mit einem Schnitt überprüft werden.

Wurde kein Volumenkörper erzeugt, wird zur Fehleranalyse die Geometrie überprüft.

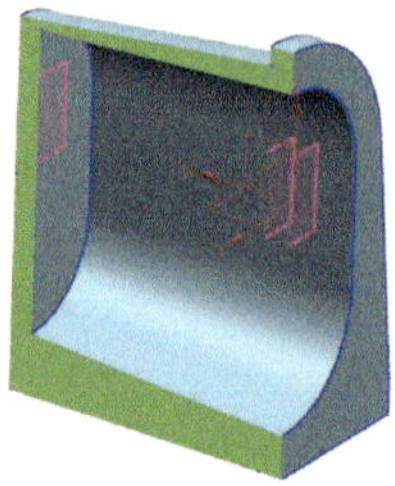

Richtig, Volumenkörper

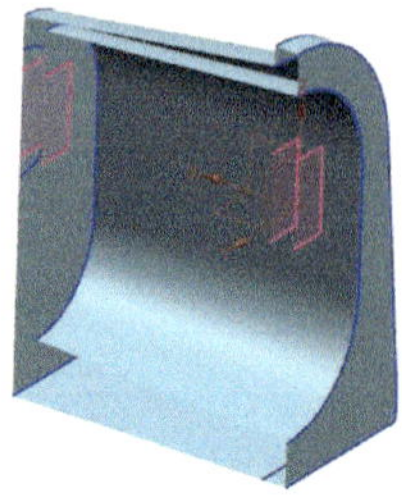

Falsch, Flächenkörper

13. *Geometrie prüfen*

⇨ Registerkarte Analyse

⇨ Weitere

⇨ *Geometrie prüfen*

⇨ **Vernähen** im Teile-Navigator auswählen

⇨ *Alles setzen*

⇨ *Geometrie prüfen*

⇨ *Ergebnisse hervorheben*

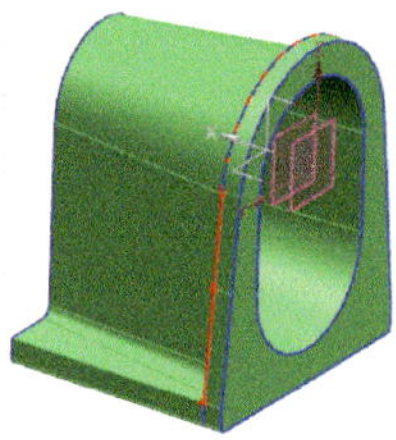

Ansicht aktualisieren

F5

Somit werden die Ergebnisse der Analyse wieder gelöscht.

Wird durch das Zusammenfügen verbundener Flächen kein geschlossener Volumenkörper erzeugt, liegt dies daran, dass die Flächen nicht exakt verbunden sind. Zur Fehlerbehebung können folgende Punkte berücksichtigt werden:

1. *Bei allen Funktionen zur Flächenerzeugung sollte stets die Option* ***Form beibehalten*** *aktiviert sein.*
2. *Wurde zur Flächenerzeugung* ***Regelfläche*** *oder* ***Durch Kurven*** *verwendet, sollte die Fläche noch einmal als* ***Studio-Oberfläche*** *erzeugt werden. Die Studio-Oberfläche behält automatisch die Form bei.*
3. *Führen die ersten beiden Punkte zu keiner Verbesserung, kann die* ***Toleranz*** *beim Vernähen vergrößert werden.*

Nachdem eine Maßnahme zur Fehlerbehebung umgesetzt wurde , z. B. die Aktivierung der Option ***Form beibehalten*** *bei einer Flächenoperation, muss das Zusammenfügen/Vernähen erneut erstellt werden, da die Funktion nicht automatisch aktualisiert wird.*

14. *Modell reparieren*

Konnte bisher kein Volumenkörper erzeugt werden, ist das Modell anhand der aufgeführten Punkte zur Fehlerbehebung selbstständig zu überprüfen und zu reparieren.

Die Erstellung des Grundkörpers ist hiermit abgeschlossen. Im folgenden Abschnitt wird als Alternative zur Flächenmodellierung eine Methode aufgezeigt, um den gleichen Grundkörper mit Volumenoperationen zu erzeugen.

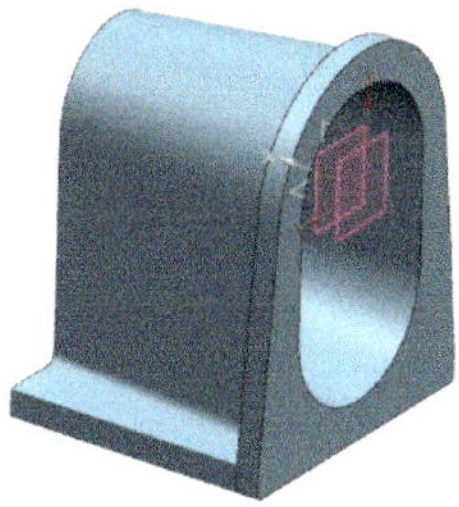

IV. Methode II: Erzeugen des Grundkörpers aus Volumenkörpern

In diesem Abschnitt wird eine alternative Methode zur Erzeugung des Grundkörpers vorgestellt.

Da die verwendeten Skizzen und Kurven geschlossene Konturen darstellen, können aus ihnen auch direkt Volumenkörper erzeugt werden.

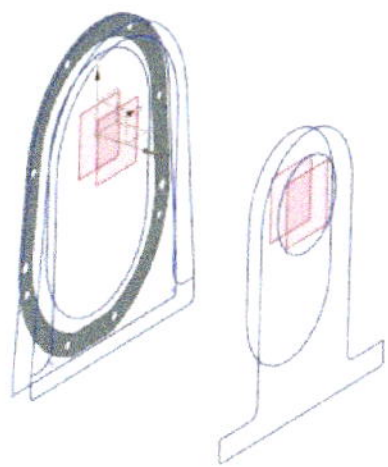

Analog zur Methode I kommen verschiedene Funktionen zur Erzeugung der Volumenkörper zum Einsatz. Die Ausgangsbasis bildet das Drahtmodell. Die verwendeten Funktionen sind im Register *Flächen* und auf der *Startseite* zu finden.

1. *Speichern unter*

Das erzeugte Flächenmodell wird unter einem neuen Namen gespeichert, um beide Modelle zu behalten.

Dateiname ⇨ **Gehaeuse_Antriebsseite_Volumen**

Entf

2. *Löschen aller Flächen*

⇨ RMT ⇨ *Löschen*

Die verlinkte Fläche des Flansches wird nicht gelöscht.

3. *Arbeitslayer 1*

4. *Durch Kurven*

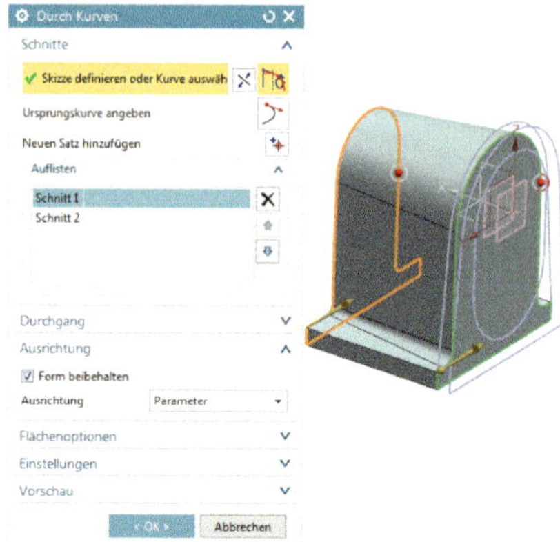

Kurvenregel ⇨ *Verbundene Kurven*

⇨ Kurven von SKETCH_001 wählen

⇨ *Neuen Satz hinzufügen*

⇨ Kurven von SKETCH_002 wählen

⇨ *Form beibehalten* aktivieren

Körpertyp ⇨ **Körper**

5. *Regelfläche*

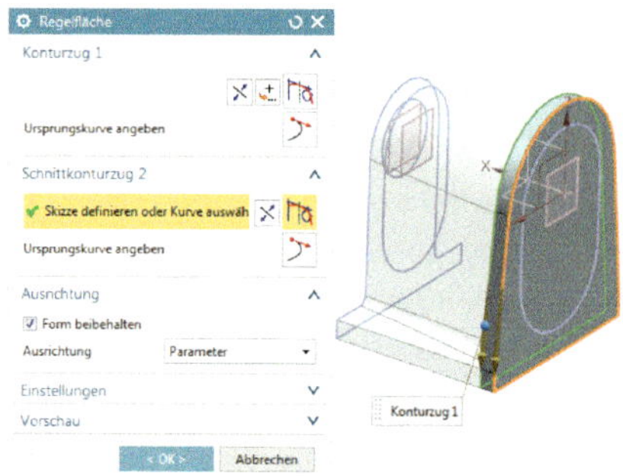

Kurvenregel ⇨ *Verbundene Kurven*

Konturzug 1 ⇨ SKETCH_000

Konturzug 2 ⇨ Projizierte Kurve

⇨ *Form beibehalten* aktivieren

Körpertyp ⇨ **Körper**

6. *Vereinigen*

⇨ Durch Kurven und Regelfläche wählen

7. *Regelfläche*

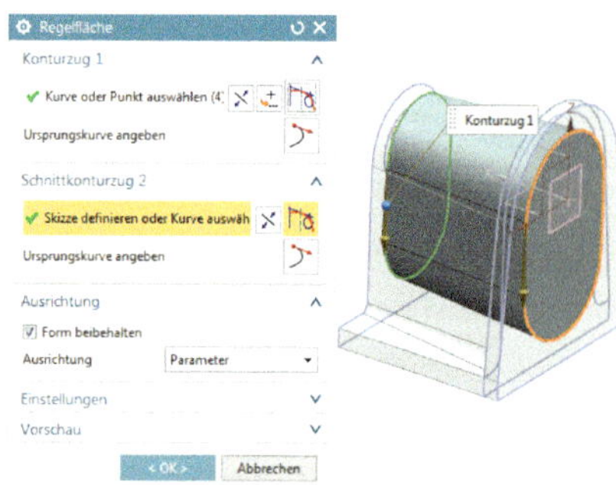

Konturzug 1 ⇨ SKETCH_003

Konturzug 2 ⇨ SKETCH_004

⇨ *Form beibehalten* aktivieren

Körpertyp ⇨ **Körper**

Das Umstellen der Ansicht auf *Drahtmodell mit abgeblendeten Kanten* erleichtert die Auswahl der innen liegenden Kurven.

8. *Subtrahieren*

Ziel ⇨ Vereinigter Körper

Werkzeug ⇨ Innerer Körper

Die Erstellung des Grundkörpers ist nun abgeschlossen. Das Ergebnis ist der gleiche Körper wie nach der Modellierung mit Flächen.

V. Erzeugen des Flansch- und Bodenbereichs

Die folgenden Schritte bis zur Fertigstellung des Gehäuses können mit dem Grundkörper aus Methode I oder aus Methode II durchgeführt werden.

Strg+L

1. *Layer 82 einblenden*

X

2. *Extrudieren*

⇨ Äußere Kanten der abgeleiteten Fläche auswählen

Richtung ⇨ **positive X-Achse**

Ende ⇨ **Bis zum nächsten**

Boolesche Op. ⇨ **Vereinigen**

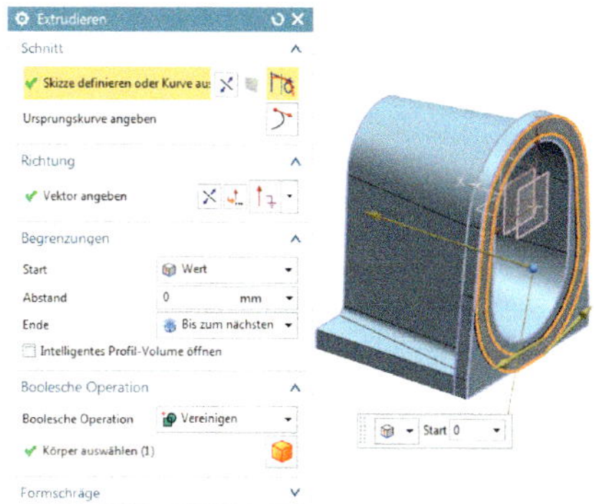

X

3. *Extrudieren*

⇨ SKETCH_005 auswählen

Richtung ⇨ **negative X-Achse**

⇨ Ggf. *Richtung umkehren*

Ende ⇨ **Bis zum nächsten**

Boolesche Op. ⇨ **Subtrahieren**

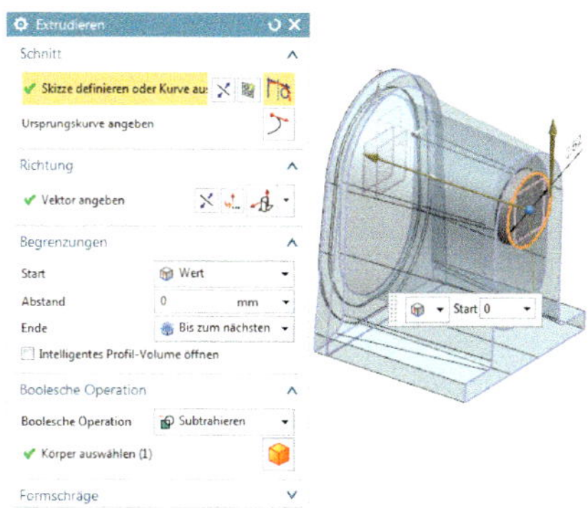

22

4. *Arbeitslayer 22*

Strg+L

5. *Layer 1, 21 und 82 ausblenden*

Somit sind die Ebenen in den folgenden Skizzen einfacher auszuwählen.

6. *Skizze*

⇨ **XY-Ebene**

⇨ *Profil* aus vier Linien

Geometrische Zwangsbedingungen

⇨ *Kollinear*

⇨ Die vertikalen Linien zu den beiden inneren Ebenen

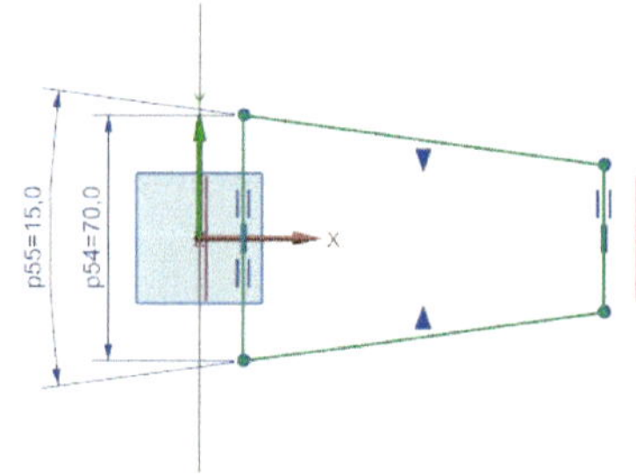

7. *Skizze*

⇨ **XZ-Ebene**

⇨ *Profil* aus vier Linien

Geometrische Zwangsbedingungen

⇨ *Kollinear*

⇨ Die vertikalen Linien zu den beiden inneren Ebenen

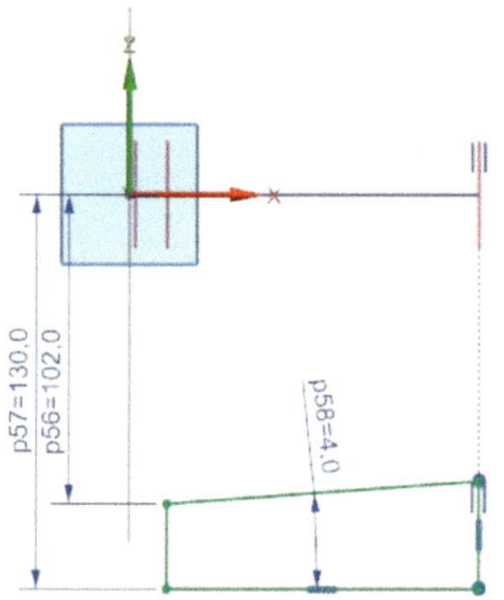

8. *Arbeitslayer 2*

9. *Extrudieren*

⇨ SKETCH_006 auswählen

Richtung ⇨ **negative Z-Achse**

⇨ Ggf. *Richtung umkehren*

Ende ⇨ **Wert** ⇨ **150**

Boolesche Op. ⇨ **Keine**

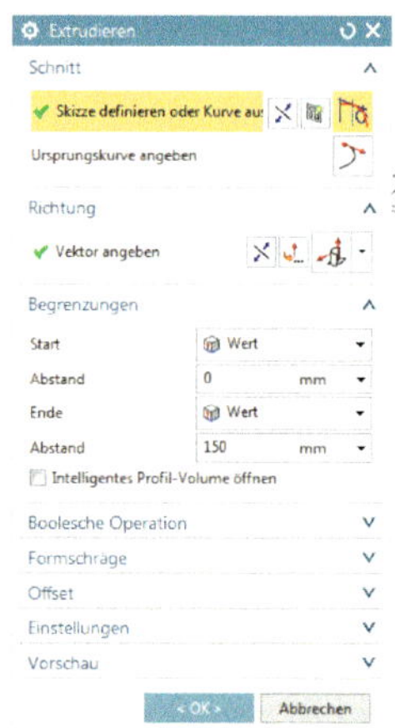

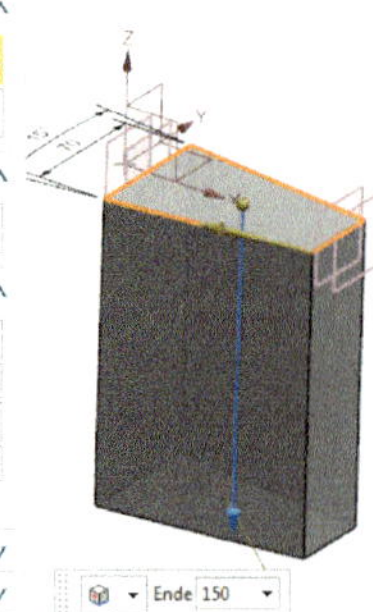

10. *Extrudieren*

⇨ SKETCH_007 auswählen

Richtung ⇨ **negative Y-Achse**

Ende ⇨ **Symmetrischer Wert**

Abstand ⇨ **50**

Boolesche Op. ⇨ **Kein**

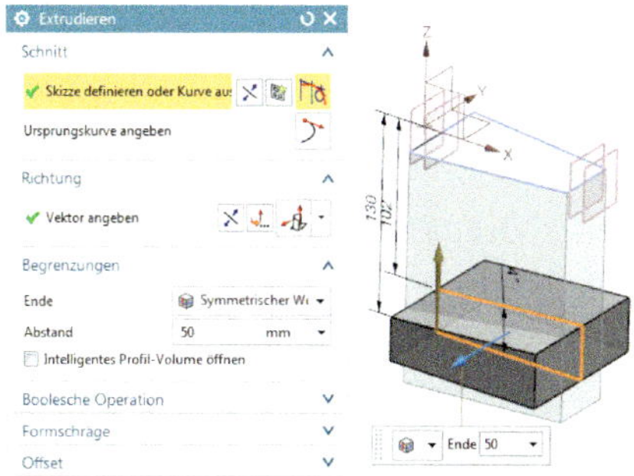

11. *Schnittmenge*

⇨ Beide Körper wählen

Die Reihenfolge von Ziel und Werkzeug spielt an dieser Stelle keine Rolle.

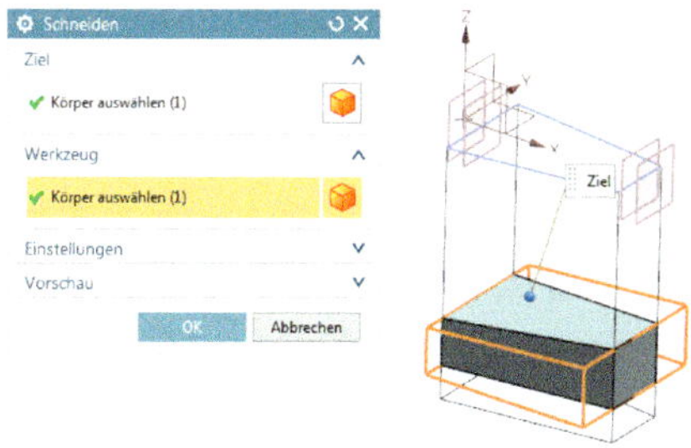

12. *Arbeitslayer 1*

13. *Subtrahieren*

Ziel ⇨ **Grundkörper**

Werkzeug ⇨ **Schnittkörper**

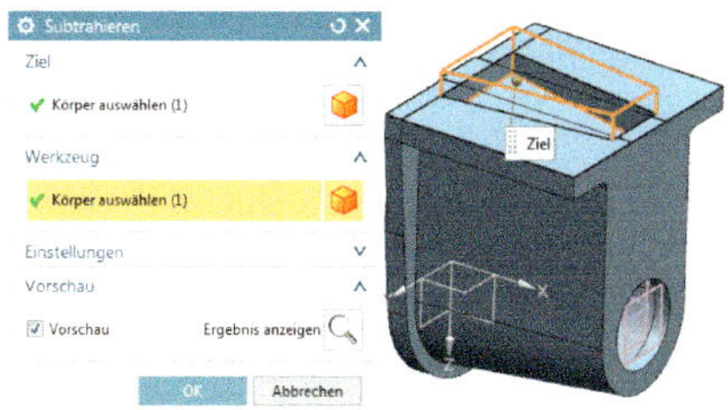

VI. Erzeugen der Standfüße

Die Standfüße mit den darin enthaltenen Bohrungen werden jeweils über eine Ebene und eine Skizze positioniert. Anschließend wird der erzeugte Standfuß mit der Bohrung gemustert.

1. *Arbeitslayer 61*

2. *Bezugsebene*

Typ ⇨ **Ermittelt**

⇨ Unterseite des Gehäuses wählen

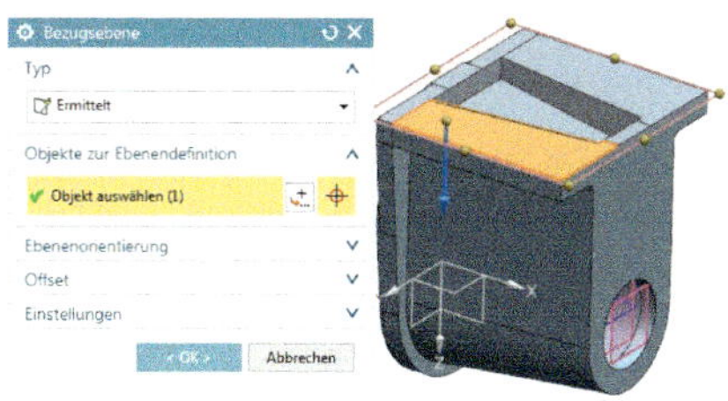

Die Ebenendarstellung kann über die Kugeln vergrößert werden.

22 ▾ 3. *Arbeitslayer 22*

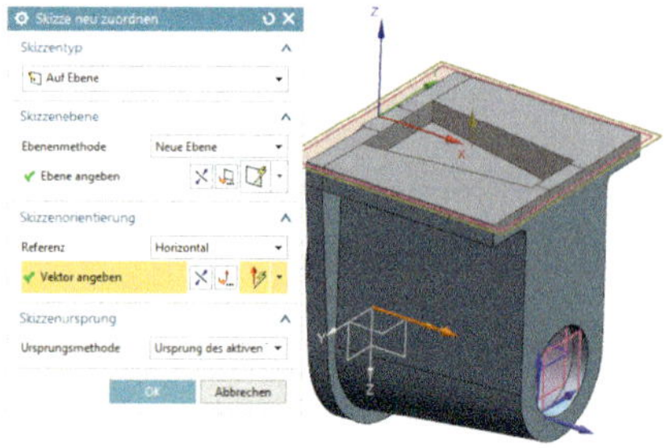

4. *Skizze*

⇨ **Erzeugte Bezugsebene**

Der Dialog zur Skizzenerstellung wird gestartet. Die Ebene ist darin bereits ausgewählt.

⇨ *Richtung umkehren*

Vektor ⇨ **X-Achse**

Ursprungsmethode ⇨ **Ursprung des aktiven Teils verwenden**

Wird der Skizzendialog nicht gestartet, kann er in der Skizze über *Neu zuordnen* aufgerufen und die Skizzenreferenzen entsprechend angepasst werden.

Schnittkurve

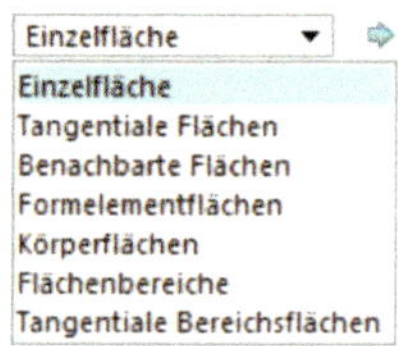

Als Referenz für die Skizzengeometrie wird die Schnittkurve aus den beiden angrenzenden Flächen zur Skizzenebene gebildet.

Flächenregel ⇨ *Einzelfläche*

⇨ Seitenfläche wählen

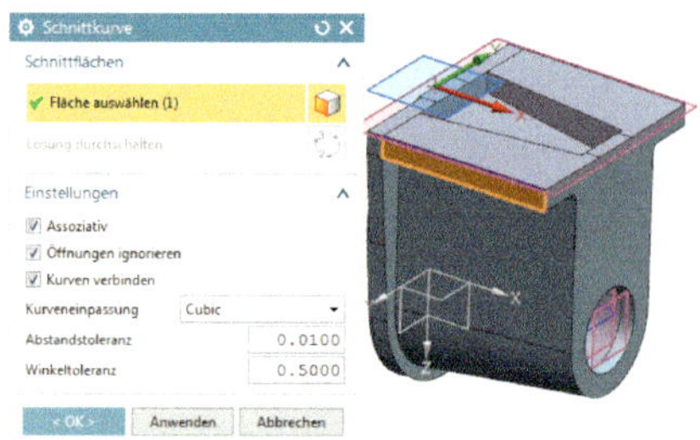

Für die Auswahl der Fläche ist es sinnvoll, die Ansicht zu drehen. Über *An Skizze ausrichten* wird die Ansicht anschließend wieder senkrecht zur Skizze gedreht.

Shift +F8

In/Aus Referenz konvertieren

⇨ Schnittkurve wählen

⇨ Selbstständiges Erzeugen der abgebildeten Skizze

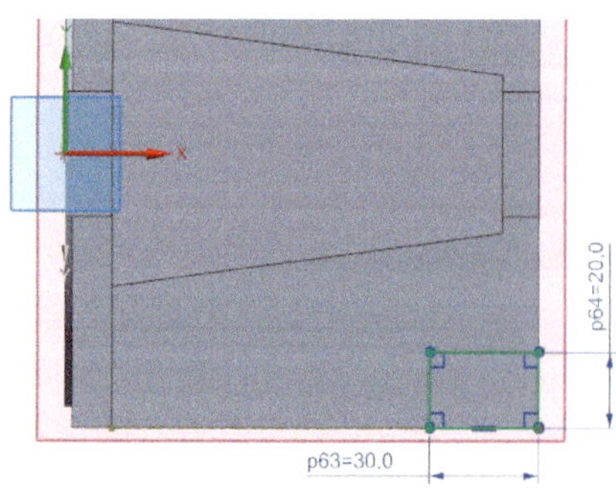

Zur Positionierung des Rechtecks eignet sich der Endpunkt der Referenzlinie.

Skizze beenden

5. *Arbeitslayer 1*

6. *Extrudieren*

⇨ SKETCH_008 auswählen

Richtung ⇨ **negative Z-Achse**

⇨ *Ggf. Richtung umkehren*

Ende ⇨ **Wert** ⇨ **5**

Boolesche Op. ⇨ **Vereinigen**

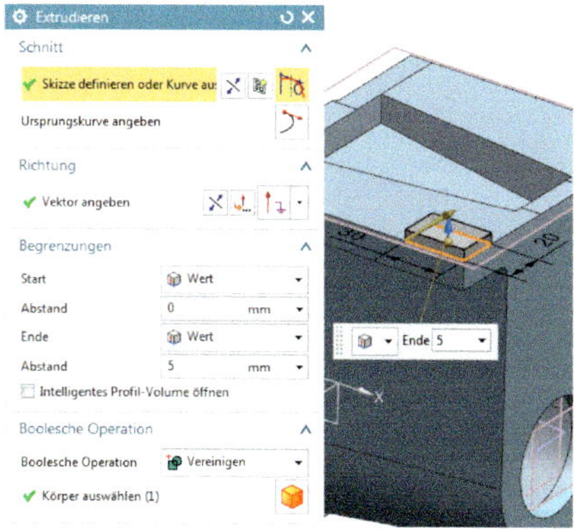

7. *Bohrung*

Skizzenschnitt

Der Dialog zur Skizzenerstellung wird aus dem Bohrungsdialog heraus gestartet.

⇨ Obere Eckfläche des Grundkörpers wählen

Vektor ⇨ **X-Achse**

Ursprungsmethode ⇨ **Ursprung des aktiven Teils verwenden**

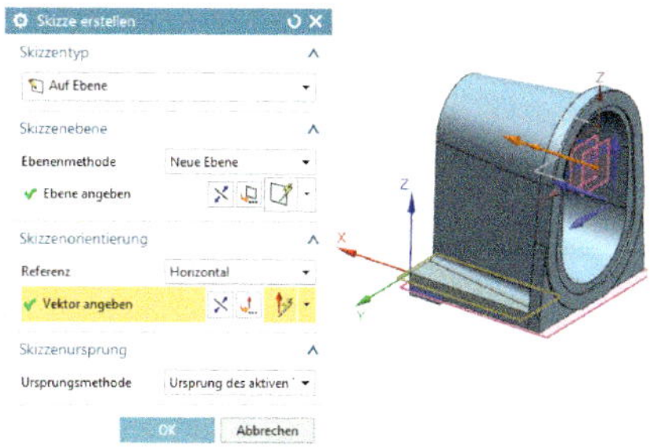

⇨ Erzeugen des *Punktes* für die Bohrung

Geometrische Zwangsbedingungen

⇨ *Mittelpunkt*

⇨ Bohrungspunkt zu einer horizontalen und einer vertikalen Linie aus der Skizze des Standfußes

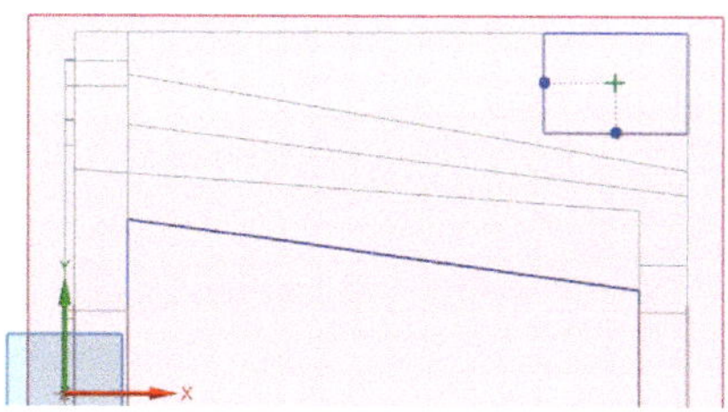

Durch Umstellen auf das *Statistische Drahtmodell* wird die Skizze des Standfußes sichtbar.

Skizze beenden

8. *Bohrung*

Typ ⇨ **Allgemeine Bohrung**

Erzeugen ⇨ **Flachsenkung**

Senkdurchmesser ⇨ **16**

Senktiefe ⇨ **5**

Durchmesser ⇨ **9**

Tiefenbegrenzung ⇨ **Bis zum nächsten**

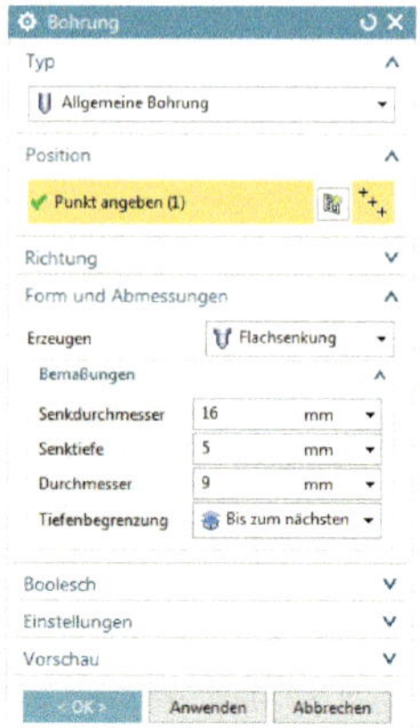

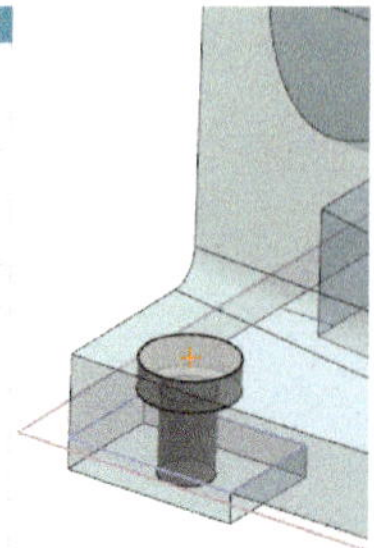

9. *Formelement mustern*

⇨ Standfuß und Flachgesenkte Bohrung wählen

Layout ⇨ **Linear**

Richtung 1 ⇨ **negative X-Achse**

⇨ Ggf. *Richtung umkehren*

Abstand ⇨ **Anzahl und Steigung**

Anzahl ⇨ **2**

Steigungsabstand ⇨ **90**

Richtung 2 ⇨ **negative Y-Achse**

Abstand ⇨ **Anzahl und Steigung**

Anzahl ⇨ **2**

Steigungsabstand ⇨ **125**

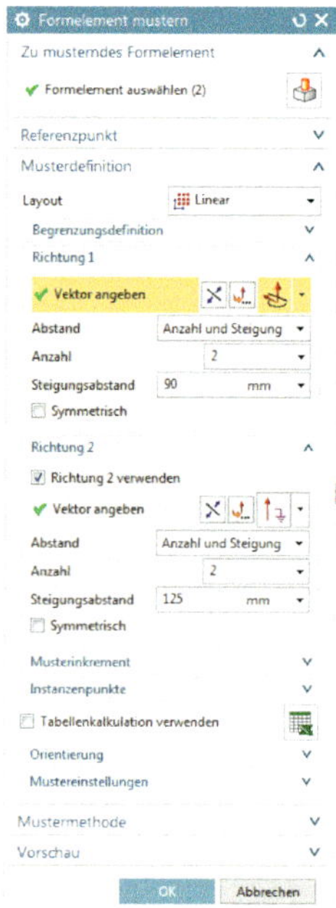

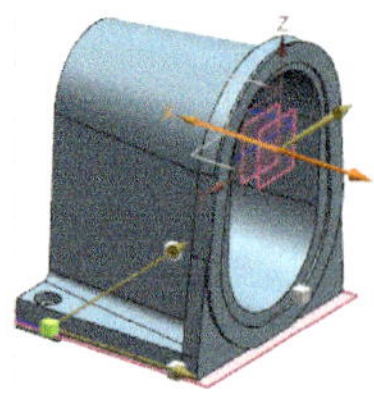

VII. Erzeugen der Lagersitze

1. *Schnitt aktivieren*

Die Schnittansicht vereinfacht die Erstellung der Lagersitze

2. *Extrudieren*

X

⇨ Vordere Kreiskante auswählen

Richtung ⇨ **positive X-Achse**

⇨ Ggf. *Richtung umkehren*

Start ⇨ **Wert** ⇨ **-1.5**

Ende ⇨ **Wert** ⇨ **7.5**

Boolesche Op. ⇨ **Vereinigen**

Offset ⇨ **Zweiseitig**

Start ⇨ **-5**

Ende ⇨ **5**

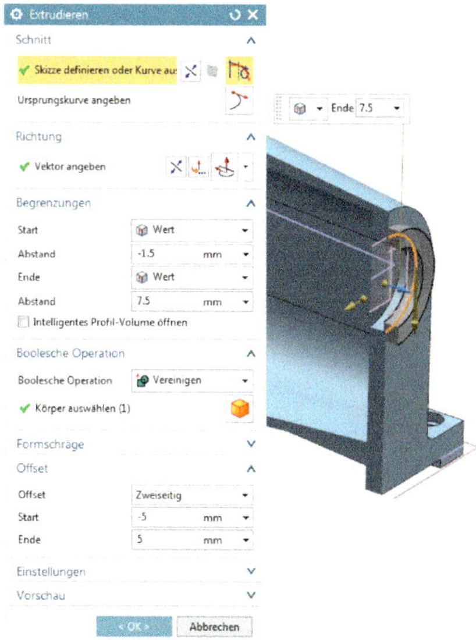

3. *Extrudieren*

X

⇨ Innere Kreiskante auswählen

Richtung ⇨ **positive X-Achse**

⇨ Ggf. *Richtung umkehren*

Ende ⇨ **Wert** ⇨ **1.5**

Boolesche Op. ⇨ **Subtrahieren**

Offset ⇨ **Einseitig**

Ende ⇨ **2**

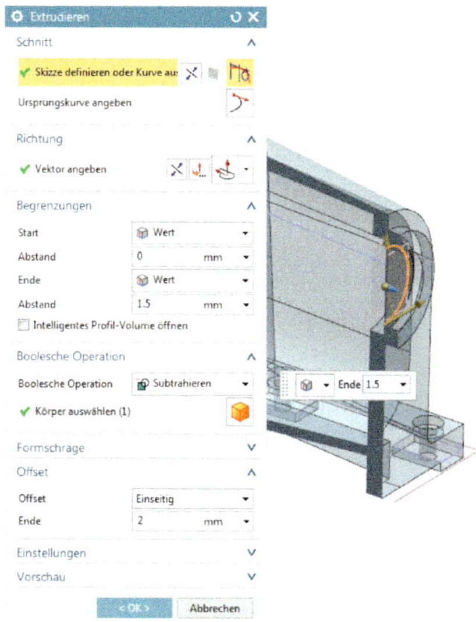

4. *Extrudieren*

⇨ Hintere Kreiskante auswählen

Richtung ⇨ **negative X-Achse**

⇨ Ggf. *Richtung umkehren*

Ende ⇨ **Wert** ⇨ **42.5**

Boolesche Op. ⇨ **Vereinigen**

Offset ⇨ **Zweiseitig**

Start ⇨ **0**

Ende ⇨ **5**

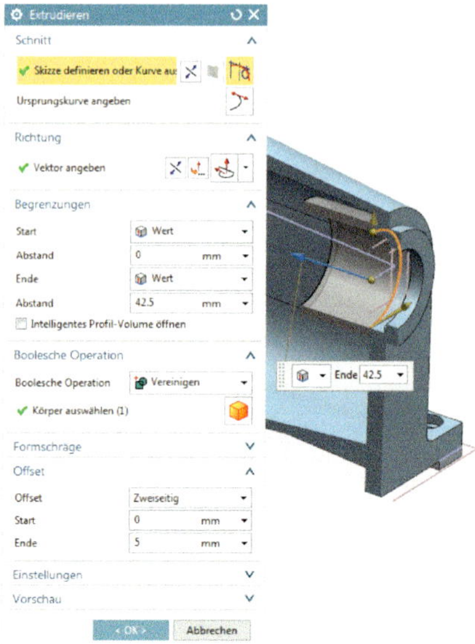

5. *Einstich*

⇨ Rechteckig

⇨ Mantelfläche der Bohrung wählen

Einstichdurchmesser ⇨ **54.2**

Breite ⇨ **2**

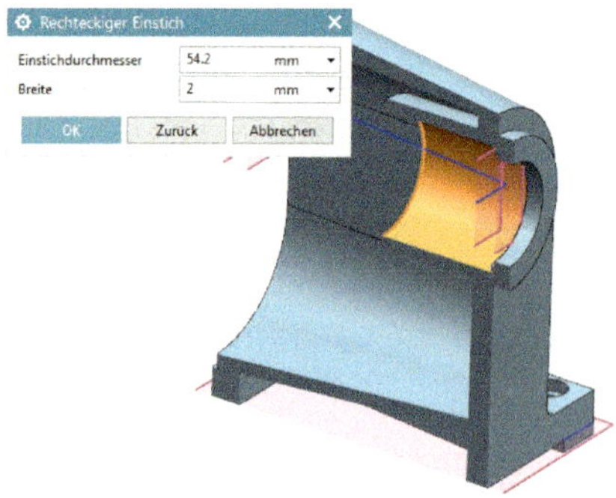

Einstich Positionieren

⇨ Hintere innere Kreiskante der Extrusion wählen

⇨ Hintere Kreiskante der Nut wählen

Wert ⇨ **34**

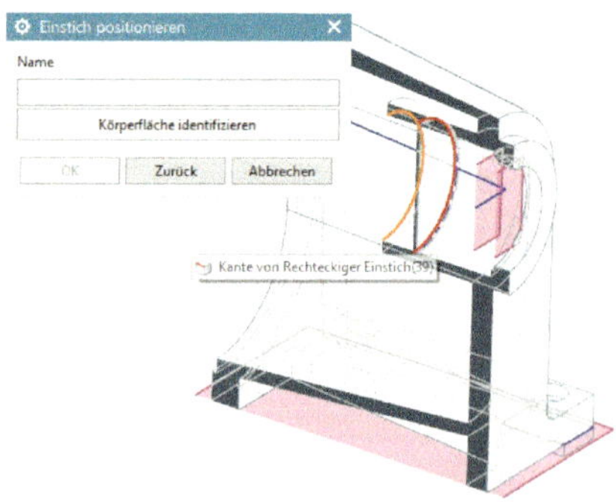

Das Umstellen der Ansicht auf *Drahtmodell mit abgeblendeten Kanten* vereinfacht die Auswahl der Kreiskante der Nut.

6. *Formschräge*

Typ ⇨ **Kante**

Vektor ⇨ **positive X-Achse**

Unveränderte Kanten ⇨ **hintere äußere Kreiskante des Absatzes**

Winkel 1 ⇨ **30**

7. *Arbeitslayer 22*

8. *Skizze*

⇨ **Bezugsebene (4) "120mm"**

⇨ Ggf. *Neu zuordnen*

⇨ Erzeugen eines *Kreises*

Durchmesser ⇨ **42**

Geometrische Zwangsbedingungen

⇨ *Punkt auf Linie*

⇨ Kreismittelpunkt zur vertikalen Skizzenachse

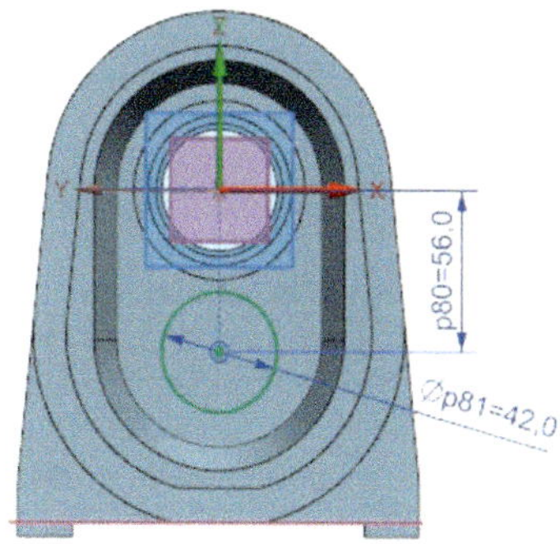

9. *Arbeitslayer 1*

10. *Extrusion*

⇨ Sketch_009 auswählen

Richtung ⇨ **negative X-Achse**

⇨ *Ggf. Richtung umkehren*

Ende ⇨ **Wert** ⇨ **42.5**

Boolesche Op. ⇨ **Vereinigen**

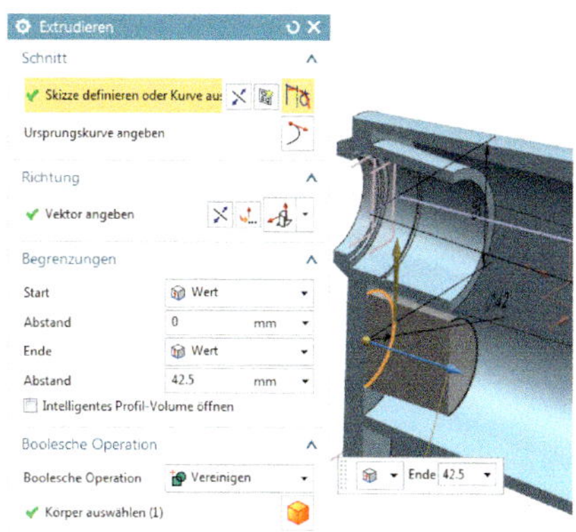

11. *Layer 22 ausblenden*

12. *Bohrung*

Typ ⇨ **Allgemeine Bohrung**

Fangpunkt ⇨ *Bogenmittelpunkt*

⇨ Mittelpunkt der Knaufkante wählen

Erzeugen ⇨ **Flachsenkung**

Senkdurchmesser ⇨ **32**

Senktiefe ⇨ **10**

Durchmesser ⇨ **24**

Tiefenbegrenzung ⇨ **Bis Auswahl**

⇨ Innere Stirnfläche wählen

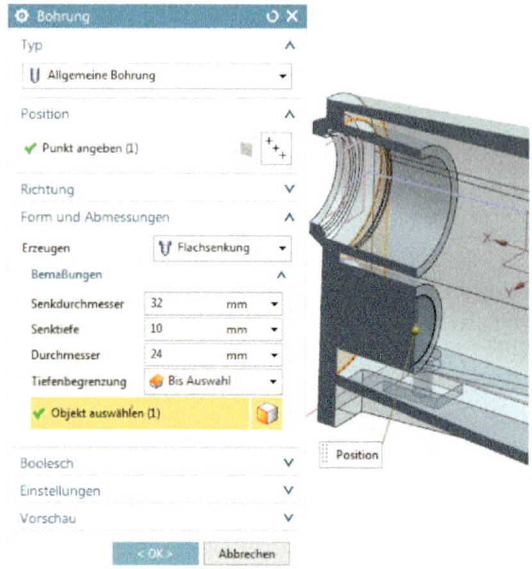

13. *Arbeitslayer 23*

14. *Skizze*

⇨ **XZ-Ebene**

⇨ Ggf. *Neu zuordnen*

⇨ Erzeugen einer vertikalen *Linie*

⇨ Länge ⇨ **10**

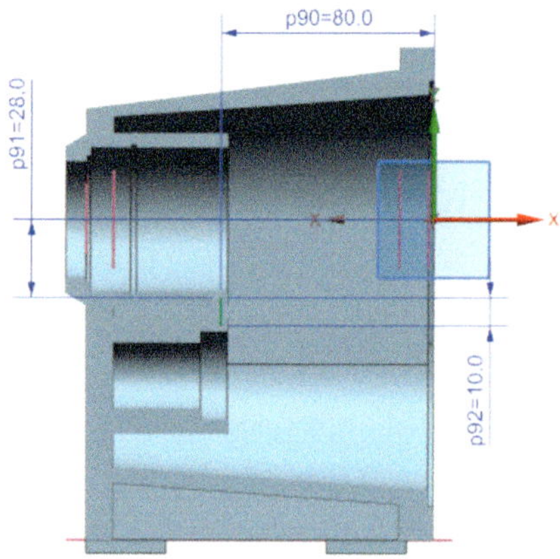

15. *Arbeitslayer 1*

16. *Rippe*

⇨ Skizze auswählen

⇨ *Parallel zu Schnittebene*

Abmessung ⇨ **Symmetrisch**

Stärke ⇨ **3**

⇨ *Rippe mit Ziel kombinieren*

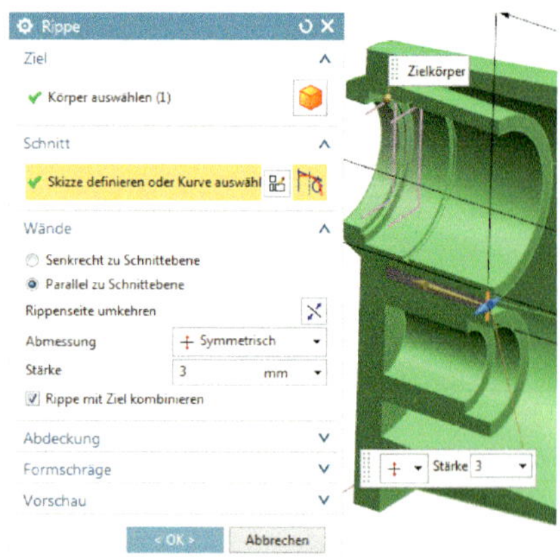

17. *Kantenverrundung*

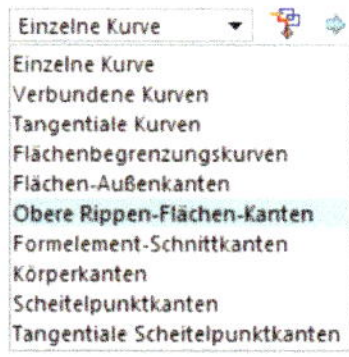

Kurvenregel ⇨ *Obere Rippen-Flächen-Kanten*

⇨ Die drei Flächen der Rippe auswählen

Ggf. müssen die vorderen Kanten noch als *Einzelne Kurven* ausgewählt werden.

Radius 1 ⇨ **1**

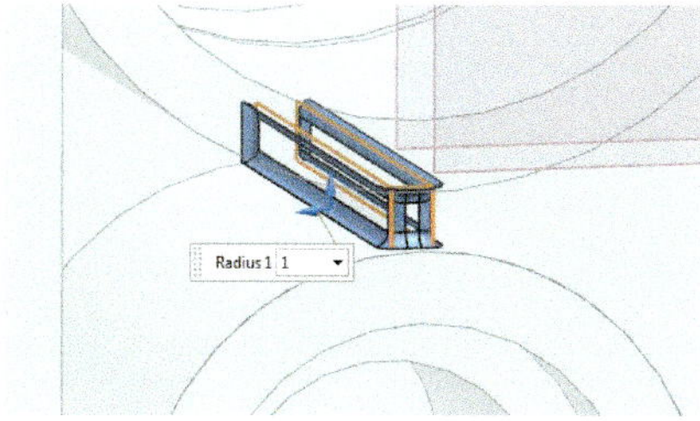

Durch die Auswahl der Kanten über die Kurvenregel ***Obere Rippen-Flächen-Kanten*** *werden die Verrundungen ohne manuelle Anpassungen bei der folgenden Musteroperation der Rippe verarbeitet.*

18. *Formelement mustern*

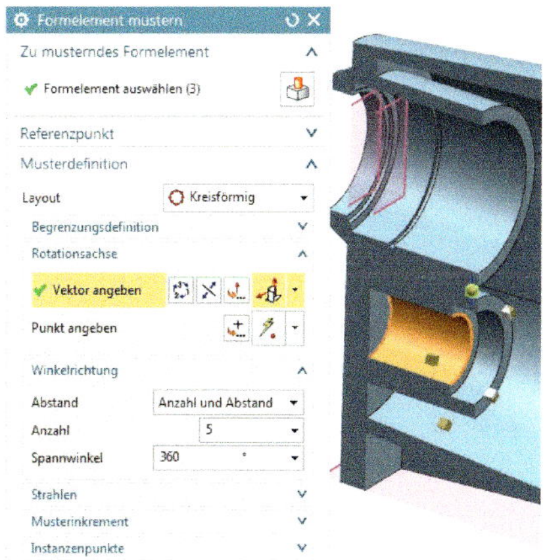

⇨ Auswahl der folgenden Formelemente im Teile-Navigator: (Strg-Taste gedrückt halten)

- Skizze
- Rippe
- Kantenverrundung

Layout ⇨ **Kreisförmig**

Vektor ⇨ **Mantelfläche der Bohrung**

Abstand ⇨ **Anzahl und Abstand**

Anzahl ⇨ **5**

Spannwinkel ⇨ **360**

Wird bei der Auswahl eines Vektors eine zylindrische oder konische Mantelfläche gewählt, selektiert das System automatisch die Achse der Mantelfläche als Vektor.

19. *Formelement mustern*

⇨ Erzeugen eines Musters der gleichen Formelemente mit gleichen Einstellungen

Vektor ⇨ **Mantelfläche der oberen Extrusion**

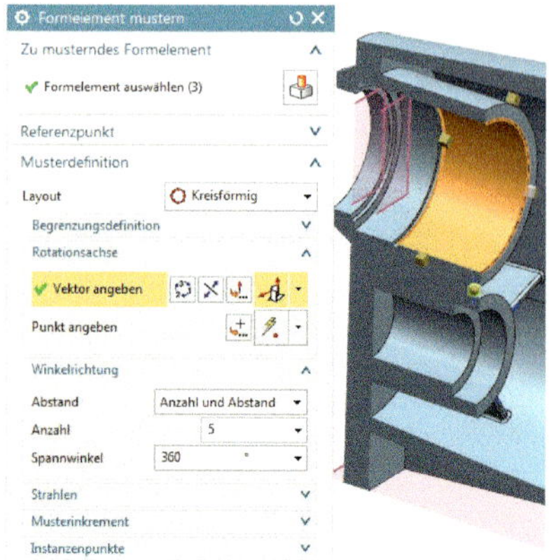

61 ▾ 20. *Arbeitslayer 61*

21. *Bezugsebene*

Typ ⇨ **Im Abstand**

⇨ **YZ-Ebene**

Abstand ⇨ **45.5**

In positiver X-Richtung

23 ▾ 22. *Arbeitslayer 23*

23. *Skizze*

⇨ **Erzeugte Bezugsebene**

⇨ Ggf. *Neu zuordnen*

⇨ Erzeugen eines *Kreises, konzentrisch* zum ersten unteren Lagersitz

⇨ Erzeugen von zwei parallelen *Linien*, die äußere Linie verläuft tangential zum Kreis

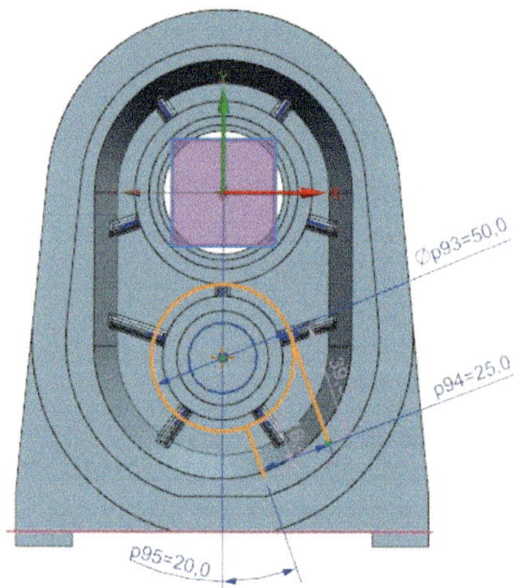

Aus den Linien wird eine weitere Rippe erzeugt. Daher muss die Länge der Linien nicht explizit festgelegt werden und die Skizze muss nicht vollständig bestimmt sein.

24. *Arbeitslayer 1*

25. *Rippe*

Kurvenregel ⇨ *Einzelne Kurve*

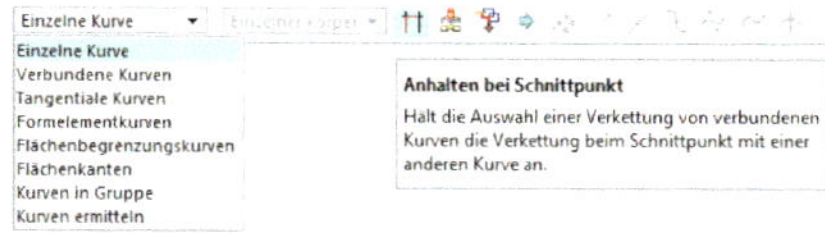

⇨ *Anhalten bei Schnittpunkt*

⇨ Beide Linien und unteres Kreissegment auswählen

⇨ *Parallel zu Schnittebene*

Abmessung ⇨ **Asymmetrisch**

Stärke ⇨ **5**

⇨ *Rippe mit Ziel kombinieren*

⇨ Ggf. *Richtung umkehren*

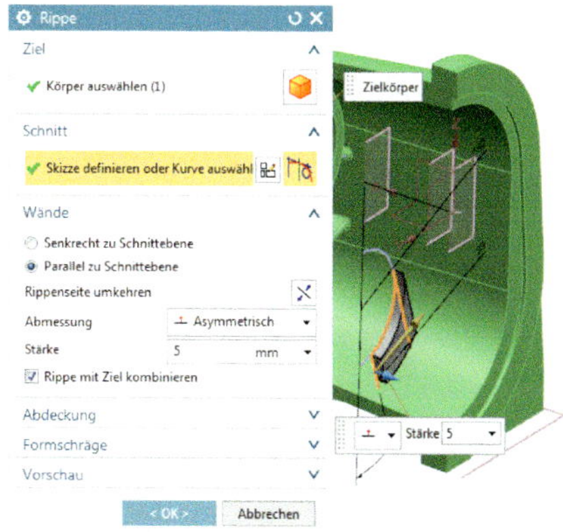

Über die Kurvenregel und die Funktion ***Anhalten bei Schnittpunkt*** *können auch einzelne Kurvensegmente ausgewählt werden. Somit muss zur Erstellung einer Extrusion oder eines anderen Formelementes nicht zwangsläufig eine gesamte Skizze verwendet werden. Bei der Erstellung von Skizzen sollte jedoch stets berücksichtigt werden, dass die daraus erstellten Formelemente klar erkennbar sind.*

26. *Extrudieren*

⇨ Kreis der Skizze wählen

Richtung ⇨ **negative X-Achse**

⇨ Ggf. *Richtung umkehren*

Ende ⇨ **Wert** ⇨ **15**

Boolesche Op. ⇨ **Vereinigen**

Offset ⇨ **Zweiseitig**

Start ⇨ **-4**

Ende ⇨ **0**

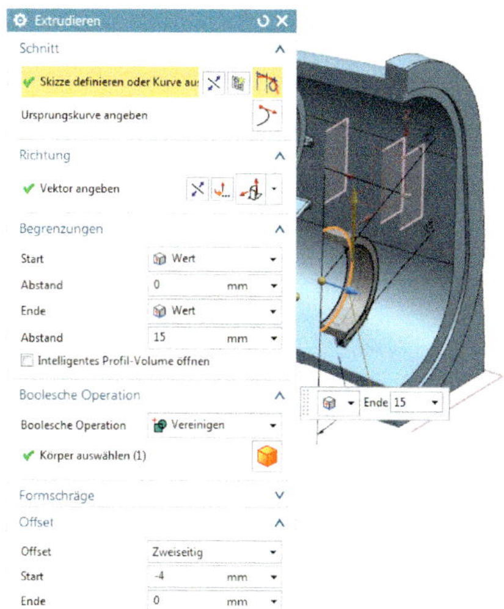

27. *Formelement spiegeln*

⇨ Rippe auswählen

Ebene ⇨ **XZ-Ebene**

28. *Ausblenden von Layer 23*

Strg+L

29. *Einstich*

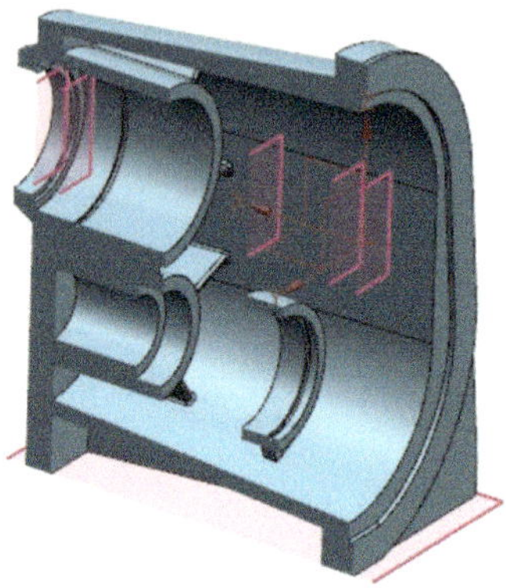

⇨ Rechteckig

⇨ Mantelfläche der Bohrung wählen

Einstichdurchmesser ⇨ **44.5**

Breite ⇨ **1.8**

Einstich Positionieren

⇨ Vordere innere Kreiskante der Extrusion

⇨ Vordere Kreiskante der Nut

Wert ⇨ **3.2**

VIII. Erzeugen der äußeren Rippen

24 ▾ 1. *Arbeitslayer 24*

2. *Skizze*

⇨ **XZ-Ebene**

⇨ Ggf. *Neu zuordnen*

Schnittkurve

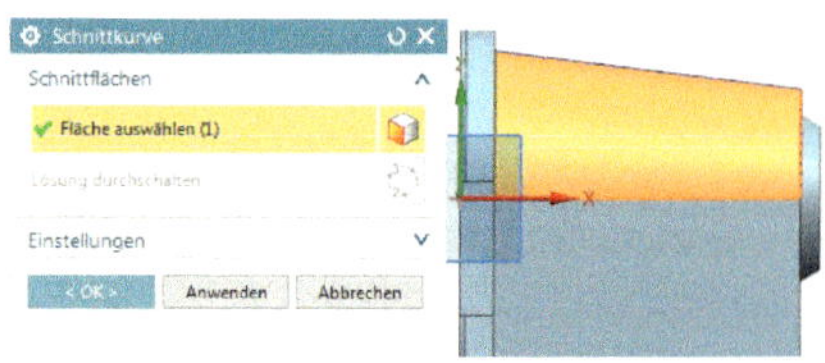

⇨ Obere Mantelfläche des Grundkörpers wählen

Da die Schnittkurve in diesem Fall nur eine Lösung generiert, entfällt das Durchschalten der Lösungen.

In/Aus Referenz konvertieren

⇨ Schnittkurve

⇨ Selbstständiges Erzeugen der *Linie* mit Zwangsbedingungen und Maßen (analog zu den Rippen des Gehäuses der Antriebsseite)

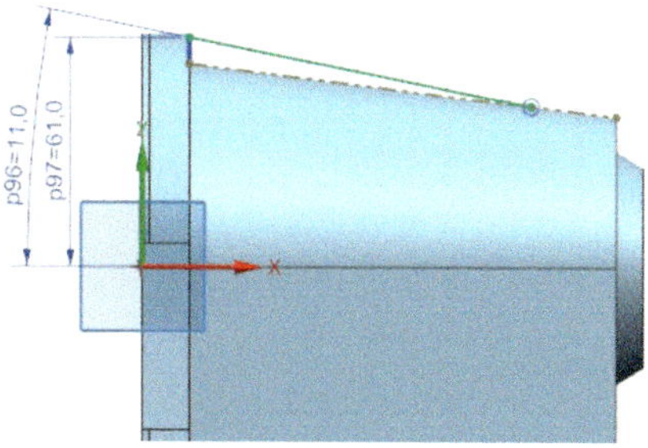

3. *Arbeitslayer 1*

4. *Rippe*

⇨ Einzelne Kurven auswählen

⇨ *Parallel zu Schnittebene*

Abmessung ⇨ **Symmetrisch**

Stärke ⇨ **3**

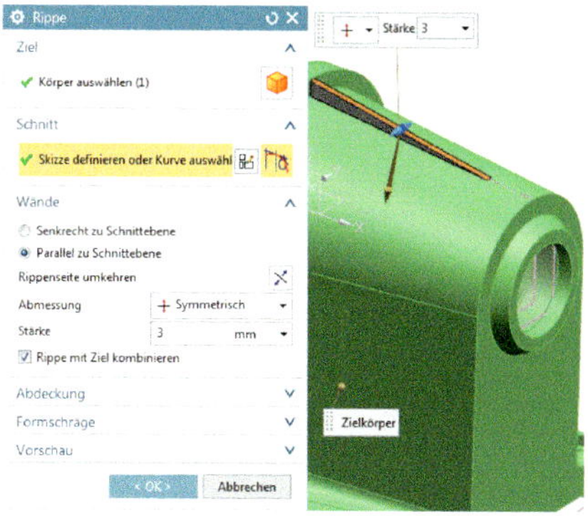

5. *Formschräge*

Typ ⇨ **Kante**

Vektor ⇨ **obere Fläche der Rippe**

Unveränderte Kanten ⇨ **obere Kanten der Rippe**

Winkel 1 ⇨ **9**

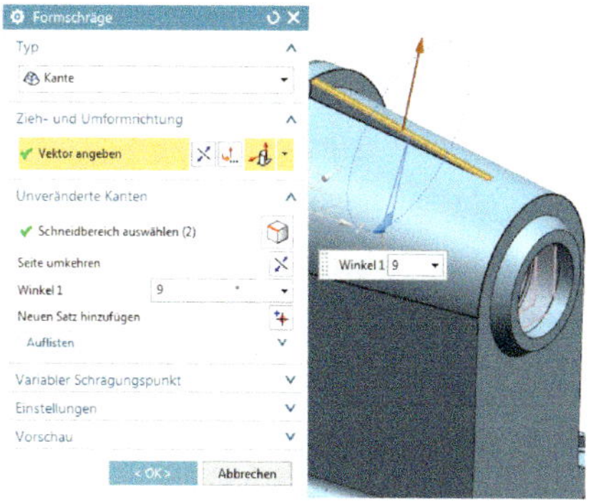

6. *Flächenverrundung*

Typ ⇨ **Dreiseitig**

Fläche 1 ⇨ **vordere Seitenfläche**

Fläche 2 ⇨ **hintere Seitenfläche**

Mittelfläche ⇨ **obere Fläche**

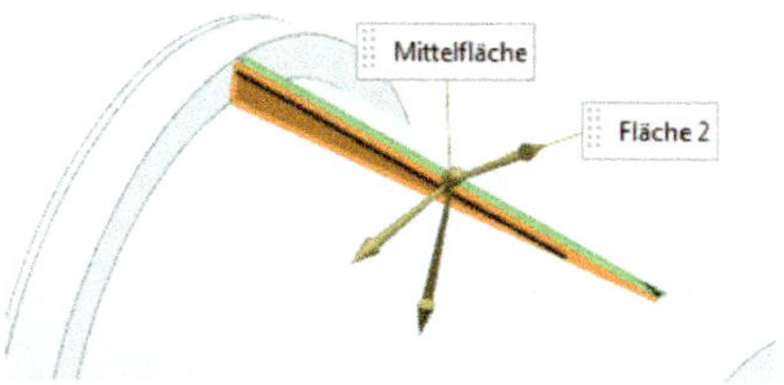

7. *Kantenverrundung*

Radius 1 ⇨ **1**

Kurvenregel ⇨ *Obere Rippen-Flächen-Kanten*

⇨ Die drei Flächen der Rippe auswählen

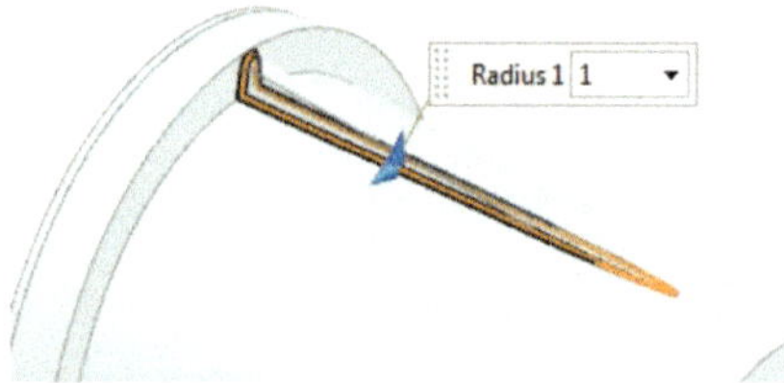

8. *Formelement mustern*

⇨ Auswahl:

- Skizze
- Rippe
- Formschräge
- Flächenverrundung
- Kantenverrundung

Layout ⇨ **Kreisförmig**

Vektor ⇨ **X-Achse**

Abstand ⇨ **Auflisten**

Anzahl ⇨ **3**

Abstandswert ⇨ **60**

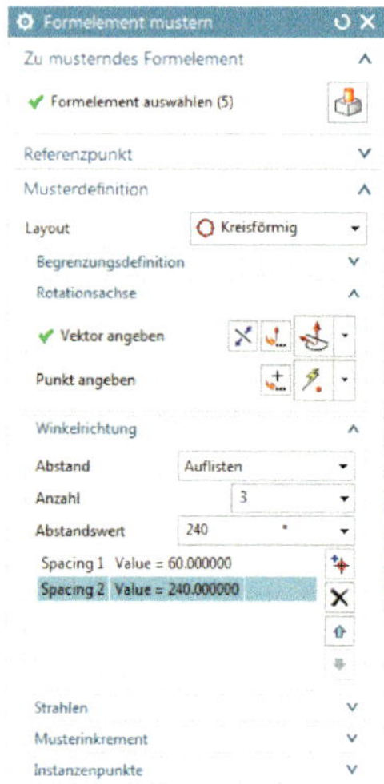

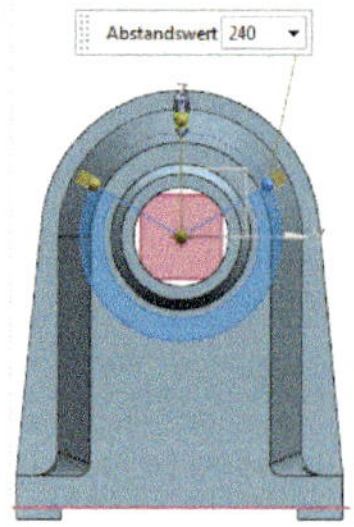

⇨ *Neuen Satz hinzufügen*

Abstandswert ⇨ **240**

9. *Arbeitslayer 61*

10. *Bezugsebene*

Typ ⇨ **Im Abstand**

⇨ XY-Ebene

Abstand ⇨ **45** in neg. Z-Richtung

⇨ Ggf. *Richtung umkehren*

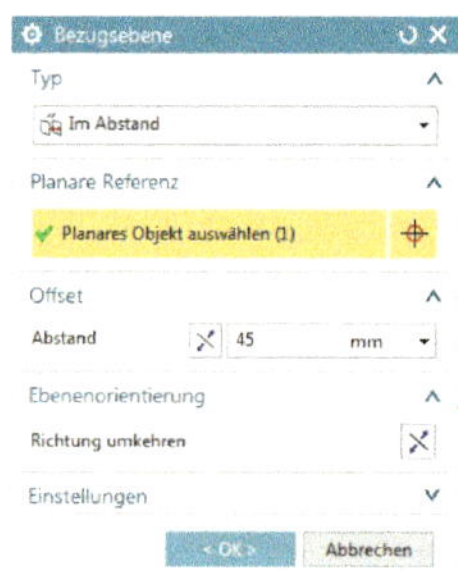

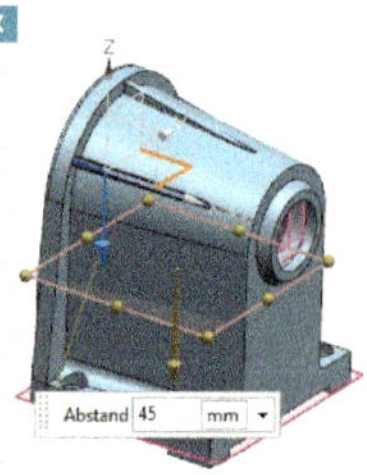

11. *Arbeitslayer 24*

12. *Skizze*

⇨ **Erzeugte Bezugsebene**

Ursprungsmethode ⇨ **Ursprung des aktiven Teils verwenden**

⇨ Ggf. *Neu zuordnen*

Schnittkurve

⇨ Seitenfläche des Grundkörpers wählen

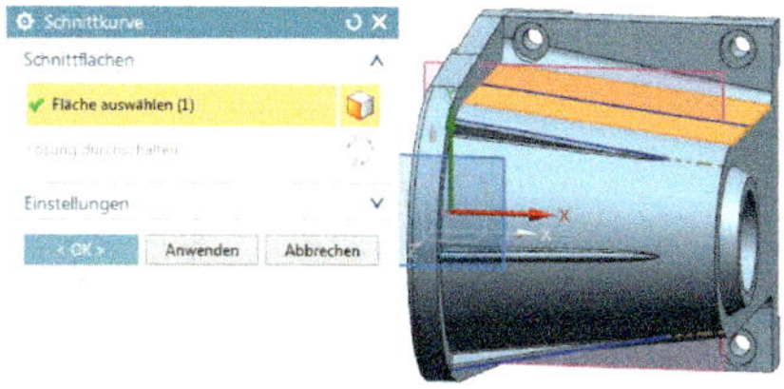

In/Aus Referenz konvertieren

⇨ Schnittkurve

⇨ Selbstständiges Erzeugen der *Linie* mit Zwangsbedingungen und Maßen (analog zur vorigen Rippe)

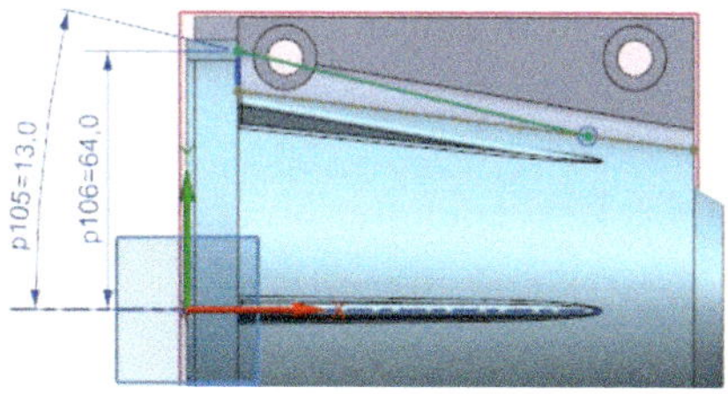

13. *Arbeitslayer 1*

14. *Rippe*

⇨ Kurve auswählen

⇨ *Parallel zu Schnittebene*

Abmessung ⇨ **Symmetrisch**

Stärke ⇨ **3**

15. *Formschräge*

Typ ⇨ **Kante**

Vektor ⇨ **obere Fläche der Rippe**

Unveränderte Kanten ⇨ **Kanten der Rippe**

Winkel 1 ⇨ **9**

16. *Flächenverrundung*

Typ ⇨ **Dreiseitig**

Fläche 1 ⇨ **vordere Seitenfläche**

Fläche 2 ⇨ **hintere Seitenfläche**

Mittelfläche ⇨ **obere Fläche**

17. *Kantenverrundung*

Radius 1 ⇨ **1**

Kurvenregel ⇨ *Obere Rippen-Flächen-Kanten*

⇨ Die drei Flächen der Rippe auswählen

18. *Formelement spiegeln*

⇨ Rippe und dazugehörige Formelemente auswählen (inkl. Skizze)

Ebene ⇨ **XZ-Ebene**

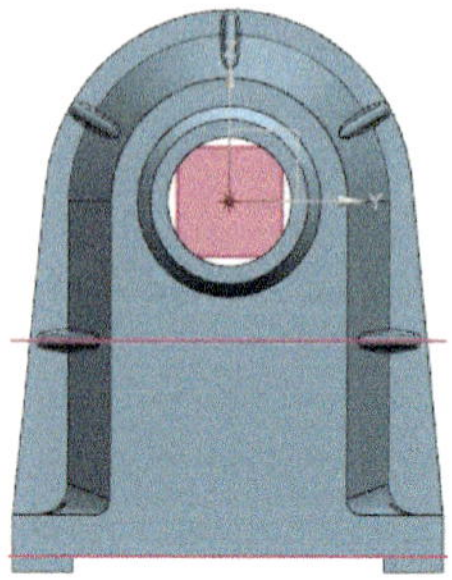

19. *Ausblenden von Layer 24*

Strg+L

IX. Erzeugen der Verrundungen

1. *Kantenverrundung*

Kurvenregel ⇨ *Flächenbegrenzungskurven*

⇨ Auswahl der fünf Flächen der Tasche am Boden

Radius 1 ⇨ **3**

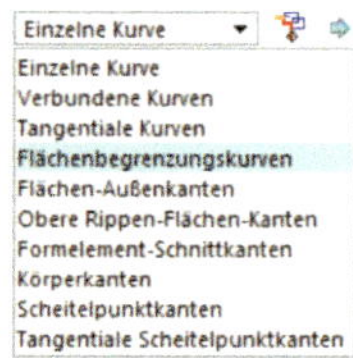

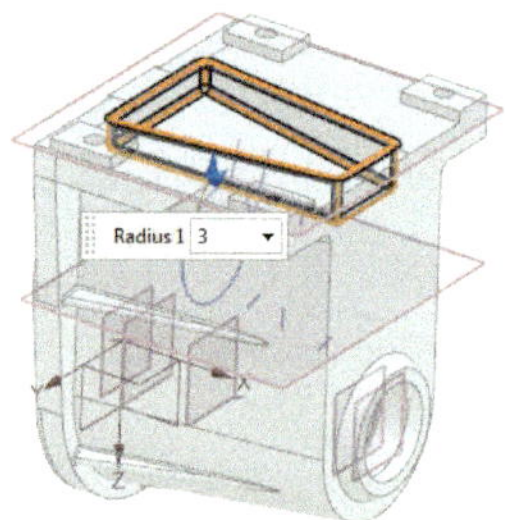

2. *Kantenverrundung*

⇨ Selbstständiges Erzeugen der restlichen Verrundungen

Radius 1 ⇨ **1**

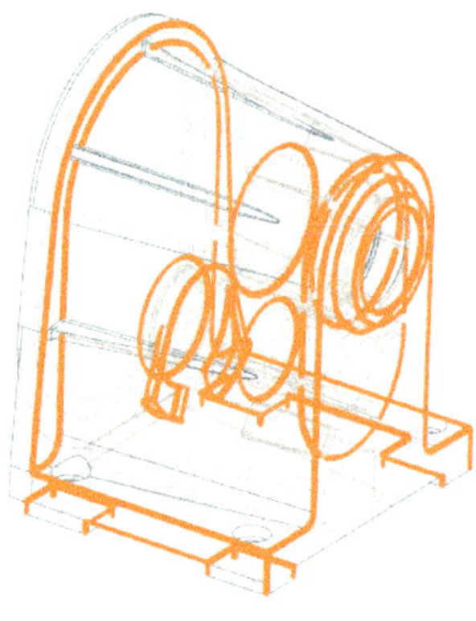

ⓘ *Die Erzeugung von Radien verläuft in NX nicht immer stabil. Daher ist es häufig hilfreich, nicht alle Verrundungen auf einmal zu erzeugen, sondern schrittweise kategorisch vorzugehen, z. B. zuerst der Fußbereich, dann die Knäufe usw.*

X. Erzeugen der Bohrungen am Flansch

1. *Einblenden von Layer 82*

Strg+L

25 ▾ 2. *Arbeitslayer 25*

3. *Skizze*

⇨ **YZ-Ebene**

In dieser Skizze werden Punkte anhand der Mittelpunkte der Bohrungen der extrahierten Fläche erzeugt.

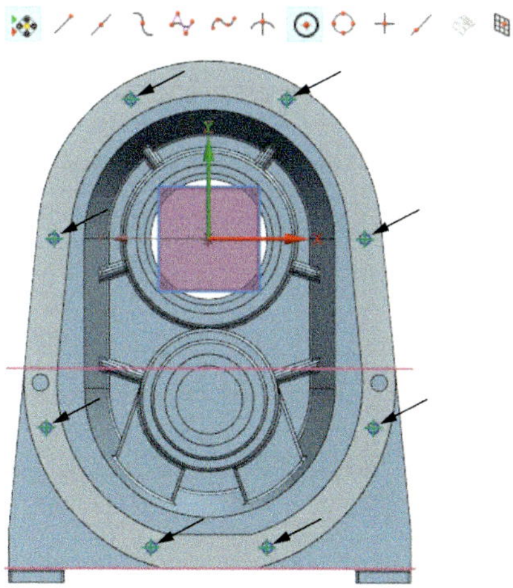

⇨ Fangpunkt ⇨ *Bogenmittelpunkt*

Punkt

Mit aktiviertem Fangpunkt *Bogenmittelpunkt* werden *Punkte* in den Bohrungsmittelpunkten platziert.

Skizze beenden

4. *Skizze*

⇨ **Bezugsebene (3) "13mm"**

Ursprungsmethode ⇨ **Ursprung des aktiven Teils verwenden**

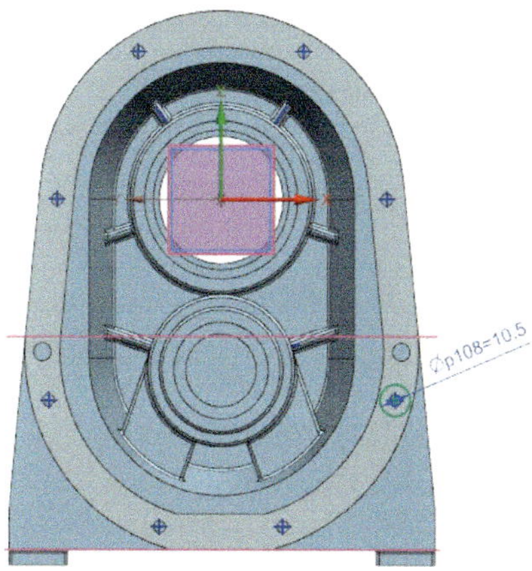

⇨ Ggf. *Neu zuordnen*

⇨ Erzeugen eines *Kreises*

⇨ Kreismittelpunkt *zusammenfallend* mit einem Punkt aus der vorigen Skizze

Skizze beenden

1 ▾ 5. *Arbeitslayer 1*

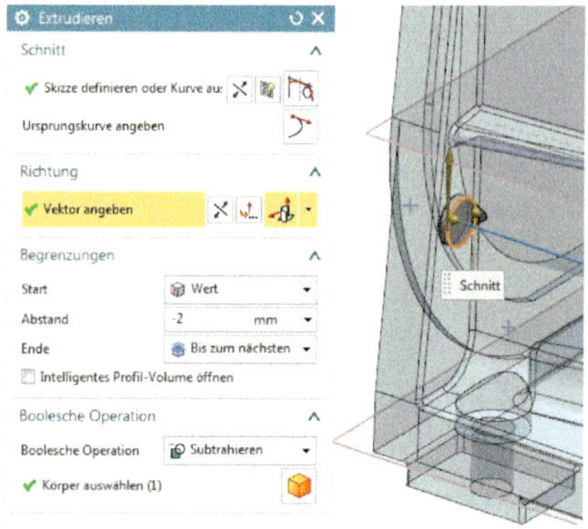

6. *Extrudieren*

X

⇨ Erzeugten Kreis wählen

Richtung ⇨ **positive X-Achse**

Start ⇨ **Wert** ⇨ **-2**

Ende ⇨ **Bis zum nächsten**

Boolesche Op. ⇨ **Subtrahieren**

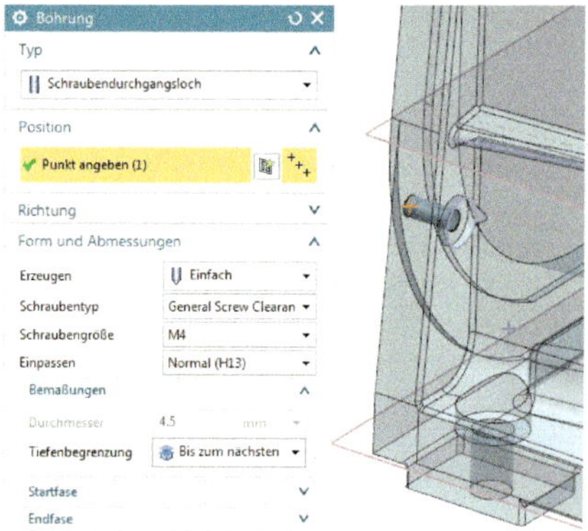

7. *Bohrung*

Typ ⇨ **Schraubendurchgangsloch**

⇨ Punkt der Skizze wählen

Schraubengröße ⇨ **M4**

Einpassung ⇨ **Normal (H13)**

Tiefenbegrenzung ⇨ **Bis zum nächsten**

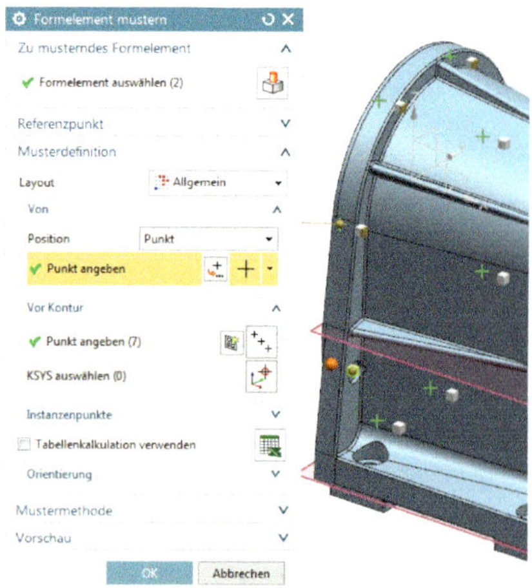

8. *Formelement mustern*

⇨ Auswahl:

- Extrudieren
- Einfache Schraubenbohrung

Layout ⇨ **Allgemein**

Position ⇨ **Punkt**

⇨ Punkt der Skizze wählen, an dem der extrudierte Körper und die Bohrung positioniert sind

Vor Kontur ⇨ restliche Punkte der Skizze wählen

9. *Ausblenden der Layer 25 und 61*

Strg+L

10. *Bohrung*

Typ ⇨ **Allgemeine Bohrung**

⇨ Beide Mittelpunkte der Zentrierbohrungen der extrahierten Fläche wählen

Tiefenbegrenzung ⇨ **Bis zum nächsten**

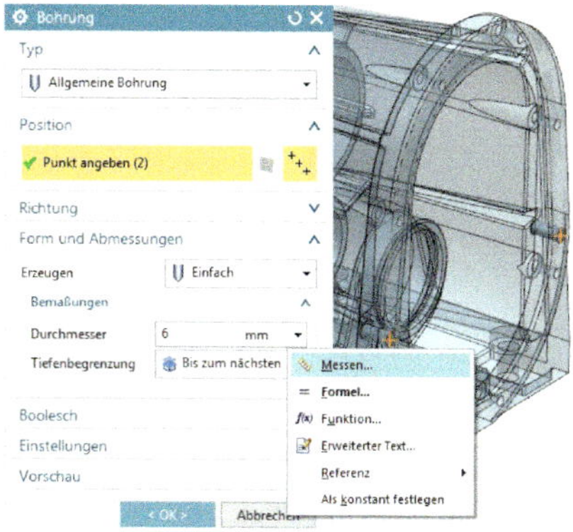

Durchmesser ⇨ *Messen*

Typ ⇨ **Durchmesser**

⇨ Kreiskante der Bohrung der extrahierten Fläche wählen

Somit wird der Durchmesser von 6 mm als Bohrungsdurchmesser festgelegt.

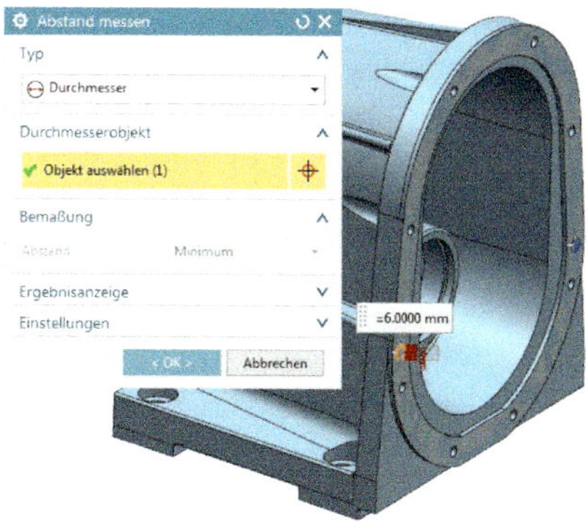

Das Messen ist eine Möglichkeit, schnell und ohne die explizite Definition von Parametern assoziative Modelle zu erstellen. Durch das System wird dabei implizit ein Parameter mit dem definierten Maß erstellt, hier der Durchmesser. Ändert sich in diesem Fall der Durchmesser der extrahierten Fläche, ändert sich auch das gemessene Durchmessermaß.

Beim Erzeugen von Bohrungen können auch mehrere Punkte ausgewählt werden. In diesem Fall ist es nicht mehr notwendig die Zentrierbohrung zu spiegeln.

11. *Fase*

Querschnitt ⇨ **Symmetrisch**

Abstand ⇨ **1**

12. *Materialien zuweisen*

⇨ **Steel**

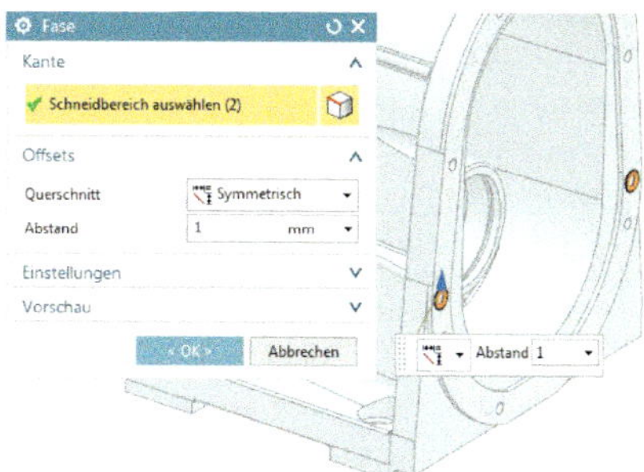

13. *Überprüfen der Layer*

Ggf. Elemente *auf Layer verschieben*

14. *Ausblenden aller Layer außer 1*

Strg+L

15. *Speichern*

4.10 Erzeugen des teilparametrischen Zahnrades

Im folgenden Beispiel wird ein schrägverzahntes Zahnrad modelliert, welches über die Parameter *Breite*, *Modul*, *Zähnezahl* und *Winkel* verändert werden kann. Das Profil eines Zahnes wird als Drahtmodell aufgebaut. Weiterhin werden Stützelemente erzeugt, welche zusammen mit dem Zahnprofil die Basis für den Volumenkörper bilden.

Vorgehensweise:

I. Erstellen der benötigten Parameter
II. Modellieren der Stützelemente
III. Erzeugen des Volumenkörpers

Das Video zeigt die gesamte Erstellung des Zahnrades.

I. Erstellen der benötigten Parameter

1. *Erstellen einer neuen Datei*

Dateiname ⇨ **Zahnrad**

2. *Ausdrücke*

Strg+E

3. *Ausdrucksgruppe erstellen*

⇨ RMT auf Standardgruppe

⇨ *Neue Gruppe*

Name ⇨ **Eingabewerte**

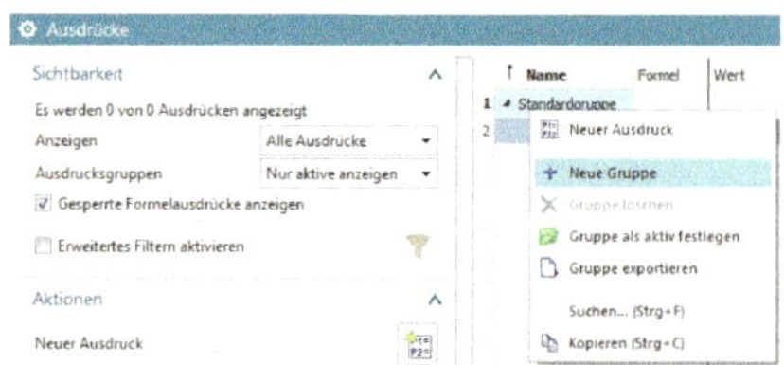

4. *Ausdruckgruppen anzeigen*

Ausdrucksgruppen ⇨ **Alle anzeigen**

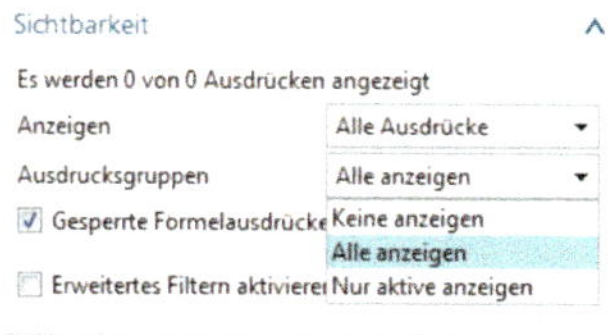

5. *Aktivieren der Gruppe*

⇨ RMT auf Gruppe Eingabewerte

⇨ *Gruppe als aktiv festlegen*

Mit Hilfe von Gruppen lassen sich Ausdrücke zusammenfassen und organisieren. Über RMT wird eine Gruppe aktiviert. Neue Ausdrücke werden stets in der aktiven Gruppe erzeugt. Über die Spalte Gruppe kann die Gruppenzugehörigkeit eines Ausdrucks nachträglich geändert werden.

Wird eine neue Gruppe über RMT auf einer anderen als der Standardgruppe erstellt, wird die neue Gruppe der anderen untergeordnet. Auf diese Weise lassen sich hierarchische Gruppenstrukturen erstellen.

6. *Erzeugen der folgenden Ausdrücke:*

Name	Formel	Einheiten	Dimensionalität	Typ
Breite	20	mm	Länge	Anzahl
Modul	1.5	mm	Länge	Anzahl
Winkel	5	°	Winkel	Anzahl
Zaehnezahl	15	-	Ohne Einheit	Anzahl

7. *Ausdrucksgruppe erstellen*

⇨ RMT auf Standardgruppe ⇨ *Neue Gruppe*

Name ⇨ **Kreisdurchmesser**

8. *Aktivieren der Gruppe*

⇨ RMT auf Kreisdurchmesser ⇨ *Gruppe als aktiv festlegen*

9. *Erzeugen der folgenden Ausdrücke (Typ: Anzahl):*

Name	Formel	Dimensionalität
D_Teilkreis	Zaehnezahl * Modul	Länge
D_Fusskreis	D_Teilkreis – 2 * 1.167 * Modul	Länge
D_Grundkreis	D_Teilkreis * 0.9597	Länge
D_Kopfkreis	D_Teilkreis + 2 * Modul	Länge
D_Zwischenkreis	(D_Teilkreis + D_Grundkreis) / 2	Länge

10. *Ausdrucksgruppe erstellen*

Name ⇨ **Zahnprofil**

11. *Aktivieren der Gruppe*

12. *Erzeugen der folgenden Ausdrücke:*

Name	Formel	Einheiten	Dimensionalität	Typ
S_Kopfkreis	0.49	mm	Länge	Anzahl
S_Teilkreis	1.178	mm	Länge	Anzahl
S_Zwischenkreis	1.246	mm	Länge	Anzahl
S_Grundkreis	1.26	mm	Länge	Anzahl

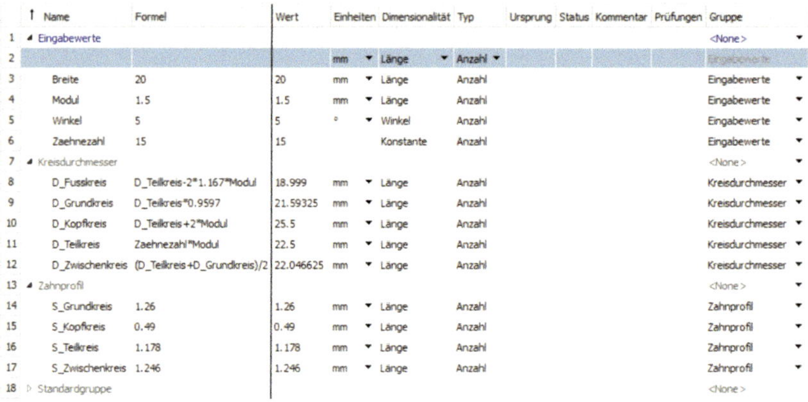

	↑ Name	Formel	Wert	Einheiten	Dimensionalität	Typ	Ursprung	Status	Kommentar	Prüfungen	Gruppe
1	◢ Eingabewerte										<None>
2				mm	Länge	Anzahl					Eingabewerte
3	Breite	20	20	mm	Länge	Anzahl					Eingabewerte
4	Modul	1.5	1.5	mm	Länge	Anzahl					Eingabewerte
5	Winkel	5	5	°	Winkel	Anzahl					Eingabewerte
6	Zaehnezahl	15	15		Konstante	Anzahl					Eingabewerte
7	◢ Kreisdurchmesser										<None>
8	D_Fusskreis	D_Teilkreis-2*1.167*Modul	18.999	mm	Länge	Anzahl					Kreisdurchmesser
9	D_Grundkreis	D_Teilkreis*0.9597	21.59325	mm	Länge	Anzahl					Kreisdurchmesser
10	D_Kopfkreis	D_Teilkreis+2*Modul	25.5	mm	Länge	Anzahl					Kreisdurchmesser
11	D_Teilkreis	Zaehnezahl*Modul	22.5	mm	Länge	Anzahl					Kreisdurchmesser
12	D_Zwischenkreis	(D_Teilkreis+D_Grundkreis)/2	22.046625	mm	Länge	Anzahl					Kreisdurchmesser
13	◢ Zahnprofil										<None>
14	S_Grundkreis	1.26	1.26	mm	Länge	Anzahl					Zahnprofil
15	S_Kopfkreis	0.49	0.49	mm	Länge	Anzahl					Zahnprofil
16	S_Teilkreis	1.178	1.178	mm	Länge	Anzahl					Zahnprofil
17	S_Zwischenkreis	1.246	1.246	mm	Länge	Anzahl					Zahnprofil
18	▷ Standardgruppe										<None>

Über die Spalte Gruppe im Ausdruckseditor kann ein Parameter auch nachträglich einer Gruppe zugeordnet werden.

Wurden alle Parameter erzeugt, kann der Ausdruckseditor beendet werden.

II. Modellieren der Stützelemente

41 ▾ 1. *Arbeitslayer 41*

2. *Kreisbogen/Kreis*

Typ ⇨ **Kreisbogen/Kreis von Mittelpunkt**

Punkt ⇨ **0;0;0**

Endoption ⇨ **Durchmesser**

Durchmesser ⇨ **D_Fusskreis**

⇨ Ebene ⇨ **YZ-Ebene**

⇨ Begrenzungen ⇨ *Vollkreis*

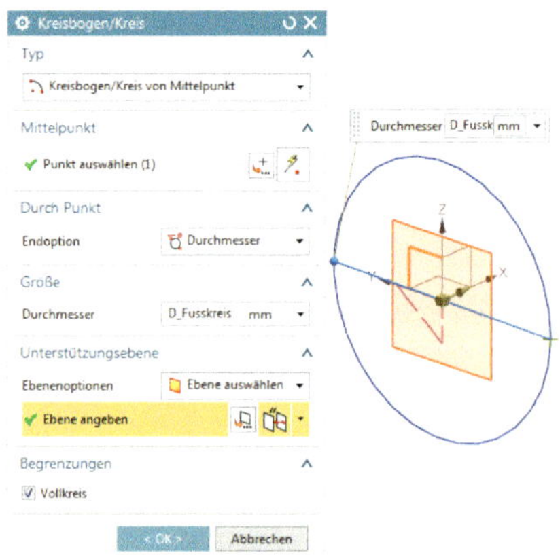

ⓘ *Bei der Auswahl des Formelementes Kreisbogen/Kreis muss darauf geachtet werden, dass **nicht** der Kreisbogen der direkten Skizze gewählt wird.*

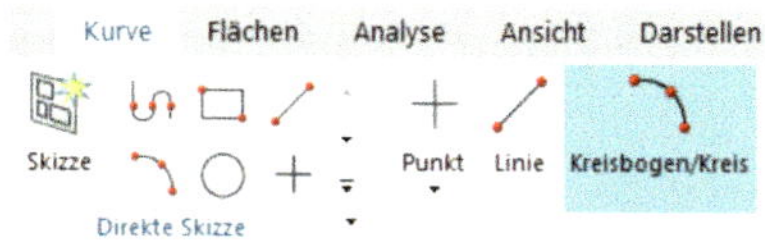

3. *Kreis umbenennen*

⇨ RMT auf Bogen (1) im Teile-Navigator ⇨ *Umbenennen*

Name ⇨ **Fusskreis**

ⓘ *Durch das Umbenennen können die Kreise später schnell im Teile-Navigator identifiziert werden.*

Im Folgenden wird der erste Kreis jeweils kopiert, umbenannt und der Durchmesser geändert. Alternativ können die Kreise aber auch einzeln erstellt werden.

Strg+C

4. *Kreis kopieren*

⇨ RMT auf Bogen (1) "Fusskreis" im Teile-Navigator ⇨ *Kopieren*

Strg+V

5. *Einfügen*

⇨ Menü ⇨ Bearbeiten ⇨ *Einfügen*

6. *Kreis umbenennen*

⇨ RMT auf den kopierten Kreis

⇨ *Umbenennen*

Name ⇨ **Grundkreis**

7. *Durchmesser ändern*

⇨ Doppelklick auf den kopierten Kreis

⇨ *Formel*

Durchmesser ⇨ **D_Grundkreis**

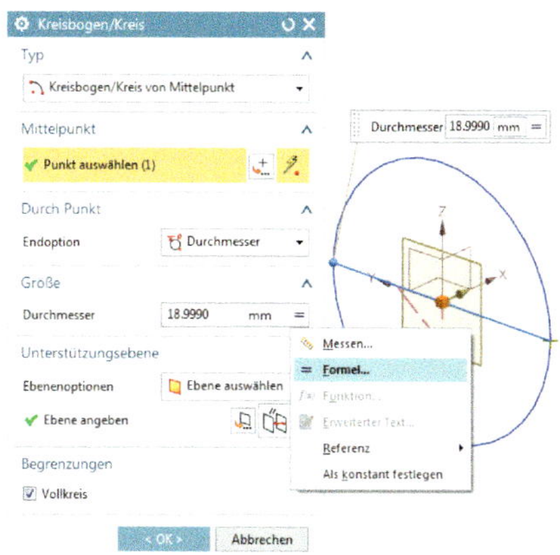

⇨ Wiederholen der Schritte 4 bis 7 für die weiteren Kreise:

- Zwischenkreis
- Teilkreis
- Kopfkreis

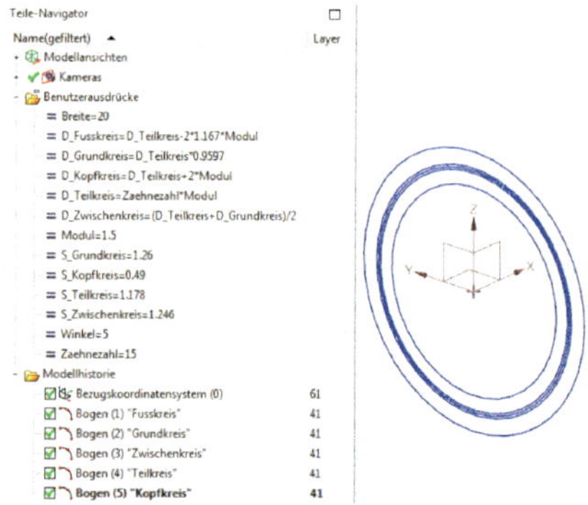

8. *Formelementgruppe*

⇨ Auswahl der Kreise im Teile-Navigator (Strg-Taste)

⇨ RMT ⇨ *Formelementgruppe*

Formelement-Gruppenname

⇨ **Kreise**

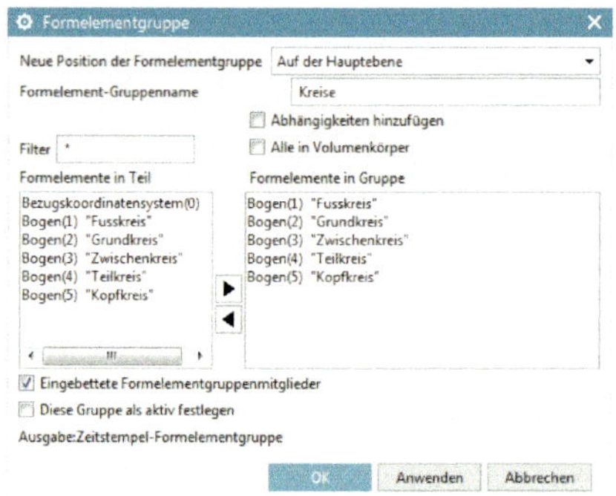

ⓘ *Durch die Verwendung von Formelementgruppen können die Elemente im Teile-Navigator zusätzlich strukturiert und organisiert werden. Um die Reihenfolge der Zeitstempel nicht zu verletzen, sollte eine Formelementgruppe stets direkt nach den zu gruppierenden Elementen erstellt werden.*

9. *Arbeitslayer 42*

10. *Punkt*

Typ ⇨ **Winkel auf Bogen/Ellipse**

Bogen ⇨ **Kopfkreis**

Winkel ⇨ **180**

Der Winkel soll so gewählt werden, dass der Punkt an der positiven Z-Achse erzeugt wird.

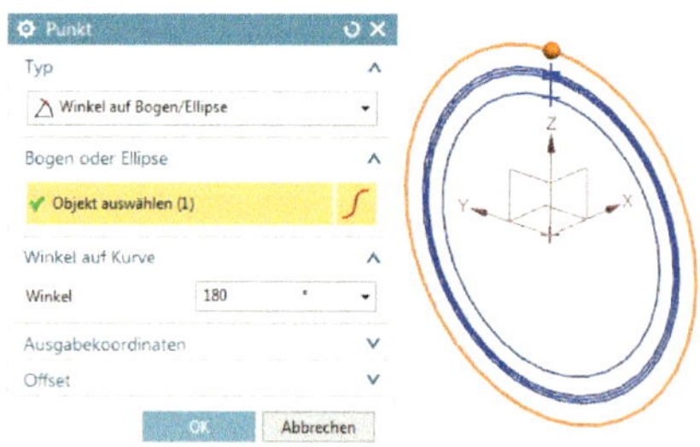

11. *Punkt umbenennen*

⇨ RMT auf erstellten Punkt ⇨ *Umbenennen*

Name ⇨ ***Nullpunkt_Kopfkreis***

⇨ Wiederholen der Schritte 10 und 11 für die weiteren Kreise:

- Teilkreis
- Zwischenkreis
- Grundkreis
- Fusskreis

Die Nullpunkte werden benötigt, um für das Zahnprofil einen definierten Referenzpunkt an der pos. Z-Achse auf jedem Kreis nutzen zu können. Da beim Erzeugen eines Kreises dessen interner Startpunkt stets an einer undefinierten Position liegt, ist ein definierter Referenzpunkt notwendig.

12. *Punkt*

Typ ⇨ **Punkt auf Kurve/Kante**

Kurve ⇨ **Kopfkreis**

Positionsreferenz ⇨ **Startpunkt**

Punkt ⇨ **Nullpunkt_Kopfkreis**

Kurvenlänge ⇨ **S_Kopfkreis**

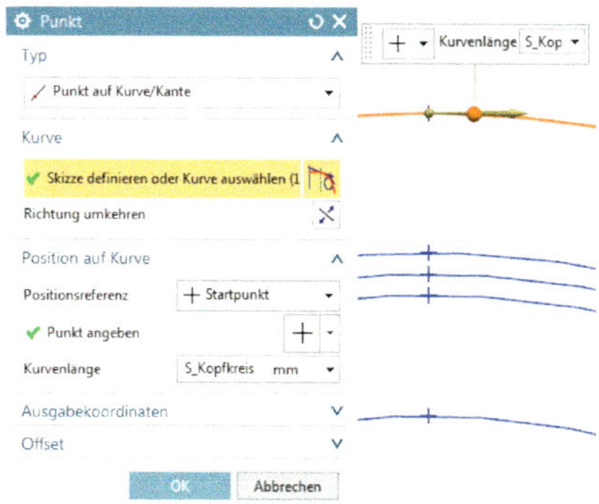

13. *Punkt umbenennen*

Name ⇨ **Profilpunkt_Kopfkreis**

⇨ Wiederholen der Schritte 12 und 13 für die weiteren Kreise:

Teilkreis ⇨ **S_Teilkreis**

Zwischenkreis ⇨ **S_Zwischenkreis**

Grundkreis ⇨ **S_Grundkreis**

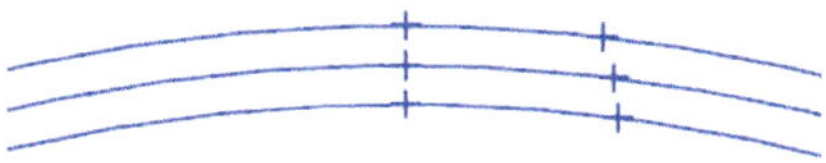

Bei der Erstellung der Profilpunkte ist darauf zu achten, dass diese vollständig auf einer Seite der Nullpunkte liegen.

Die Punkte wurden nicht in einer Skizze erstellt, da die Positionierung eines Punktes auf einer Kurve anhand der Kurvenlänge nur bei einem Punkt im 3D-Raum möglich ist und nicht bei einem Skizzenpunkt

14. *Formelementgruppe*

⇨ Auswahl aller Punkte ⇨ RMT

⇨ *Formelementgruppe*

Formelement-Gruppenname

⇨ **Punkte**

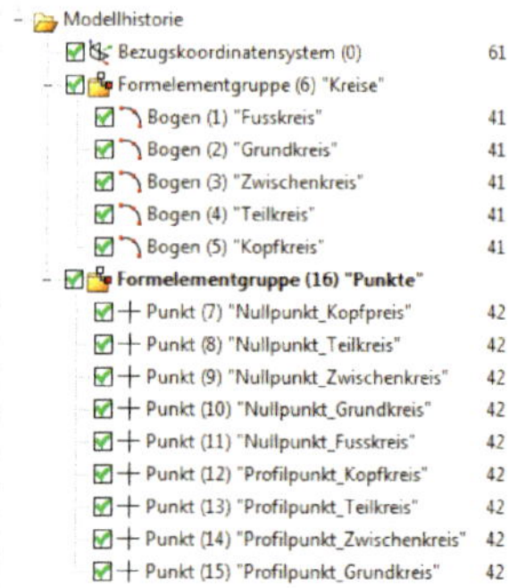

15. *Arbeitslayer 21*

16. *Skizze*

⇨ **YZ-Ebene**

Studio-Spline

Die Punkte werden über einen *Studio-Spline* verbunden. Bei der Auswahl der Punkte ist die Reihenfolge zu beachten. Das Ergebnis ist die Evolvente des Zahns.

Typ ⇨ **Durch Punkte**

Grad ⇨ **2**

⇨ Fangpunkt ⇨ *Vorhandener Punkt*

⇨ Punkte auswählen

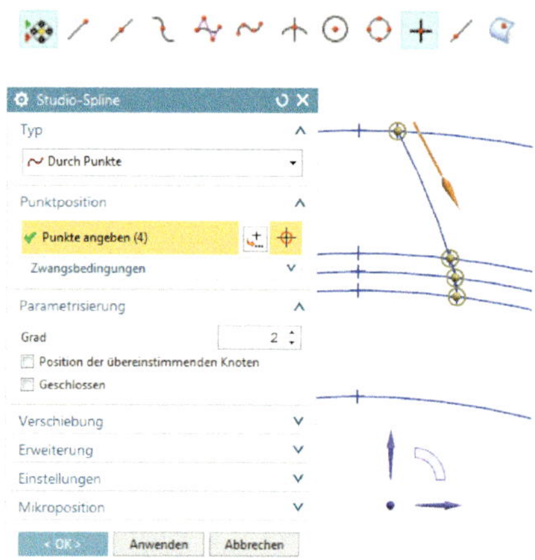

*Im Fangpunkt sollte **nur** die Auswahl von **vorhandenen Punkten** aktiviert werden, um bei der Erstellung des Splines exakt die erzeugten Punkte auszuwählen.*

⇨ *Linie* und einen *Bogen* als *Profil* vom Endpunkt des Splines zum Fusskreis erzeugen

Geometrische Zwangsbedingungen

⇨ Linie *tangential* zum Spline

⇨ Bogen *tangential* zum Fusskreis

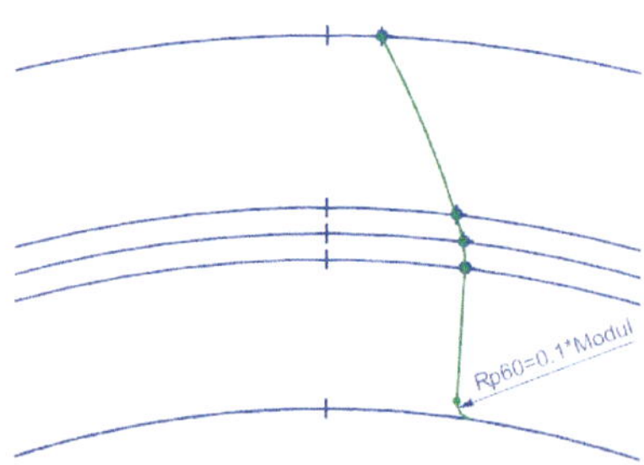

*Um beim Zeichnen des Profils nicht aus Versehen eine ungewollte Zwangsbedingung zu erstellen, sollte die **Alt-Taste** gedrückt gehalten werden.*

⇨ Erzeugen einer *Linie* zwischen dem oberen und dem unteren Nullpunkt

⇨ Linie *In/Aus Referenz konvertieren*

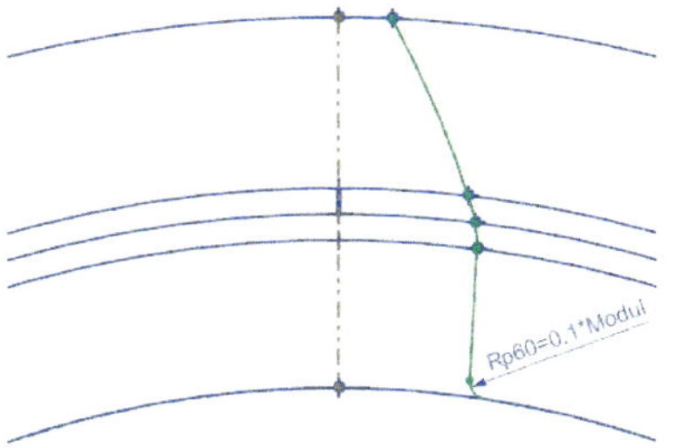

Kurve spiegeln

⇨ Spiegeln des Zahnprofils an der Referenzlinie

Kurvenregel ⇨ *Tangentiale Kurven*

Skizze beenden

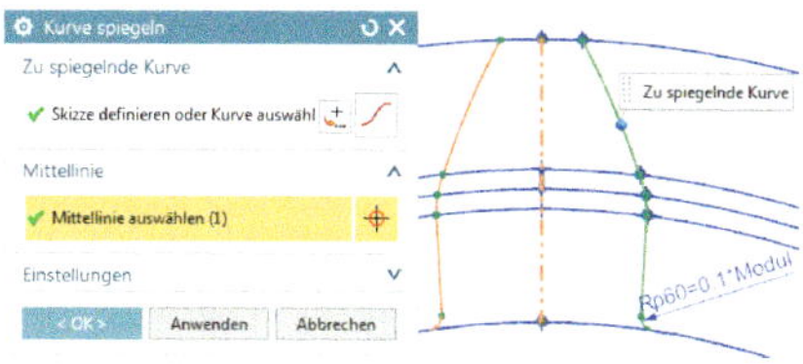

Beim Spiegeln der Kurve kann es vorkommen, dass ein automatisch erzeugtes Maß erscheint. Dieses Maß kann an dieser Stelle ignoriert werden.

17. *Arbeitslayer 81*

18. *Extrudieren*

⇨ Fusskreis wählen

Ende ⇨ **Wert** ⇨ **Breite**

Körpertyp ⇨ **Fläche**

19. *Fläche umbenennen*

Name ⇨ **Referenzflaeche**

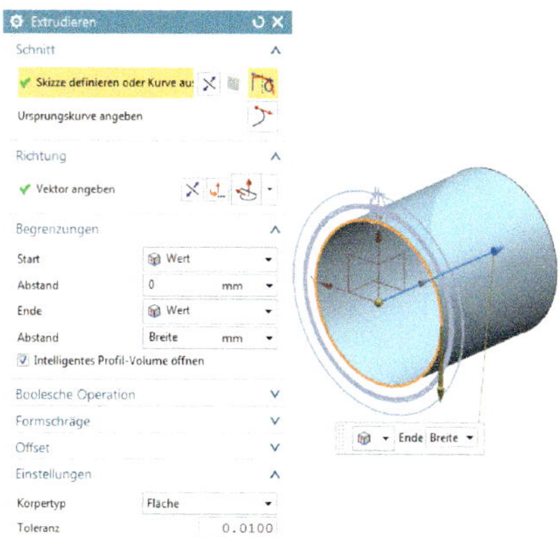

20. *Arbeitslayer 61*

21. *Bezugsebene*

Typ ⇨ **Im Winkel**

Planare Referenz ⇨ XZ-Ebene wählen

Achse ⇨ Z-Achse wählen

Winkel ⇨ **Winkel**

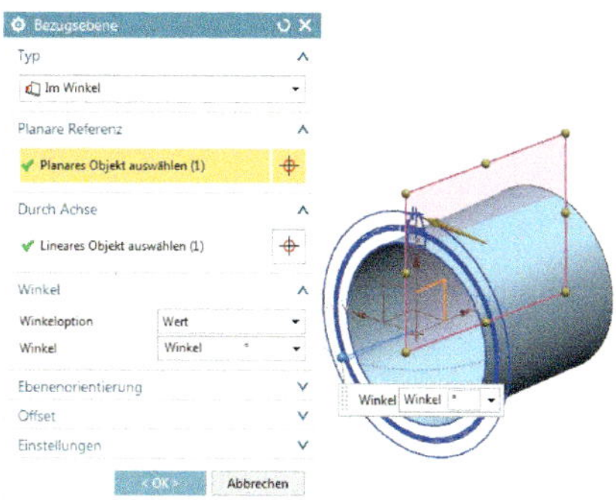

42 ▾ 22. *Arbeitslayer 42*

23. *Punkt*

Typ ⇨ **Schnittpunkt**

Ebene ⇨ erzeugte Ebene

Kurve ⇨ hintere Kante der Fläche

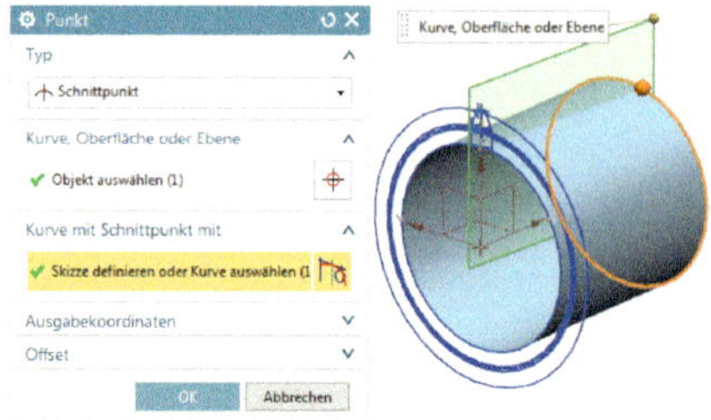

Da die Ebene die hintere Kante der Fläche in zwei Punkten schneidet, führt die Erstellung des Schnittpunktes in diesem Fall zu einer Mehrfachlösung. Um den Punkt an der richtigen Stelle zu erstellen, muss die Kante nahe der gewünschten Position angeklickt werden, hier also im oberen Bereich.

24. *Kurve auf Oberfläche*

⇨ Fläche auswählen

⇨ Fangpunkt ⇨ *Vorhandener Punkt*

⇨ **Nullpunkt_Fusskreis** und den erstellten **Schnittpunkt** auswählen

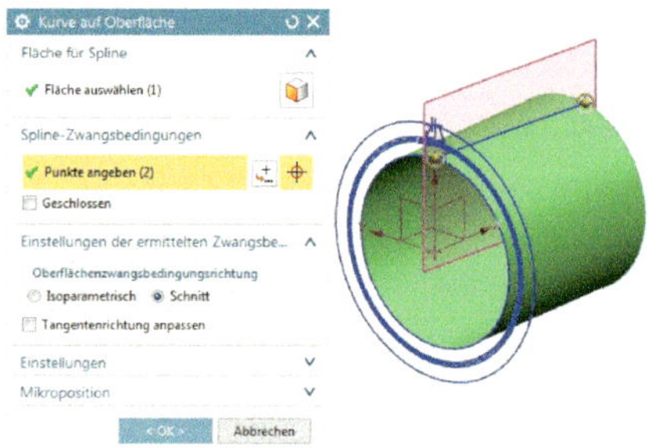

III. Erzeugen des Volumenkörpers

1 ▾ 1. *Arbeitslayer 1*

2. *Extrudiert*

Schnitte ⇨ Profil wählen

Als Schnitt werden Kurvensegmente der Skizze, des Fuß- und des Kopfkreises verwendet.

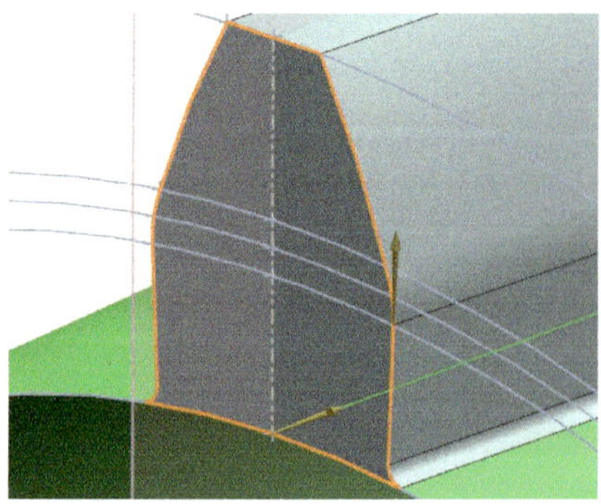

Für die Auswahl der Schnittkurven sollte die Kurvenregel auf *Tangentiale Kurven* und die Option *Anhalten bei Schnittpunkt* aktiviert sein.

Das Profil sollte entlang einer Richtung ausgewählt werden, z. B. im Uhrzeigersinn.

Führungen ⇨ Kurve auf Oberfläche wählen

⇨ *Form beibehalten* aktivieren

Orientierung ⇨ **Flächennormale**

⇨ Fläche auswählen

Körpertyp ⇨ **Körper**

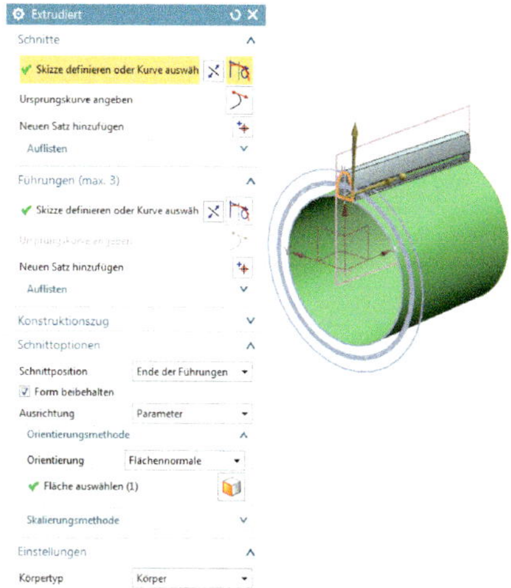

3. *Ausblenden von Layer 42 und 81*

Strg+L

4. *Extrudieren*

X

⇨ Fusskreis wählen

Richtung ⇨ **positive X-Achse**

⇨ Ggf. *Richtung umkehren*

Ende ⇨ **Wert** ⇨ **Breite**

Boolesche Op. ⇨ **Keine**

Körpertyp ⇨ **Körper**

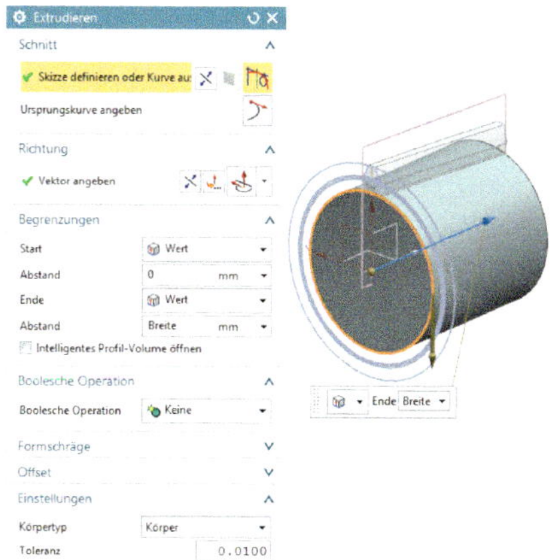

5. *Ausblenden von Layer 21 und 41*

Strg+L

6. *Vereinigen*

Ziel ⇨ **Zylinder**

Werkzeug ⇨ **Zahn**

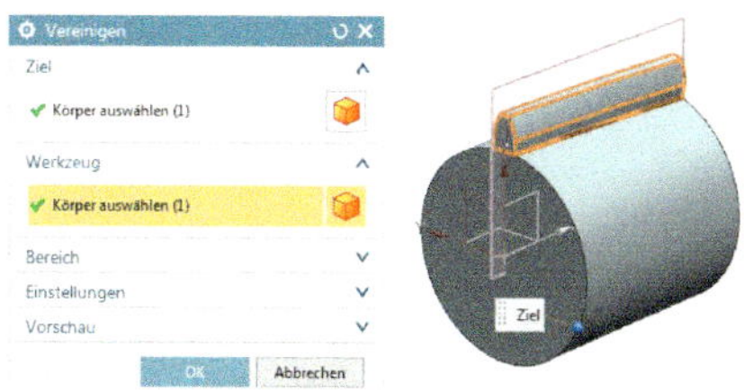

*Beim Vereinigen ist an dieser Stelle die genaue Unterscheidung von **Ziel** und **Werkzeug** zu beachten. Systemintern wird das Werkzeug dem Ziel zugeordnet. Eine vertauschte Zuordnung von Ziel und Werkzeug würde daher bei der nachfolgenden Musteroperation zu mehreren übereinander liegenden Körpern führen.*

7. *Formelement mustern*

⇨ Zahn (Extrudiert) und Vereinigen wählen

Layout ⇨ **Kreisförmig**

Vektor ⇨ **X-Achse**

Abstand ⇨ **Anzahl und Abstand**

Anzahl ⇨ **Zaehnezahl**

Spannwinkel ⇨ **360**

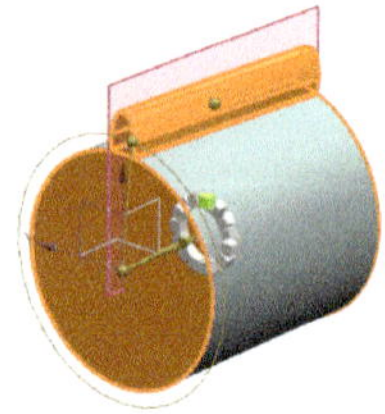

8. *Überprüfen der Layer*

Ggf. Elemente *auf Layer verschieben*

9. *Ausblenden aller Layer außer 1*

10. *Materialien zuweisen*

⇨ **Steel**

11. *Speichern*

4.11 Anpassen der Teilevorlage der Zahnräder

Die Teilevorlage der Zahnräder kann selbstständig nach den gegebenen Parameterwerten und Zeichnungen angepasst werden.

Zahnrad 1 (47 20)

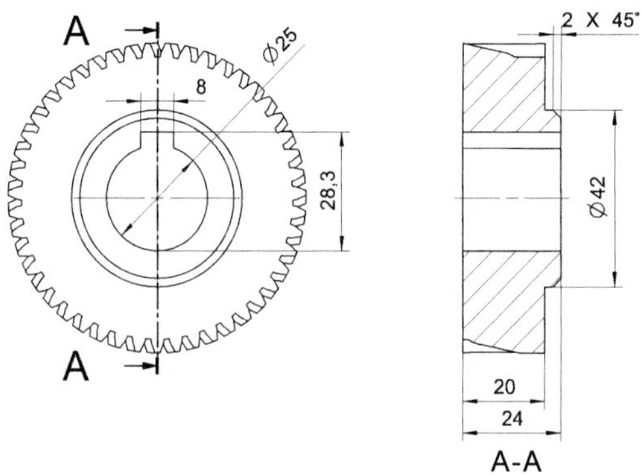

Dateiname ⇨ **Zahnrad_47_20**

Ändern der folgenden Parameter aus dem Grundmodell:

Breite ⇨ **20**

Winkel ⇨ **5**

Zaehnezahl ⇨ **47**

S_Kopfkreis ⇨ **0.577**

S_Teilkreis ⇨ **1.178**

S_Zwischenkreis ⇨ **1.456**

S_Grundkreis ⇨ **1.58**

Farbe zuweisen

⇨ **Hellgrün**

Zahnrad 2 (47 106)

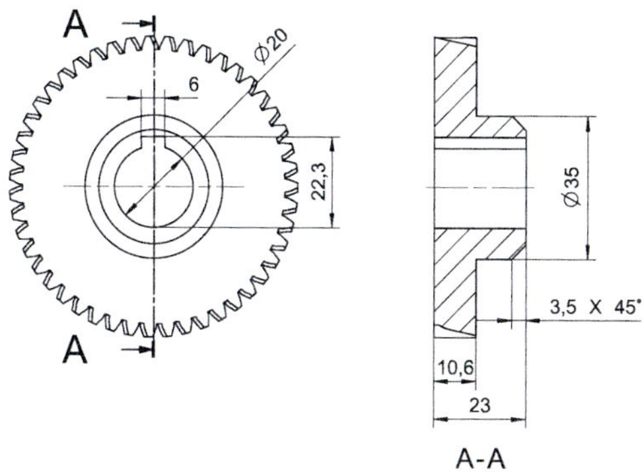

Dateiname ⇨ **Zahnrad_47_106**

Ändern der folgenden Parameter aus dem Grundmodell:

Breite ⇨ **10.6**

Winkel ⇨ **5**

Zaehnezahl ⇨ **47**

S_Kopfkreis ⇨ **0.577**

S_Teilkreis ⇨ **1.178**

S_Zwischenkreis ⇨ **1.456**

S_Grundkreis ⇨ **1.58**

Farbe zuweisen

⇨ **Strong Coral**

Zahnrad 3 (27 15)

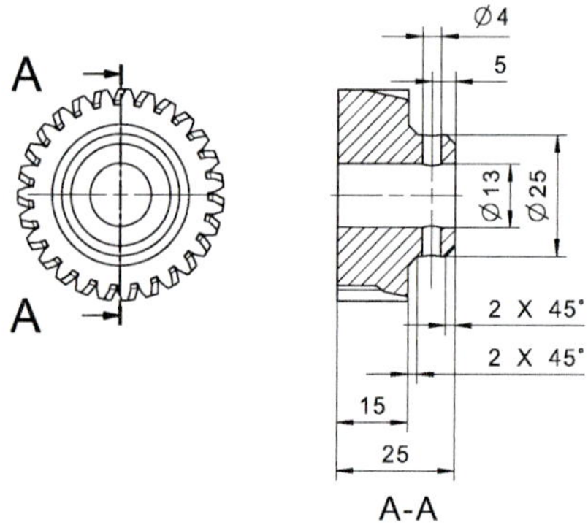

Dateiname ⇨ **Zahnrad_27_15**

Ändern der folgenden Parameter aus dem Grundmodell:

Breite ⇨ **15**

Winkel ⇨ **-5**

Zaehnezahl ⇨ **27**

S_Kopfkreis ⇨ **0.546**

S_Teilkreis ⇨ **1.178**

S_Zwischenkreis ⇨ **1.33**

S_Grundkreis ⇨ **1.39**

Farbe zuweisen

⇨ **Medium Indigo**

Ritzelwelle

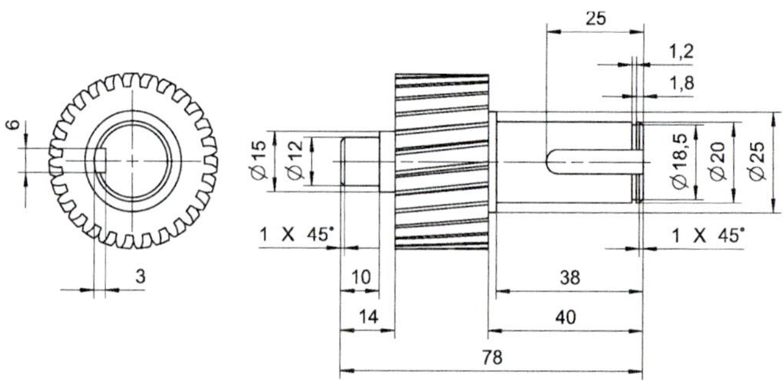

Dateiname ⇨ **Ritzelwelle**

Ändern der folgenden Parameter aus dem Grundmodell:

Breite ⇨ **24**

Winkel ⇨ **-5**

Zaehnezahl ⇨ **27**

S_Kopfkreis ⇨ **0.548**

S_Teilkreis ⇨ **1.178**

S_Zwischenkreis ⇨ **1.337**

S_Grundkreis ⇨ **1.4**

4.12 Kugellagervarianten aus einer Teilefamilie

Für die Erzeugung der Kugellagervarianten wird eine Teilefamilie angelegt. Mit Hilfe einer Teilefamilie können in NX geometrisch und topologisch ähnliche Komponenten und Produkte abgebildet werden. Hierzu wird ein parametrisches Vorlageteil (Template) erzeugt, welches alle gewünschten Varianten eines Produktes abbilden kann. Dadurch wird ein minimaler Teileumfang realisiert, da die jeweilige Produktvariante erst erzeugt wird, wenn sie verwendet wird.

Für die Vertiefung der Funktion der Teilefamilien wird auf den Fortgeschrittenenband dieses Buches verwiesen.

Die Teilefamilie soll die folgenden Kugellagervarianten abbilden:

Da	Da1	Di1	Di	B	kr	r12
52	40	34,4	25	15	4,8	1
32	26	18,2	12	10	3,9	0,6
40	32,8	24,2	17	12	4,3	0,6
42	35	27	20	12	4	0,6
42	33,9	23,7	15	13	5,1	1

Die Erstellung einer Teilefamilie erfolgt stets nach dieser Vorgehensweise:

I. Modellieren des Vorlageteils

II. Erstellen der Teilefamilie

III. Anwenden der Teilefamilie

Die Erstellung und die Anwendung der Teilefamilie sind zusätzlich im Video dargestellt.

I. Modellieren der Vorlageteils

Das Vorlageteil des Rillenkugellagers wurde bereits in Abschnitt 4.7 erstellt.

1. *Öffnen*

Dateiname ⇨ **Rillenkugellager_Vorlage**

II. Erstellen der Teilefamilie

1. *Teilefamilien*

Register Werkzeuge ⇨ *Teilefamilien*

2. *Auswählen der Parameter*

Verfügbare Spalten ⇨ **Ausdrücke**

Die für die Teilefamilie relevanten Parameter werden per *Bei Ende hinzufügen* oder Doppelklick ausgewählt.

- Da
- Da1
- Di1
- Di
- B
- kr
- r12

3. *Importierbare Teilefamilien-Vorlage*

Soll zur Arbeit in einem Produktdatenmanagementsystem (PDM, z. B. Teamcenter) für die Komponenten der Teilefamilie zusätzlich eine Teilenummer angegeben werden, muss *Importierbare Teilefamilien-Vorlage* aktiviert werden. Dadurch wird die Spalte DB_PART_NO angelegt.

⇨ Diese Option wird in diesem Beispiel **nicht** verwendet.

4. *Familienspeicherverzeichnis*

In diesem Verzeichnis werden die Elemente der Teilefamilie nach dem Erzeugen gespeichert.

⇨ Verzeichnis auswählen, in dem sich die bisher erstellten Bauteile befinden

5. *Tabelle erstellen*

Microsoft Excel wird geöffnet und die aktuellen Werte der Parameter werden in der Tabelle angezeigt. Die Köpfe der einzelnen Spalten entsprechen den vorher ausgewählten Ausdrücken. NX ist so lange gesperrt bis Excel wieder geschlossen wird.

NX ist kompatibel mit allen gängigen MS Excel Versionen. Dazu gehören MS Office 2010 und höher. In diesem Beispiel wird MS Office 2013 verwendet.

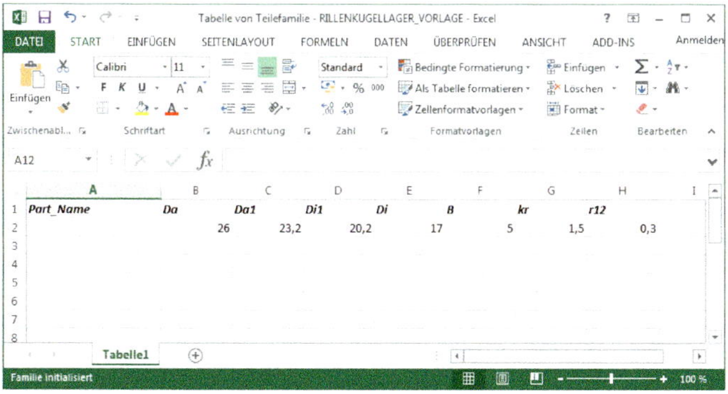

Die Kugellagervarianten werden wie folgt benannt:

Rillenkugellager_<Wert für Di>_<Wert für Da>

z. B. für die erste Variante: **Rillenkugellager_17_26**

Zum Ausfüllen der Spalte Part_Name kann in Excel die folgende Funktion genutzt werden:

```
="Rillenkugellager_"&TEXT(E2;0)&"_"&TEXT(B2;0)
```

Dabei sollte die Tabelle im Vorfeld in Excel erstellt, ausgefüllt und der Tabelleninhalt anschließend in die Tabelle der Teilefamilie kopiert werden, da die Eingabe und Auswertung von Formeln in der aus NX heraus gestarteten Excel-Datei nicht unterstützt wird.

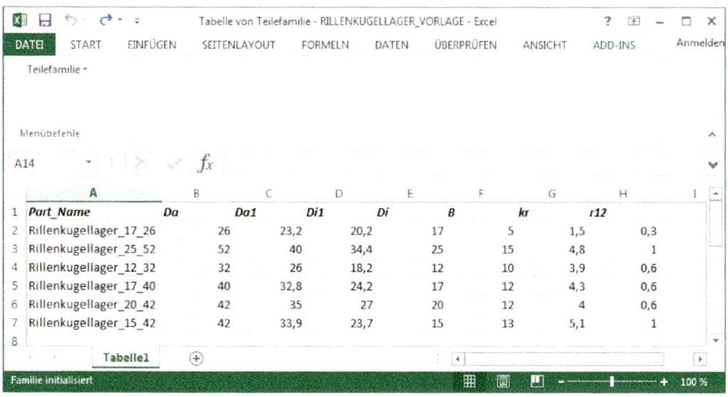

Excel wird um das Menü *Teilefamilie* in der Registerkarte ADD-INS erweitert.

Mit der Funktion *Teil überprüfen* wird Excel minimiert und das Element der Teilefamilie angezeigt, in dessen Zeile sich der Cursor in Excel befindet.

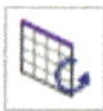

Über *Tabelle fortsetzen* wird Excel wieder aufgerufen und die Tabelle kann weiter editiert werden.

Weiterhin können die Werte der mit dem Cursor gewählten Zeile auf das angezeigte Modell in NX angewendet (*Werte anwenden*) oder direkt einzelne Teile aus der Tabelle heraus erzeugt werden (*Teile erzeugen*). Diese Teile werden dann in dem Familienspeicherverzeichnis gespeichert.

6. *Familie speichern*

ADD-INS ⇨ Teilefamilie ⇨ *Familie speichern*

Excel wird beendet und es wird wieder zur NX-Umgebung zurückgekehrt.

Die erstellte Tabelle wird nicht in einer separaten Datei, sondern direkt in der prt-Datei des Template-Teils gespeichert. Excel dient lediglich zur Bearbeitung der Tabelle.

7. *Template-Datei speichern*

Die Template-Datei kann jederzeit editiert werden. Dazu zählen geometrische Änderungen oder Änderungen bzw. Erweiterungen in der Tabelle. Nach dem Öffnen der Template-Datei muss lediglich der Teilefamilien-Dialog aufgerufen und z. B. die Tabelle bearbeitet werden.

III. Anwenden der Teilefamilie

Die Elemente der Teilefamilie können nun entweder einzeln aus der Excel-Tabelle heraus erzeugt oder analog zu Standardteilen der Wiederverwendungsbibliothek in eine Baugruppe eingefügt werden. Beide Vorgehensweisen werden folgend kurz erläutert:

1. *Teile erzeugen*

Dadurch werden die Varianten der markierten Zeilen erzeugt und gespeichert.

2. *Einfügen einer Kugellagervariante in eine Baugruppe*

Datei ⇨ Neu ⇨ *Baugruppe*

Es kann ein beliebiger Dateiname verwendet werden.

Komponente hinzufügen

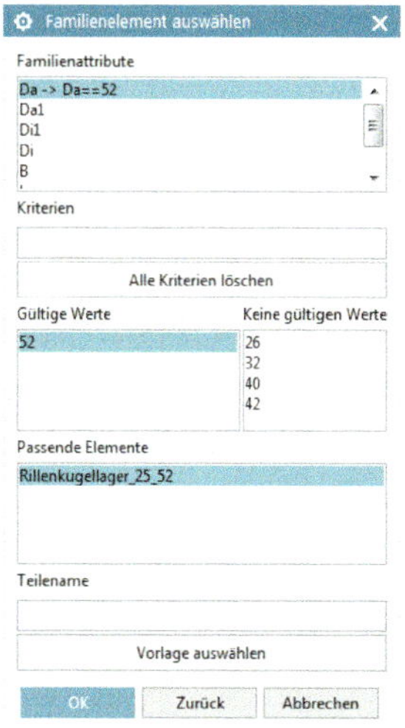

⇨ *Öffnen*

⇨ **Rillenkugellager_Vorlage.prt**

Im nachfolgenden Dialog kann ein Familienelement anhand seiner Familienattribute ausgewählt werden.

Mit einem Doppelklick wird ein gültiger Wert eines Attributes gewählt. Anschließend kann mit dem nächsten Attribut fortgefahren werden.

Im unteren Bereich wird dann ein zur Auswahl passendes Element ausgewählt. Über *Vorlage auswählen* kann auch direkt das Template-Teil eingefügt werden.

4.13 Kontrollfragen

1. Wie können Formelemente editiert werden?
2. Welche zusätzlichen Elemente werden benötigt, um eine Bohrung oder eine Tasche auf einer nichtebenen Fläche (z. B. Mantelfläche eines Zylinders) zu erstellen?
3. Wie wird ein Flächenkörper in einen Volumenkörper umgewandelt?
4. Welche Muster-Layouts gibt es?
5. Wozu dienen Parameter?
6. Was ist eine Teilefamilie?

5 Baugruppen

Für das Erstellen und Bearbeiten von Baugruppen steht in NX innerhalb der Konstruktionsumgebung die Registerkarte *Baugruppen* zur Verfügung.

Datei ⇨ Start ⇨ *Baugruppen*

Wird bei der Erstellung einer neuen Datei die Vorlage Baugruppe gewählt, wird eine prt-Datei erzeugt und das Register Baugruppen automatisch aktiviert.

Datei ⇨ Neu ⇨ *Baugruppe*

Strg+N

Aufgrund der in NX einheitlichen Dateiendung prt, werden Baugruppendateien in den folgenden Beispielen immer mit dem Präfix „bg_" versehen. Somit sind die Baugruppen gut zu erkennen.

5.1 Baugruppen-Navigator

Der wichtigste Navigator für die Arbeit mit Baugruppen ist der Baugruppen-Navigator. Hier werden alle Komponenten einer Baugruppe aufgelistet. Weiterhin werden Informationen zum Speicherstatus, zu Zwangsbedingungen, der Anzahl und den verwendeten Reference Sets angezeigt.

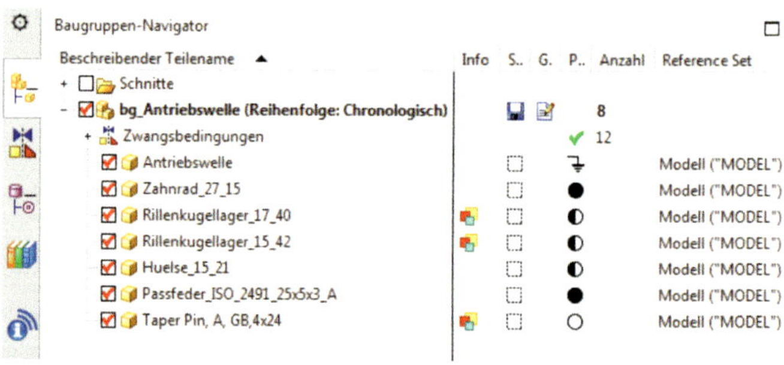

Die Spalte *Position* ist standardmäßig ausgeblendet. Über RMT auf den Tabellenkopf ⇨ Spalten ⇨ *Position* kann diese eingeblendet werden.

Wird der rote Haken vor einer Komponente entfernt, wird die Komponente ausgeblendet.

Über RMT auf eine Komponente stehen verschiedene Funktionen zur Verfügung. Die wichtigsten werden im Folgenden kurz erläutert.

S. Vajna (Hrsg.), *NX 12 für Einsteiger – kurz und bündig*, https://doi.org/10.1007/978-3-658-23061-6_5

Komponenten bearbeiten

Die Komponenten einer Baugruppe können direkt aus dem Baugruppen-Navigator heraus bearbeitet werden.

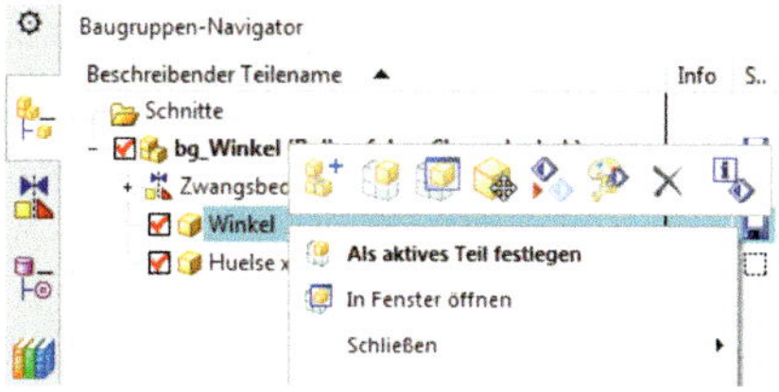

Über RMT ⇨ *Als aktives Teil festlegen* wird die Komponente aktiviert und deren Modellhistorie im Teile-Navigator angezeigt (alternativ: Doppelklick). Die Komponente kann somit direkt in der Baugruppe bearbeitet werden.

Durch RMT ⇨ *In Fenster öffnen* wird das Teil in einem neuen Fenster zur Bearbeitung geöffnet.

Komponenten ersetzen

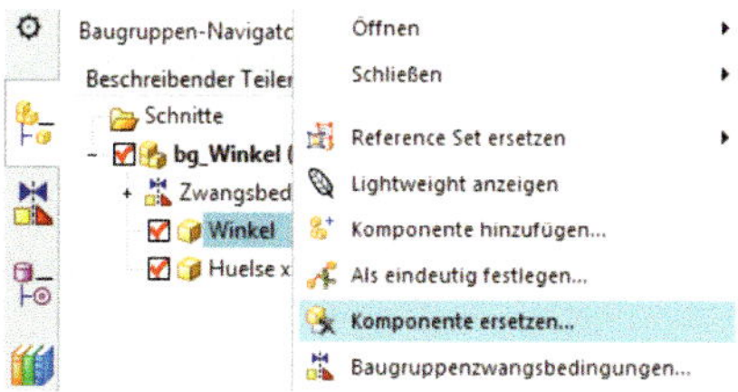

Über RMT ⇨ *Komponente ersetzen* wird eine Komponente durch eine andere setzt, z. B. wenn eine neue Version der Komponente vorliegt.

Stimmen die bei den Baugruppenzwangsbedingungen referenzierten Elemente noch überein, werden die Zwangsbedingungen übernommen.

Packen von Komponenten

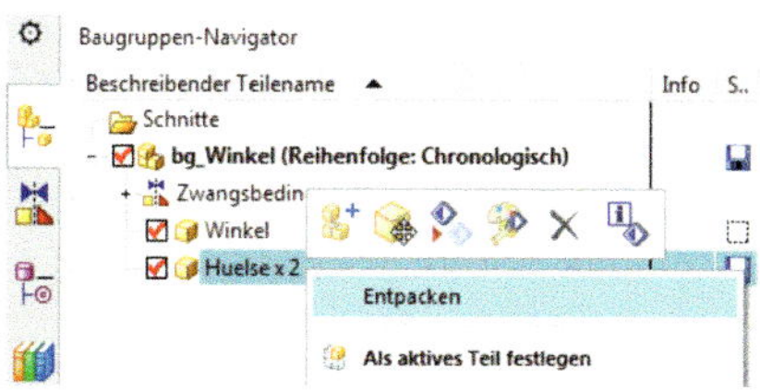

Werden in einer Baugruppe mehrere Exemplare einer Komponente verwendet, werden diese standardmäßig gruppiert (gepackt).

Über RMT ⇨ *Entpacken* werden die Komponenten einzeln aufgelistet.

5.2 Einfügen und Positionieren von Komponenten

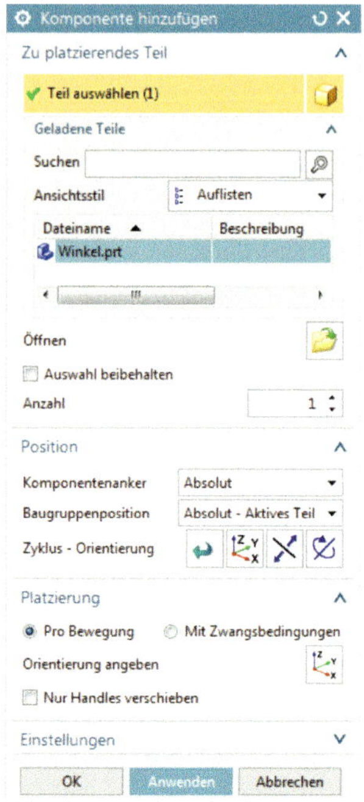

Komponente hinzufügen

Über diese Funktion werden einer Baugruppe neue Komponenten hinzugefügt.

Die Komponenten können regulär *geöffnet* oder aus der Liste bereits geladener Teile ausgewählt werden.

Die **Baugruppenposition** bestimmt die Position, an der die Komponente in die Baugruppe eingefügt wird. Hier stehen verschiedene Optionen zur Verfügung:

Fangen: Die Komponente wird manuell durch das Anklicken eines Elementes im Grafikbereich positioniert.

Absolut - Aktives Teil: Die Komponente wird im absoluten Ursprung des aktuellen aktiven Teils positioniert.

Absolut - Dargestelltes Teil: Die Komponente wird im absoluten Ursprung der angezeigten Baugruppe positioniert.

WCS: Die Komponente wird relativ zum WCS der Baugruppe positioniert.

Zudem sind zur **Platzierung** zwei verschiedene Methoden möglich:

Pro Bewegung: Die Komponente wird zu einem Koordinatensystem positioniert und kann zusätzlich verschoben werden.

Mit Zwangsbedingungen definieren: Die Komponente wird durch die Definition von Baugruppenzwangsbedingungen relativ zu anderen Komponenten der Baugruppe platziert.

Komponente neu erzeugen

Aus einer Baugruppe heraus können auch direkt neue Komponenten erzeugt werden. Diese Funktion wird am Beispiel des Getriebes zur Modellierung der Dichtung genutzt (s. Abschnitt 5.8).

5.3 Baugruppenzwangsbedingungen

Für die Position von Komponenten und Unterbaugruppen stehen verschiedene Typen von Baugruppenzwangsbedingungen zur Verfügung. Durch die unterschiedlichen Zwangsbedingungen werden die Freiheitsgrade zwischen zwei Komponenten definiert. Um alle Freiheitsgrade zu bestimmen, werden in der Regel mehrere Baugruppenzwangsbedingungen verwendet.

Im Dialog *Baugruppenzwangsbedingungen* stehen verschiedene Typen von Zwangsbedingungen zur Verfügung:

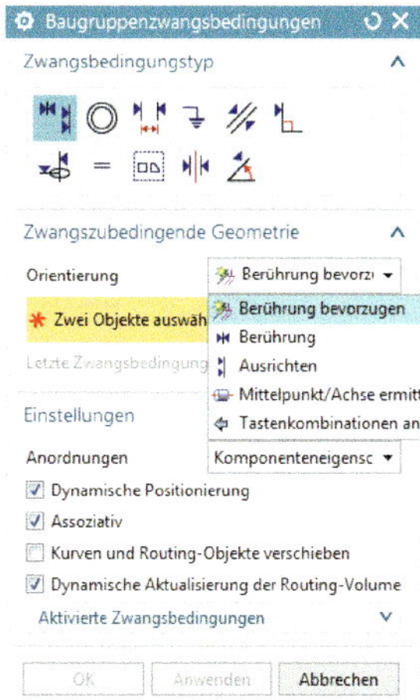

Berührung/Ausrichtung

Dieser Typ wird sehr häufig verwendet und bietet vier Arten der Orientierung:

Berührung bevorzugen: Die Berührung zweier gewählter Objekte wird bevorzugt.

Berührung: Berührung zweier Objekte, bei Flächen zeigen die Normalen zueinander

Ausrichten: Die Flächennormalen zeigen in die gleiche Richtung.

Mittelpunkt/Achse ermitteln: Die Mittelpunkte zweier Kreiskanten bzw. Achsen zweier zylindrischer Flächen werden übereinander gelegt.

Konzentrisch

Setzt zwei kreisförmige oder elliptische Kanten konzentrisch und die Ebenen der Kanten koplanar

Abstand

Legt den minimalen 3D-Abstand zwischen zwei Objekten fest

Fixieren

Fixiert eine Komponente an ihrer aktuellen Position in allen sechs Freiheitsgraden

Parallel

Legt zwei Ebenen oder Flächen bzw. Linien oder Kanten als parallel zueinander fest

Senkrecht

Legt zwei Ebenen oder Flächen bzw. Linien oder Kanten als senkrecht zueinander fest

Ausrichten/Sperren

Legt die Achsen zweier zylindrischer Flächen übereinander und sperrt gleichzeitig die Drehung der Komponenten um die gemeinsame Achse. Dieser Typ wird häufig verwendet, wenn eine Schraube in einer Bohrung vollständig zwangsbedingt werden soll.

= *Einpassen*

Richtet die Achsen zweier zylindrischer Flächen oder konischer Flächen gleicher Radien zueinander aus. Werden die Radien im Nachhinein geändert und sind nicht mehr gleich, wird die Zwangsbedingung aufgehoben.

Bindung

Fixiert die Position zweier Komponenten fest zueinander

Mitte

Ein oder zwei Objekte werden zwischen einem Objektpaar (*1 zu 2*; *2 zu 2*) zentriert bzw. ein Objektpaar wird an einem anderen Objekt zentriert (*2 zu 1*).

Winkel

Definiert einen Winkel zwischen zwei Objekten

Zwei Komponenten sollten immer gemäß ihrer realen physischen Beziehungen zueinander zwangsbedingt werden. Dabei müssen nicht alle Komponenten vollständig bestimmt werden. Zwei zueinander unbewegliche Komponenten werden vollständig bestimmt. Bei zueinander beweglichen Teilen bleibt der entsprechende Freiheitsgrad oft frei.

Zwangsbedingungen im Baugruppen-Navigator

Die in einer Baugruppe vorhandenen Zwangsbedingungen sind im Baugruppen-Navigator sichtbar.

Mit einem Doppelklick kann eine Zwangsbedingung editiert werden. Das Entfernen des grünen Hakens deaktiviert die Zwangsbedingung.

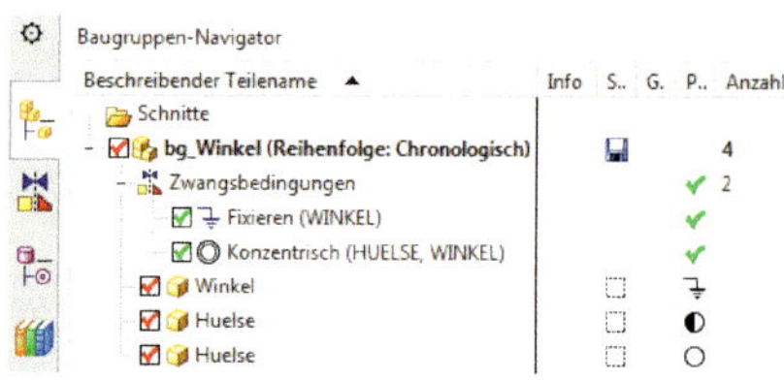

In der Spalte *Position* wird angezeigt, ob eine Komponente vollständig (schwarzer Kreis), teilweise (halb ausgefüllter Kreis) oder gar nicht (weißer Kreise) mit Zwangsbedingungen versehen ist.

Wird die Spalte Position nicht angezeigt, muss diese eingeblendet werden.

⇨ RMT auf den Tabellenkopf ⇨ Spalten ⇨ *Position*

Zwangsbedingungsnavigator

Weiterhin werden die Zwangsbedingungen in einem separaten Zwangsbedingungsnavigator aufgelistet.

Unter jeder Zwangsbedingung sind die dazugehörigen Komponenten aufgelistet.

Die Darstellung im Zwangsbedingungsnavigator kann über verschiedene Gruppierungen verändert werden.

⇨ RMT auf Tabellenkopf ⇨ *Nach Komponenten gruppieren*

Anzeigen von Zwangsbedingungen

Zwangsbedingungen werden zusätzlich im Grafikbereich als blaue Symbole angezeigt.

Diese Symbole können im Baugruppen-Navigator über RMT auf Zwangsbedingungen ⇨ *Zwangsbedingungen im Grafikfenster anzeigen* ein- und ausgeblendet werden.

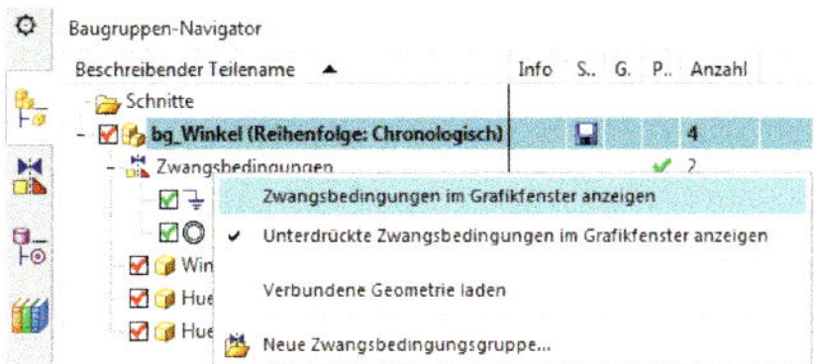

5.4 Wiederverwendungsbibliothek und Standardteile

Standardteile werden in NX über die *Wiederverwendungsbibliothek* ausgewählt und über die *Elementauswahl* eingefügt.

Das Einfügen kann per Doppelklick erfolgen. In diesem Fall muss die richtige Komponente manuell aus einer Liste ausgewählt werden.

Ein Standardteil kann aber auch per Drag and Drop direkt auf das dazugehörige Element gezogen werden. So kann z. B. eine Schraube direkt auf eine Bohrung gezogen werden. Der Schraubendurchmesser wird in diesem Fall automatisch ermittelt. Weiterhin können auch die Zwangsbedingungen automatisch erzeugt und das Standardteil gemustert werden.

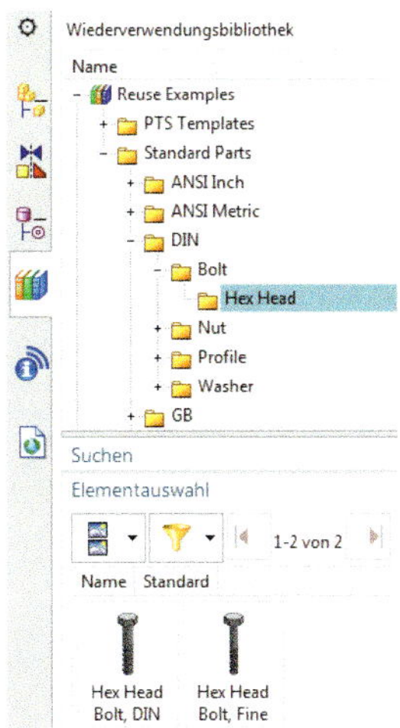

Speichern von Standardteilen

Standardteile werden beim Speichern der Baugruppe gespeichert. Die Teile werden jedoch nicht im Ordner der Baugruppe gespeichert, sondern in einem separaten Verzeichnis.

Dieses Verzeichnis kann in den *Anwenderstandards* geändert werden (s. Abschnitt 1.9).

Datei ⇨ Dienstprogramme ⇨ *Anwenderstandards*

⇨ Gateway ⇨ Wiederverwendungsbibliothek

⇨ Wiederverwendbare Komponente ⇨ *Teilefamilienspeicherverzeichnis*

5.5 Ladeoptionen für Baugruppen

Eine Baugruppe wird nur dann vollständig geöffnet, wenn alle dazugehörigen Komponenten geladen werden können. Treten beim Laden der Komponenten Probleme auf, sollten zuerst die Ladeoptionen überprüft werden.

Datei ⇨ *Ladeoptionen für Baugruppen*

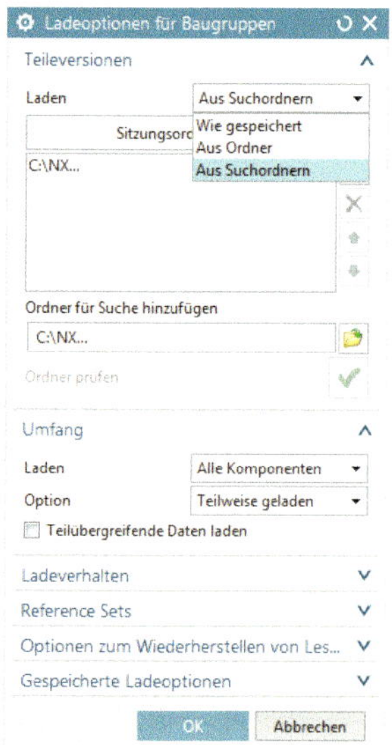

Hier können für das *Laden* der Einzelteile folgende Optionen gewählt werden:

Wie gespeichert: NX sucht in dem absoluten Dateipfad, in dem die jeweiligen Komponenten beim letzten Speichern gespeichert wurden. Diese Option sollte zuerst versucht werden.

Aus Ordner: Die Komponenten werden aus dem gleichen Verzeichnis geladen, in dem auch die Baugruppendatei gespeichert ist.

Aus Suchordnern: Es können mehrere Verzeichnisse definiert werden, aus denen die Komponenten geladen werden sollen. Drei Punkte (...) am Ende des Verzeichnispfades erlauben das automatische Durchsuchen der jeweiligen Unterordner.

Zusätzlich können weitere Ladeoptionen wie der Ladeumfang und das Ladeverhalten definiert werden.

5.6 Zusammenbau des Winkels

Der Zusammenbau des Winkels ist zusätzlich vollständig im Video dargestellt.

1. *Erstellen einer neuen Datei*

Strg+N

Datei ⇨ Neu ⇨ *Baugruppe*

Dateiname ⇨ **bg_Winkel**

2. *Komponente hinzufügen*

⇨ Öffnen ⇨ **Winkel.prt**

Baugruppenposition ⇨ **Absolut - Aktives Teil**

Direkt nach dem Einfügen der ersten Komponente wird der Dialog zum automatischen Fixieren dieser Komponente geöffnet.

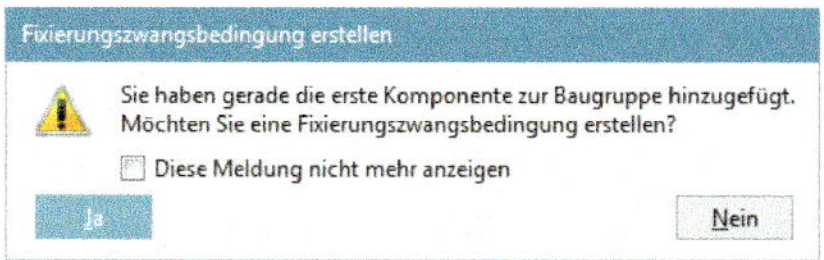

⇨ Bestätigen mit *Ja*

Die Zwangsbedingung Fixieren ist nun im Baugruppen-Navigator zu sehen.

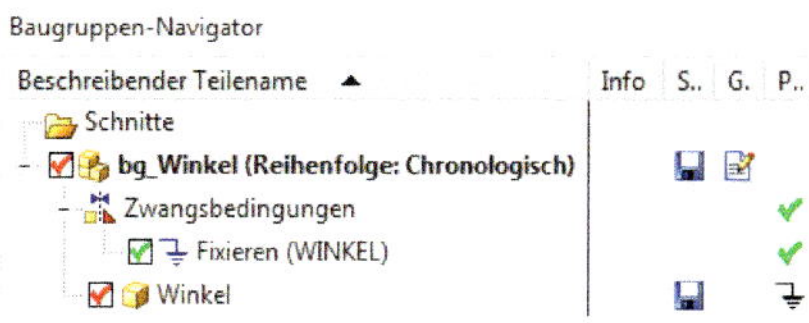

3. *Komponente hinzufügen*

⇨ Öffnen ⇨ **Huelse.prt**

Baugruppenposition ⇨ **Absolut - Aktives Teil**

4. *Baugruppenzwangsbedingungen*

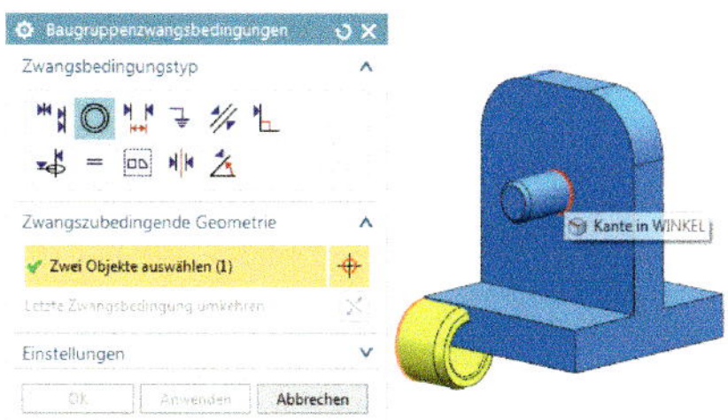

Konzentrisch

⇨ Hintere Kreiskante der Hülse wählen

⇨ Hintere Kreiskante des Knaufs wählen

Durch die konzentrische Zwangsbedingung werden beide Kreiskanten konzentrisch in der gleichen Ebene gesetzt.

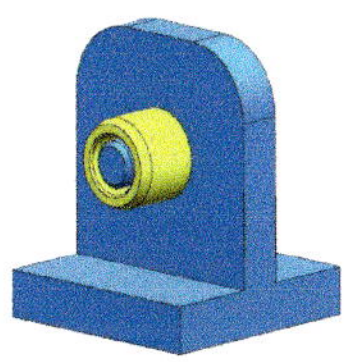

5.7 Komponenten spiegeln

Wie in der Modellierung von Einzelteilen können auch in der Arbeit mit Baugruppen geschickt Symmetrien genutzt werden. Im Folgenden wird die Hülse an der Symmetrieebene des Winkels gespiegelt.

1. *Baugruppe spiegeln*

Es wird der Assistent (Wizard) zum Spiegeln von Baugruppen geöffnet.

Komponenten auswählen

⇨ **Huelse**

Ebene auswählen

⇨ *Bezugsebene erzeugen*

Typ ⇨ **Ermittelt**

⇨ Auswahl der beiden Flächen des vertikalen Quaders

Die Ebene wird somit mittig platziert.

Für die Auswahl der Flächen des Winkels muss der Auswahlbereich auf *Gesamte Baugruppe* umgestellt werden.

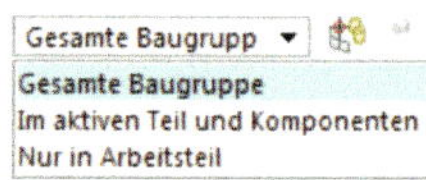

Bei der Spiegelung können auch bereits im Modell vorhandene Ebenen verwendet werden. Ebenen anderer Komponenten müssen ggf. durch eine Ersetzung des jeweiligen Reference Sets in ***Ganzes Teil*** *(s. Abschnitt 5.9) eingeblendet werden.*

Namensstrategie

Namensregel ⇨ **Präfix**

Verzeichnisregel ⇨ **gleiches Verz. wie Quelle**

Spiegelungs-Setup

⇨ *Wiederverwenden und neu positionieren*

Soll die gespiegelte Komponente nicht wiederverwendet werden, sondern auch in sich gespiegelt werden, muss die assoziative Spiegelung gewählt werden. Wird keine assoziative Spiegelung gewählt, sind die gespiegelte Komponente und die Ursprungskomponente nicht assoziativ miteinander verbunden.

Spiegelungsprüfung

⇨ *Neu positionierte Lösungen durchlaufen*

Hier können die verschiedenen Ergebnisse der Spiegelung einzeln durchlaufen werden.

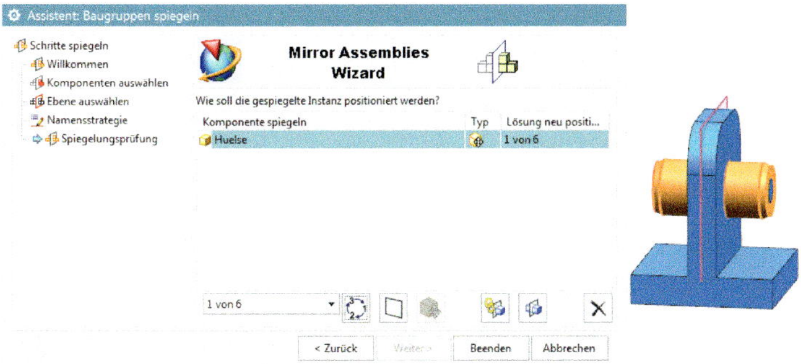

⇨ *Beenden*

2. *Bezugsebene auf Layer 61 verschieben*

Die bei der Spiegelung erzeugte Ebene wurde im Teile-Navigator der Baugruppe abgelegt und wird analog zur Einzelteilmodellierung auf den dafür vorgesehenen Layer verschoben.

3. *Ausblenden von Layer 61*

4. *Speichern*

5.8 Zusammenbau des Getriebes

In diesem Abschnitt wird der Zusammenbau des Getriebes beschrieben. Das Getriebe wird aus fünf Unterbaugruppen aufgebaut.

Es werden verschiedene Standardteile aus der Wiederverwendungsbibliothek verwendet.

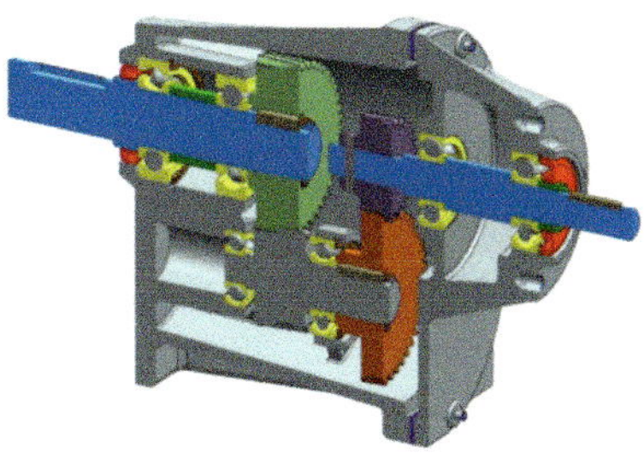

Die Dichtung wird innerhalb der Unterbaugruppe des antriebsseitigen Gehäuses erstellt. Die verwendeten Passfedern und Sicherungsringe können im Downloadbereich des Verlags Springer Vieweg heruntergeladen werden (s. Kapitel 1).

Unterbaugruppe „bg_Antriebswelle“

Am Beispiel der Unterbaugruppe der Antriebswelle wird der Zusammenbau einer Baugruppe Schritt für Schritt erklärt.

Vorgehensweise:

I. Antriebswelle
II. Zahnrad_27_15
III. Rillenkugellager_17_40
IV. Rillenkugellager_15_42
V. Huelse_15_21
VI. Passfeder_ISO_2491_25x5x3_A
VII. Kegelstift (Taper Pin, A, GB,4x24)

Zusätzlich zur Beschreibung ist das Einfügen der Antriebswelle, des Zahnrades, der Passfeder und des Kegelstifts in einem Video dargestellt.

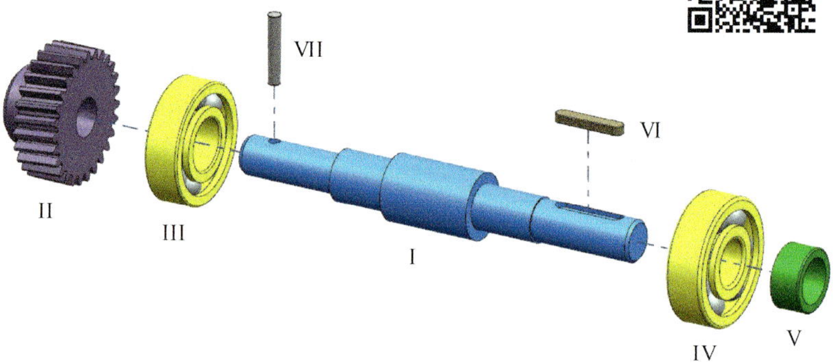

1. *Erstellen einer neuen Datei*

Strg+N Datei ⇨ Neu ⇨ *Baugruppe*

Dateiname ⇨ **bg_Antriebswelle**

I. Antriebswelle

1. *Komponente hinzufügen*

⇨ Öffnen ⇨ **Antriebswelle**

Baugruppenposition ⇨ **Absolut - Aktives Teil**

2. *Fixieren*

Die Antriebswelle wird nach dem Einfügen automatisch fixiert.

II. Zahnrad_27_15

1. *Komponente hinzufügen*

⇨ **Zahnrad_27_15**

Baugruppenposition ⇨ **Absolut - Aktives Teil**

2. *Baugruppenzwangsbedingungen*

Berührung/Ausrichtung

⇨ Mittellinie des Zahnradabsatzes wählen

⇨ Mittellinie der Welle wählen

Letzte Zwangsbedingung umkehren

Die Mittellinie einer zylindrischen Mantelfläche wird angezeigt, wenn der Cursor über diese Fläche bewegt wird.

Bei geöffnetem Zwangsbedingungsdialog kann das Zahnrad gemäß seiner freien Freiheitsgrade durch Halten der LMT verschoben werden. Dies erleichtert oft die Positionierung.

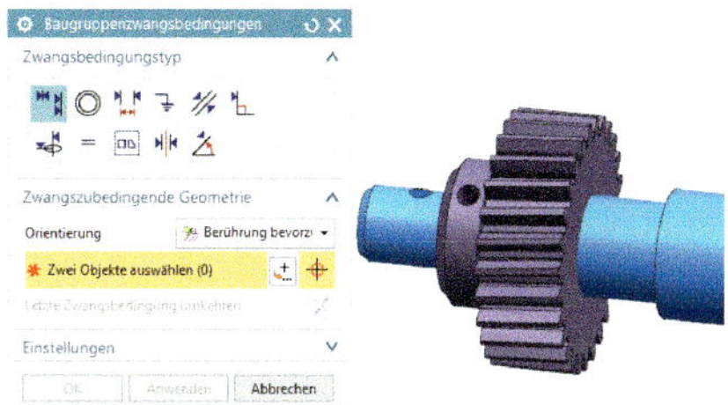

Berührung/Ausrichtung

⇨ Mittellinie der Bohrung der Welle wählen

⇨ Mittellinie der Bohrung des Zahnrades wählen

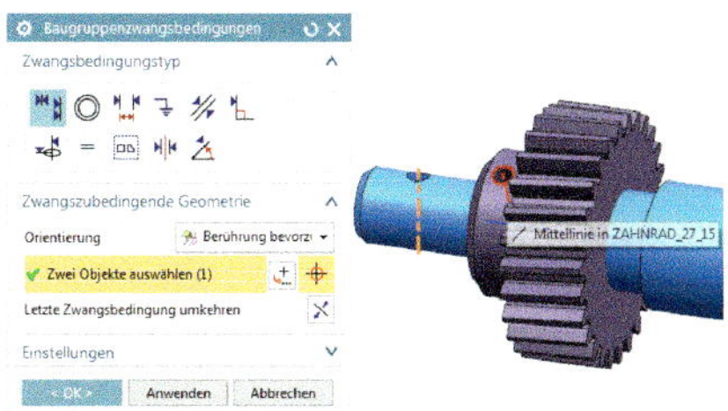

Das Zahnrad ist nun vollständig positioniert.

III. Rillenkugellager_17_40

1. *Komponente hinzufügen*

⇨ **Rillenkugellager_17_40**

Baugruppenposition ⇨ **Absolut - Aktives Teil**

Platzierung ⇨ **Mit Zwangsbedingung definieren**

Der Dialog wird um die Zwangsbedingungen erweitert. Die eingefügte Komponente kann direkt im Hauptfenster platziert werden.

In den *Interaktionsoptionen* kann die Vorschau der Komponente im Hauptfenster sowie die Anzeige eines Vorschaufensters aktiviert bzw. deaktiviert werden. Die Auswahl von Geometrieelementen kann auch im Vorschaufenster erfolgen.

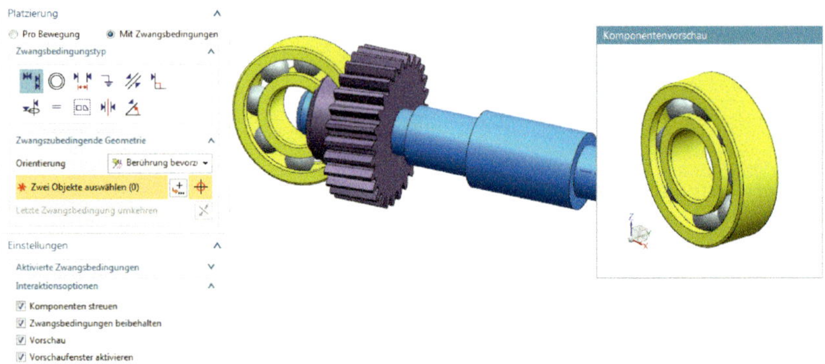

Berührung/Ausrichtung

⇨ Mittellinie des Rillenkugellagers

⇨ Mittellinie der Welle

Berührung/Ausrichtung

⇨ Seitenfläche des Rillenkugellagers

⇨ Absatzfläche der Welle

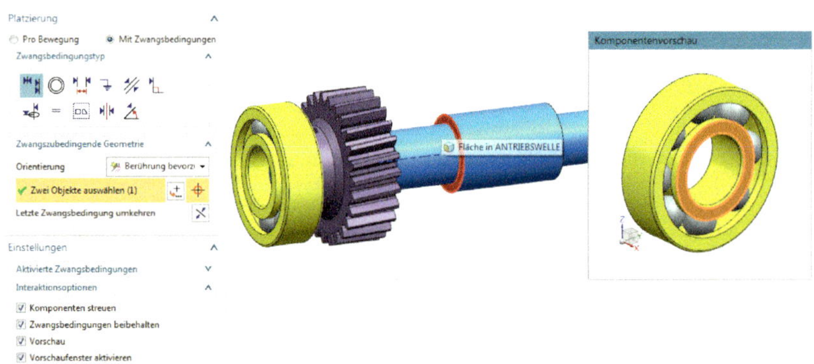

Da das Rillenkugellager rotationssymmetrisch ist, muss es nicht unbedingt vollständig zwangsbedingt werden.

Alternativ zur hier dargestellten Positionierungsmethode kann die Platzierung auch mittels *Pro Bewegung* erfolgen. Das Ergebnis ist identisch.

IV. Rillenkugellager_15_42

1. *Komponente hinzufügen*

⇨ **Rillenkugellager_15_42**

Die Positionierungsart sowie die Zwangsbedingungen können selbstständig gewählt werden.

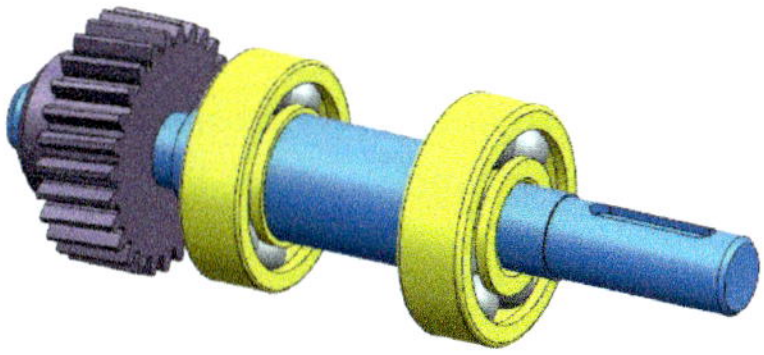

V. Huelse_15_21

1. *Komponente hinzufügen*

⇨ **Huelse_15_21**

Die Hülse wird ebenfalls selbstständig positioniert.

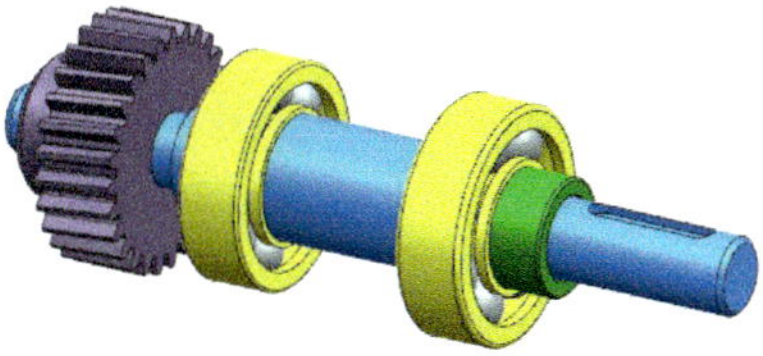

VI. Passfeder_ISO_2491_25x5x3_A

1. *Komponente hinzufügen*

⇨ **Passfeder_ISO_2491_25x5x3_A**

Konzentrisch

⇨ Kreiskante der Passfeder

⇨ Kreiskante der Passfedernut

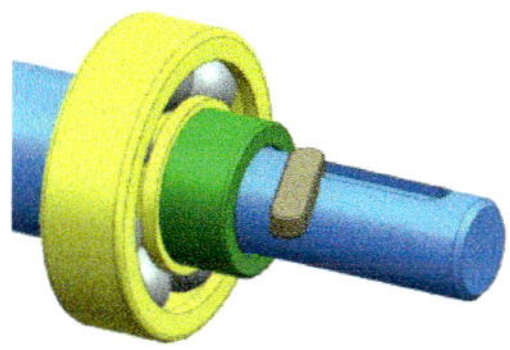

Ggf. *letzte Zwangsbedingung umkehren*

Berührung/Ausrichtung

⇨ Seitenfläche der Passfeder

⇨ Seitenfläche der Passfedernut

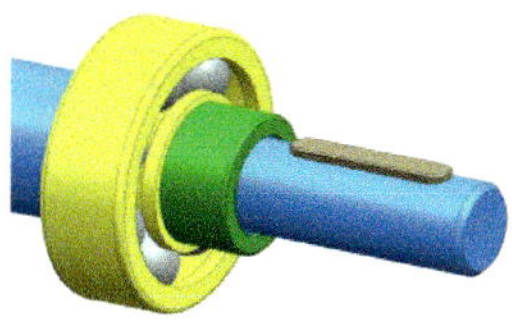

VII. Kegelstift (Taper Pin, A, GB,4x24)

1. *Kegelstift einfügen*

Der Kegelstift wird aus der *Wiederverwendungsbibliothek* eingefügt.

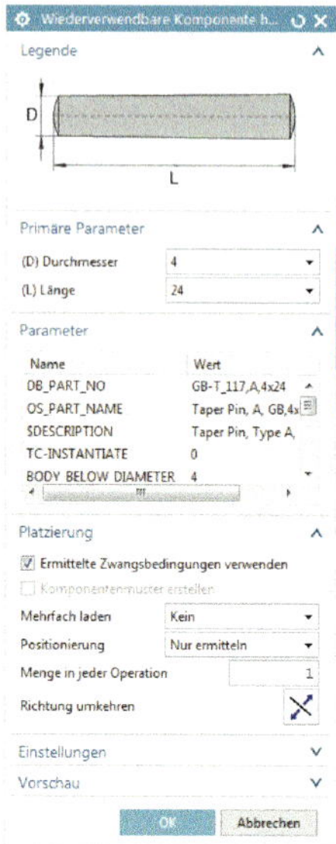

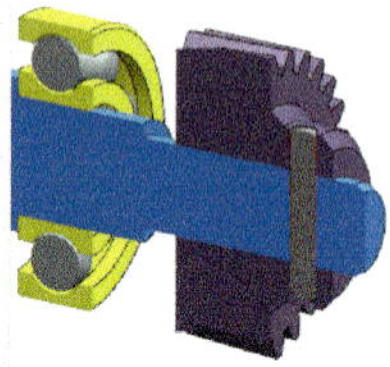

Wiederverwendungsbibliothek

⇨ Reuse Examples ⇨ Standard Parts

⇨ GB ⇨ Pin ⇨ Tapered

Elementauswahl

⇨ **Taper Pin, A, GB**

Der Pin wird aus der Elementauswahl direkt auf die Bohrung des Zahnrades gezogen. Der Durchmesser wird dabei automatisch erkannt und es muss nur die Länge eingestellt werden.

(L) Länge ⇨ **24**

⇨ *Ermittelte Zwangsbedingungen verwenden*

⇨ Ggf. *Richtung umkehren*

Der eingefügte Stift wird nicht in dem gleichen Ordner wie die Baugruppe, sondern in einem separaten Verzeichnis gespeichert (s. Abschnitt 5.4).

Über *Querschnitt bearbeiten* kann in der Baugruppe analog zum Modellieren eines Einzelteils jederzeit ein Schnitt verwendet werden (s. Abschnitt 1.8).

Unterbaugruppe „bg_Gehaeuse_Antrieb“

Vorgehensweise:

I. Gehaeuse_Antriebsseite (fixiert)

II. RWDR_21_42

III. Sicherungsring_ANSI_B27.7M_42_innen

IV. Zylinderstift (Parallel Pin, h8, JIS,6x16)

V. Erzeugen der Dichtung

Strg+N

2. *Erstellen einer neuen Datei*

Datei ⇨ Neu ⇨ *Baugruppe*

⇨ **bg_Gehaeuse_Antrieb**

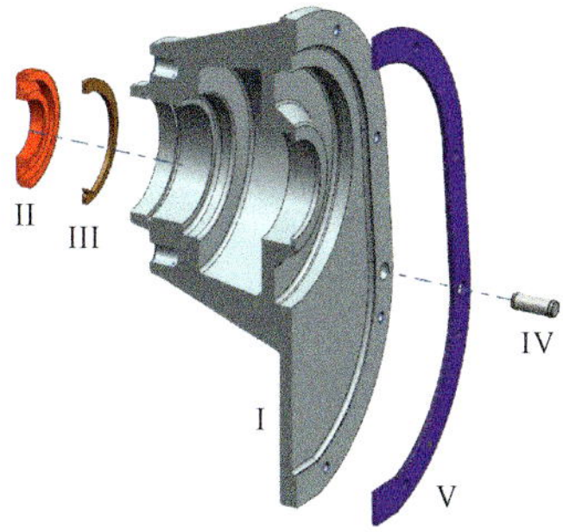

Die ersten drei Komponenten können selbstständig in die Baugruppe eingefügt werden.

Das Gehäuse wird dabei als erste Komponente fixiert.

Nach dem Einfügen des Gehäuses werden ggf. auch die dazugehörigen Flächen angezeigt. Diese können zunächst über die ***Layer-Einstellungen*** *ausgeblendet werden. Die Ursache für die Anzeige der Flächen sowie die notwendigen Anpassungen im Modell werden ausführlich in Abschnitt 5.9 beschrieben.*

IV. Zylinderstift (Parallel Pin, h8, JIS,6x16)

1. *Zylinderstift einfügen*

Der Zylinderstift wird aus der *Wiederverwendungsbibliothek* eingefügt.

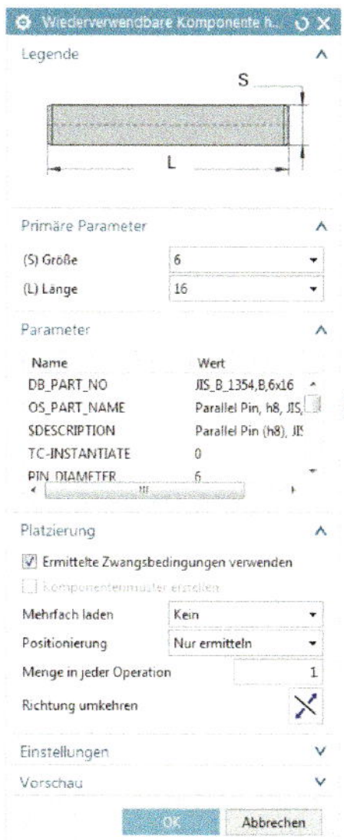

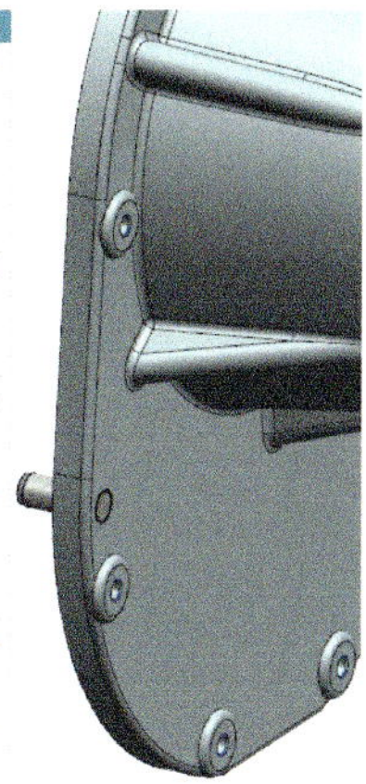

Wiederverwendungsbibliothek

⇨ Reuse Examples ⇨ Standard Parts

⇨ JIS ⇨ Pin ⇨ Parallel

Elementauswahl

⇨ **Parallel Pin, h8, JIS**

Der Pin wird aus der Elementauswahl direkt auf die Bohrung gezogen.

(L) Länge ⇨ **16**

⇨ *Ermittelte Zwangsbedingungen verwenden*

⇨ Ggf. *Richtung umkehren*

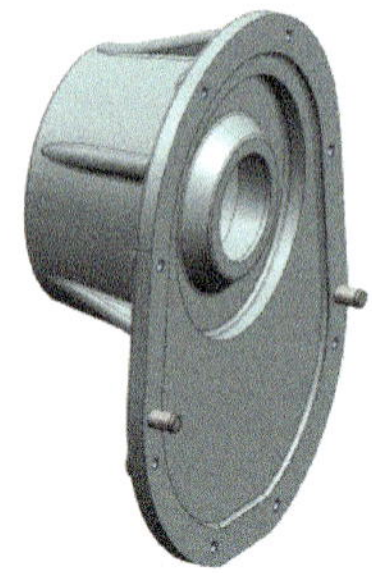

2. *Baugruppe spiegeln*

Der eingefügte Pin wird selbstständig an einer zu erzeugenden Symmetrieebene gespiegelt.

3. *Ebene auf Layer 61 verschieben*

4. *Ausblenden von Layer 61*

V. Erzeugen der Dichtung

Die Dichtung soll die gleiche Flächengeometrie wie die Flanschfläche des antriebsseitigen Gehäuses haben. Daher wird die Flächengeometrie assoziativ mit der des Gehäuses verknüpft. Dies geschieht innerhalb der Baugruppe mit dem WAVE-Geometrie-Linker. Somit muss keine neue Skizzengeometrie erstellt werden.

Mit dem WAVE-Geometrie-Linker können aus Einzelteilen heraus nahezu alle Geometrieelemente assoziativ in andere Bauteile kopiert werden. Daher wird diese Vorgehensweise auch als Interpart-Modellierung bezeichnet. Die kopierte WAVE-Geometrie wird als Formelement in der aktiven Komponente im Teile-Navigator sichtbar abgelegt.

1. *Neue Komponente erzeugen*

Registerkarte Baugruppen ⇨ *Neu erzeugen*

⇨ *Modell*

Dateiname ⇨ **Dichtung**

Das Dialogfenster „Neue Komponente erzeugen" kann ohne eine Auswahl bestätigt werden.

2. *Fixieren der erzeugten Komponente*

Es ist zu empfehlen, die erzeugte Komponente zu fixieren, damit diese ortsfest ist und später nicht mehr verschoben werden kann.

3. *Dichtung als aktives Teil festlegen*

⇨ Doppelklick auf Dichtung im Baugruppen-Navigator

Alternativ:

⇨ RMT auf Dichtung

⇨ *Als aktives Teil festlegen*

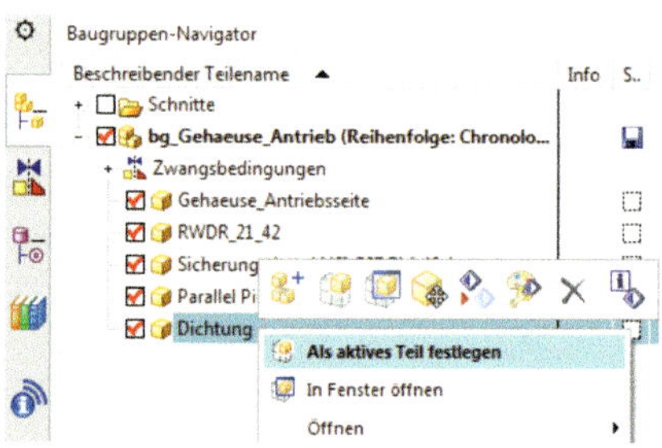

Die Dichtung ist nun als aktives Teil innerhalb der Baugruppe geöffnet und es kann mit der Modellierung der Dichtung begonnen werden. Die Baugruppe wird weiterhin leicht transparent dargestellt. Wird die Dichtung als *Anzeigeteil* festgelegt, wird diese neu geöffnet und ohne die Baugruppe angezeigt.

4. *WAVE-Geometrie-Linker*

Registerkarte Baugruppen ⇨ *WAVE-Geometrie-Linker*

Typ ⇨ **Fläche**

⇨ Auswählen der Flanschfläche

⇨ *Assoziativ*

⇨ *Als positionsunabhängig festlegen*

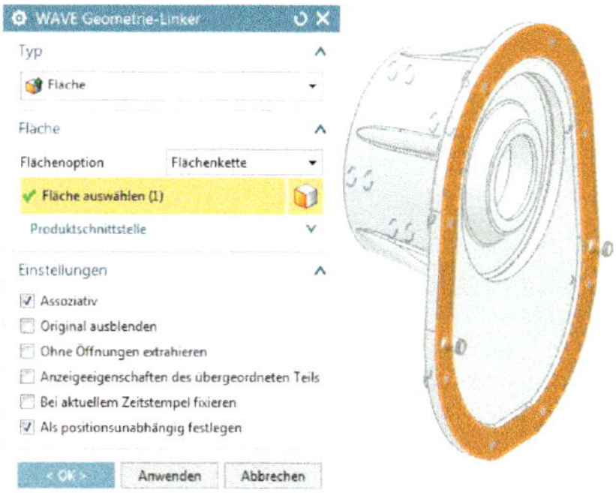

ⓘ *Durch die Option* ***Als positionsunabhängig festlegen*** *kann der erstellte Körper unabhängig von der Position der Ursprungsfläche verschoben werden.*

ⓘ *Die Fläche wird im Teile-Navigator abgelegt und kann mit einem Doppelklick editiert werden. Hier kann in den Einstellungen auch die Assoziativität entfernt werden. Wird die Assoziativität einmal entfernt, kann sie nicht wieder hergestellt werden.*

5. *Verschieben der verlinkten Fläche auf Layer 81*

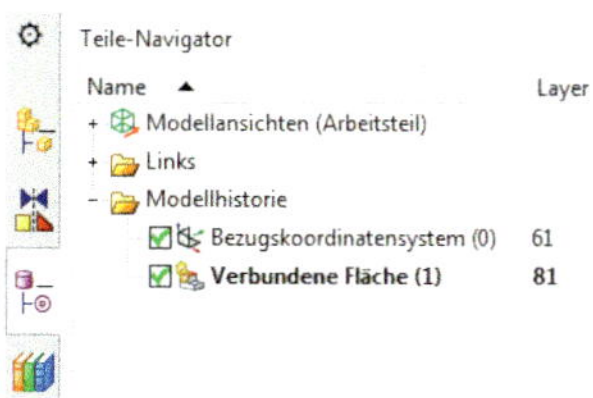

6. *Verstärken*

⇨ Verbundene Fläche wählen

Offset 1 ⇨ **2**

Offset 2 ⇨ **0**

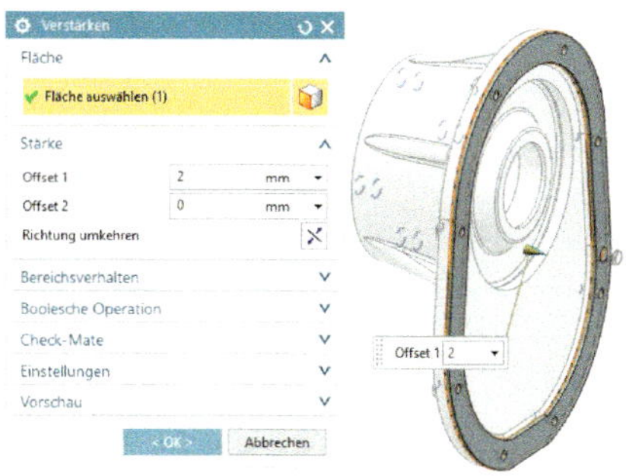

7. *Kantenverrundung*

Kurvenregel ⇨ *Körperkanten*

⇨ Körper auswählen

Radius 1 ⇨ **0.5**

Somit werden alle Kanten des Körpers verrundet.

8. *Farbe zuweisen*

Strg+J

⇨ **Lila**

9. *Material zuweisen*

⇨ **Polyurethene-Hard**

10. *Baugruppe als aktives Teil festlegen*

⇨ Doppelklick auf **bg_Gehaeuse_Antrieb** im Baugruppen-Navigator

11. *Reference Set der Dichtung ersetzen*

Nach dem Erstellen einer neuen Komponente wird diese im Reference Set *Ganzes Teil* dargestellt. Dieses beinhaltet **alle** Elemente der Komponente.

Auf Baugruppenebene sollte jedoch nur die Volumengeometrie des Reference Sets *Modell* dargestellt werden, um die Baugruppe nicht mit unnötigen Elementen zu überladen. Die Arbeit mit Reference Sets wird ausführlicher in Abschnitt 5.9 erläutert.

⇨ RMT auf Dichtung ⇨ Reference Set ersetzen ⇨ *MODEL*

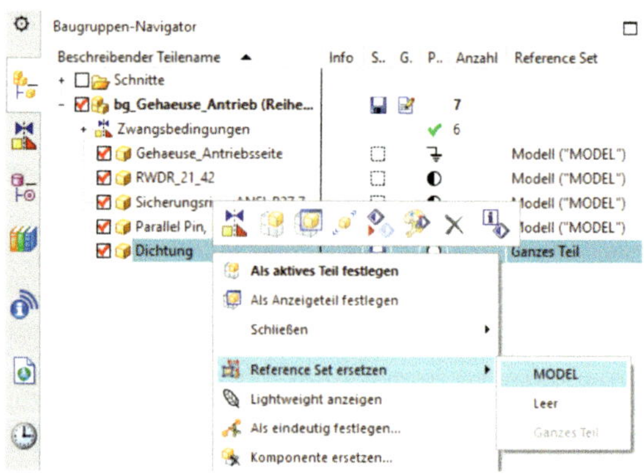

12. *Speichern*

Damit ist die Baugruppe fertiggestellt und kann gespeichert werden.

Unterbaugruppe „bg_Gehaeuse_Abtrieb“

Vorgehensweise:

I. Gehäuse_Abtriebsseite (fixiert)
II. RWDR_30_42
III. Sicherungsring_ANSI_B27.7M_52_innen
IV. Sicherungsring_ANSI_B27.7M_42_innen
V. Schraube (Hex Head Bolt, DIN,M4x25)

Strg+N

1. *Erstellen einer neuen Datei*

⇨ **bg_Gehaeuse_Abtrieb**

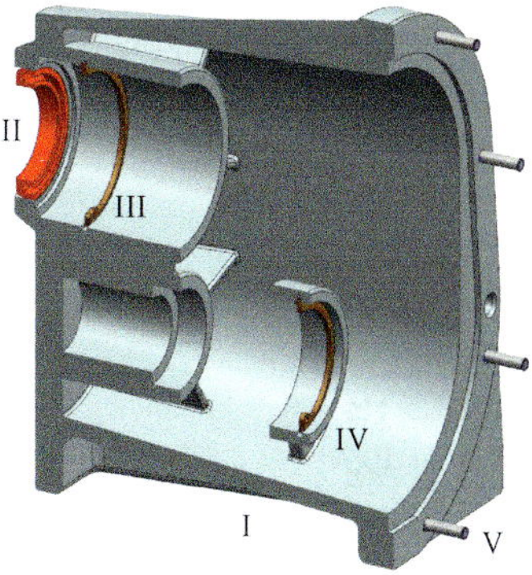

Die ersten vier Komponenten können selbstständig in die Baugruppe eingefügt werden.

Das Gehäuse wird wieder als erste Komponente fixiert.

V. Schraube (Hex Head Bolt, DIN,M4x25)

1. *Schraube einfügen*

Die Schraube wird aus der *Wiederverwendungsbibliothek* eingefügt.

Wiederverwendungsbibliothek

⇨ Reuse Examples ⇨ Standard Parts

⇨ DIN ⇨ Bolt ⇨ Hex Head

Elementauswahl

⇨ **Hex Head Bolt, DIN**

Die Schraube wird aus der Elementauswahl direkt auf eine Bohrung des Gehäuses gezogen.

(L) Länge ⇨ **25**

⇨ *Ermittelte Zwangsbedingungen verwenden*

⇨ *Komponentenmuster erstellen*

⇨ Ggf. *Richtung umkehren*

Das Bohrungsmuster wird automatisch erkannt und es werden acht Schrauben inkl. Zwangsbedingungen hinzugefügt.

Das Komponentenmuster wird im Baugruppen-Navigator abgelegt.

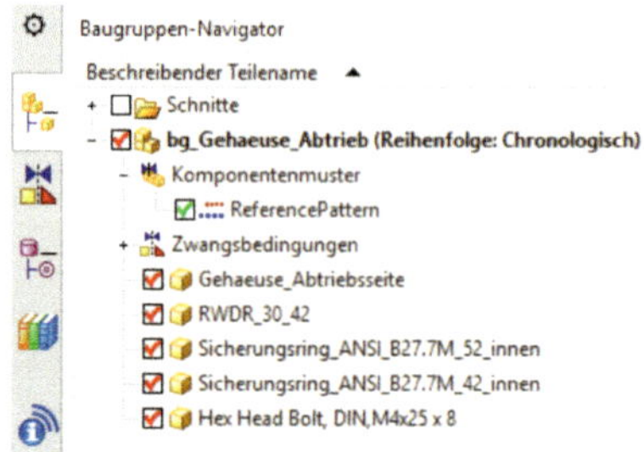

Mit einem Doppelklick kann das Komponentenmuster editiert werden.

Es wird der Dialog *Komponente mustern* geöffnet. Mit dieser Funktion können auch lineare und kreisförmige Muster erstellt werden.

Unterbaugruppe „bg_Zwischenwelle“

Die Baugruppe kann selbstständig gemäß der folgenden Vorgehensweise erstellt werden:

I. Ritzelwelle (fixiert)
II. Rillenkugellager_12_32
III. Rillenkugellager_20_42
IV. Zahnrad_47_106
V. Passfeder_ISO_2491_22x6x4_A
VI. Sicherungsring_ANSI_B27.7M_20_aussen

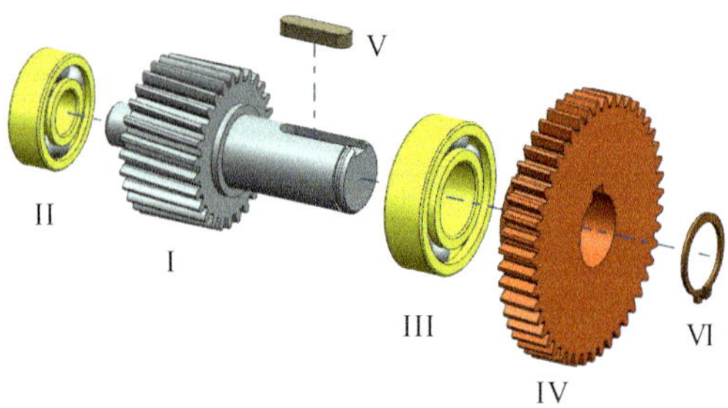

Unterbaugruppe „bg_Abtriebswelle"

Diese Baugruppe kann ebenfalls selbstständig gemäß der folgenden Vorgehensweise erstellt werden:

I. Abtriebswelle (fixiert)
II. Rillenkugellager_25_52
III. Huelse_25_32
IV. Rillenkugellager_25_52
V. Zahnrad_47_20
VI. Passfeder_ISO_2491_20x8x5_A
VII. Sicherungsring_ANSI_B27.7M_25_aussen

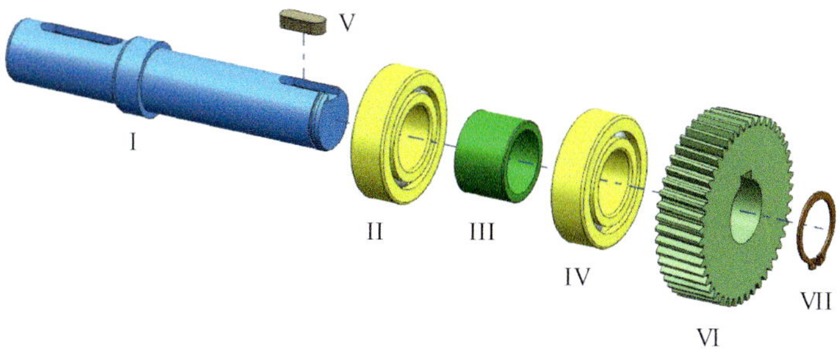

Gesamte Baugruppe „bg_Getriebe"

Die gesamte Baugruppe besteht aus den fünf erstellten Unterbaugruppen. Der Zusammenbau des Getriebes erfolgt selbstständig anhand der folgenden Vorgehensweise. Dabei ist darauf zu achten, dass die Zwangsbedingungen die Einbausituation realistisch wiederspiegeln und nur die Komponenten miteinander in Beziehung gesetzt werden, welche auch in der Realität miteinander verbunden wären. Auf die Verwendung der Zahnflanken sollte dabei jedoch verzichtet werden.

I. bg_Gehaeuse_Abtrieb (fixiert)
II. bg_Gehaeuse_Antrieb
III. bg_Antriebswelle
IV. bg_Abtriebswelle
V. bg_Zwischenwelle

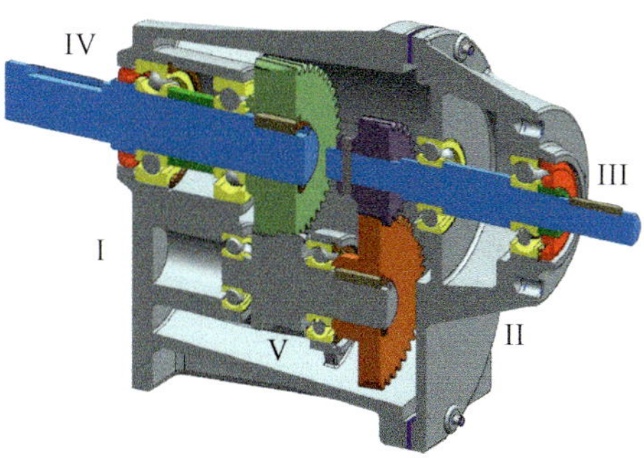

5.9 Reference Sets

Reference Sets sind neben Layern eine weitere Möglichkeit, Modelle zu strukturieren. Sie sind den Layern übergeordnet und werden vor allem bei der Erstellung von Baugruppen verwendet.

Viele Geometrieelemente von Einzelteilen sind für die Arbeit in einer Baugruppe irrelevant und müssen somit nicht dargestellt werden. Zu diesen Elementen zählen z. B. Kurven, Skizzen oder Bezugsebenen.

Auf Baugruppenebene werden nur die Elemente eines Einzelteils bzw. einer Komponente dargestellt, die in dem jeweils ausgewählten Reference Set abgelegt sind.

Standardmäßig sind in einem Einzelteil folgende Reference Sets enthalten:

Leer leeres Set, enthält keine Geometrie

Modell enthält nur Volumen- und Flächenkörper

Ganzes Teil enthält alle Geometrieelemente einer Komponente

Neben diesen können auch eigene Reference Sets erstellt werden.

Im Folgenden werden die grundlegenden Operationen zur Verwendung mit Reference Sets am Beispiel der Unterbaugruppe „bg_Gehaeuse_Antrieb“ erläutert.

Reference Sets ersetzen

Das in einer Baugruppe dargestellte Reference Set einer Komponente wird im Baugruppen-Navigator angezeigt.

Auf Baugruppenebene sollte nur die Volumengeometrie des Reference Sets *Modell* dargestellt werden. Die dargestellten Reference Sets können für jede Komponente individuell ersetzt werden.

⇨ RMT auf eine Komponente ⇨ *Reference Set ersetzen*

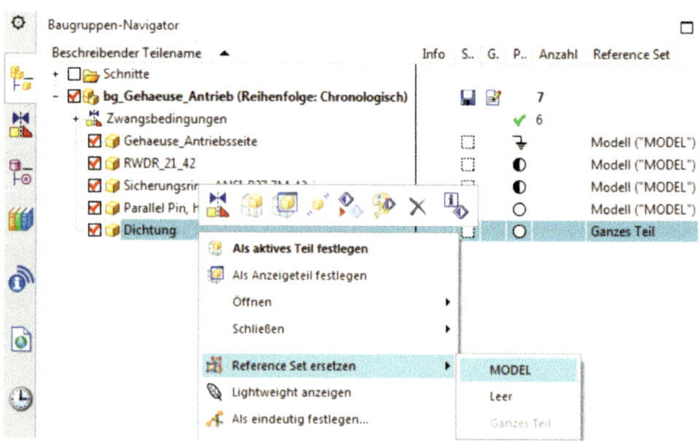

Reference Sets bearbeiten

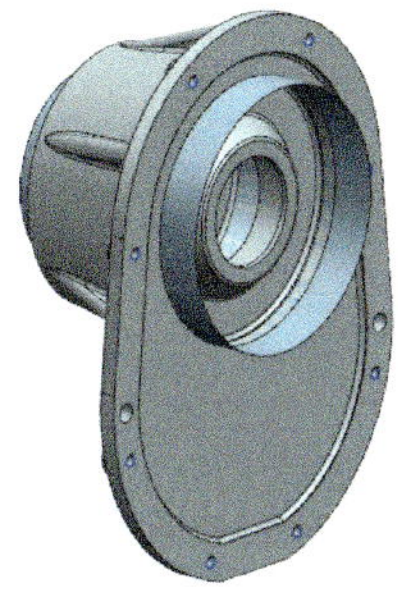

Der Inhalt eines Reference Sets wird in der jeweiligen Komponente selbst bearbeitet. Am Beispiel des Gehäuses der Antriebsseite ist zu sehen, dass das Reference Set *Modell* die Volumen- und die Flächengeometrie enthält. Dies ist in NX standardmäßig eingestellt.

Wird das Gehäuse in eine Baugruppe eingefügt, wird somit auch die Flächengeometrie dargestellt. In diesem Fall sind auch die Layer, auf denen die Flächengeometrie liegt, auswählbar.

Es wird empfohlen, Flächengeometrie direkt oder im Anschluss an die Modellierung eines Bauteils aus dem Reference Set *Modell* zu entfernen, sodass dieses nur den für die Baugruppe relevanten Volumenkörper des Bauteils enthält. Dadurch wird im Vorfeld ausgeschlossen, dass auf Baugruppenebene für die Baugruppe nicht relevante Geometrie angezeigt wird.

Im Folgenden wird die Flächengeometrie aus dem Reference Set *Modell* des Gehäuses der Antriebsseite entfernt.

1. *Öffnen*

⇨ **Gehaeuse_Antriebsseite**

2. *Layer 81 einblenden*

Strg+L

3. *Reference Sets*

Menü ⇨ Format ⇨ *Reference Sets*

⇨ Modell ("MODEL")

⇨ Abwählen der beiden Flächen (Shift-Taste gedrückt halten)

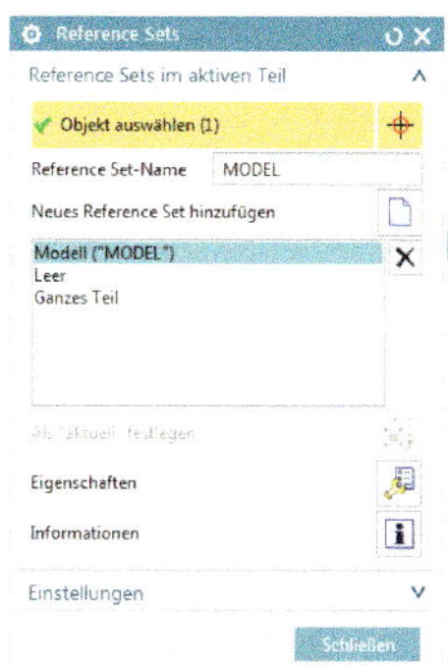

Nach dem Abwählen der Flächen sollte in dem Reference Set nur noch der Volumenkörper vorhanden sein.

ⓘ *Alternativ können auch zunächst alle Elemente abgewählt und anschließend nur der Volumenkörper wieder hinzugefügt werden. Dazu sollten alle Layer eingeblendet sein, um alle relevanten Elemente auswählen zu können.*

4. *Speichern*

5.10 Anordnungen

Mit Hilfe von Anordnungen können in einer Baugruppe verschiedene Positionen von Komponenten abgebildet werden.

Im folgenden Beispiel wird eine Anordnung erstellt, in der die Passfedernuten der Wellen nach oben zeigen und eine Anordnung, in der sie nach vorn zeigen.

Die obere Fläche der Passfeder der Antriebswelle wird hierzu über die Zwangsbedingung *Winkel* mit der vorderen Fläche des Gehäusefußes in Beziehung gesetzt.

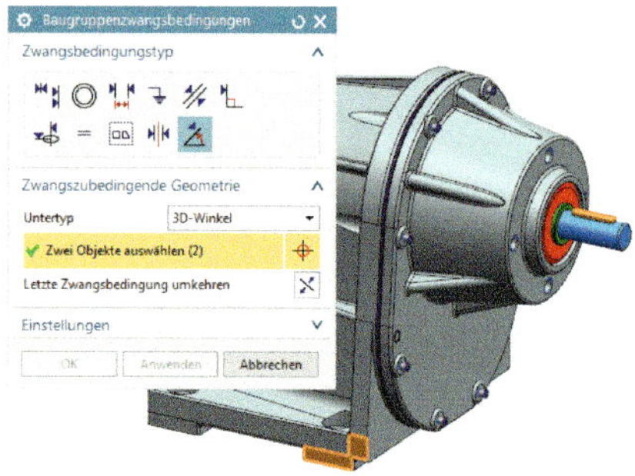

Weiterhin soll die Passfedernut der Antriebswelle *parallel* zur Passfeder der Abtriebswelle sein. Somit haben die Wellen die gleiche Position.

1. *Anordnungen*

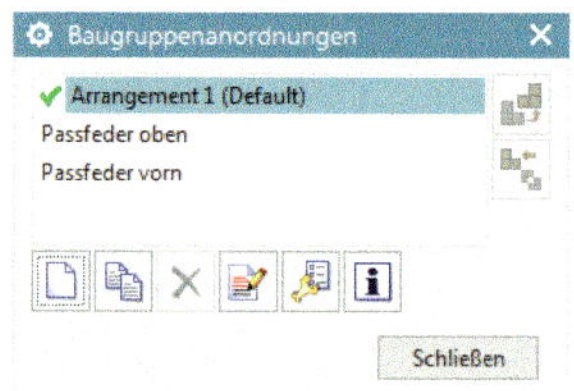

Neue Anordnung

⇨ **Passfeder oben**

Neue Anordnung

⇨ **Passfeder vorn**

2. *In Anordnungen bearbeiten*

⇨ RMT auf Zwangsbed. Winkel

⇨ *In Anordnungen bearbeiten*

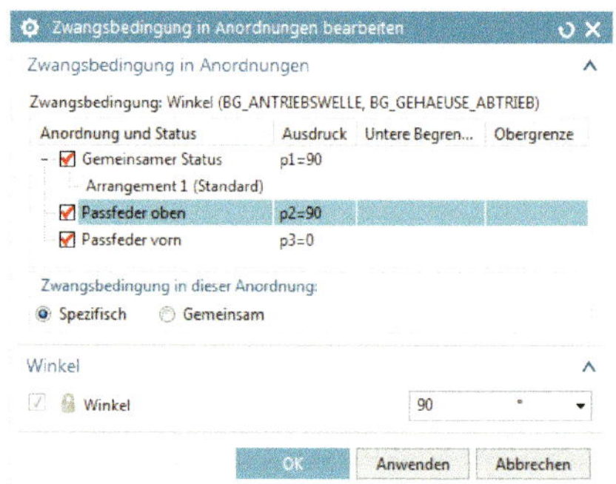

Passfeder oben ⇨ Spezifisch ⇨ **90**

Passfeder vorn ⇨ Spezifisch ⇨ **0**

Der Winkel nimmt nun für die verschiedenen Anordnungen einen spezifischen Wert an.

3. *Anordnungen auswählen*

⇨ RMT auf bg_Getriebe

⇨ *Anordnungen*

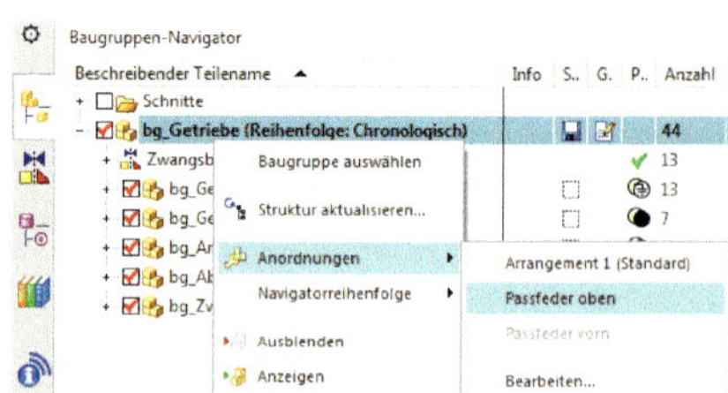

Somit kann zwischen den Anordnungen gewechselt werden.

5.11 Analyse von Baugruppen

In NX stehen dem Anwender verschiedene Funktionen zur Analyse von Einzelteilen und Baugruppen zur Verfügung. Im Folgenden werden die wichtigsten Funktionen vorgestellt.

Freiheitsgrade anzeigen

Mit der Funktion *Freiheitsgrade anzeigen* werden die Freiheitsgrade einer Komponente durch rote Pfeile wiedergegeben.

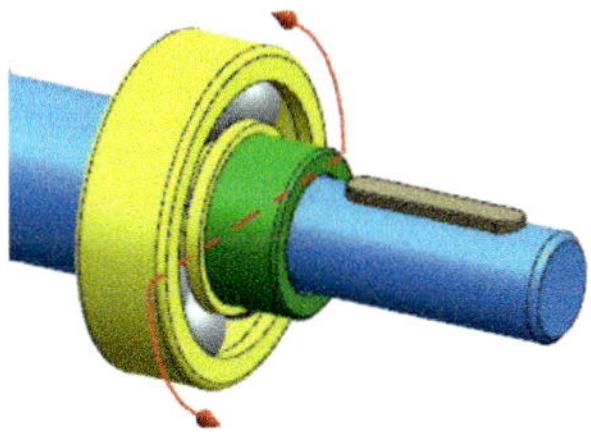

Wird die *Ansicht aktualisiert,* werden die Pfeile ausgeblendet.

F5

Komponente verschieben und Kollisionserfassung

Mit der Funktion *Komponenten verschieben* werden Komponenten in ihren zulässigen Freiheitsgraden verschoben.

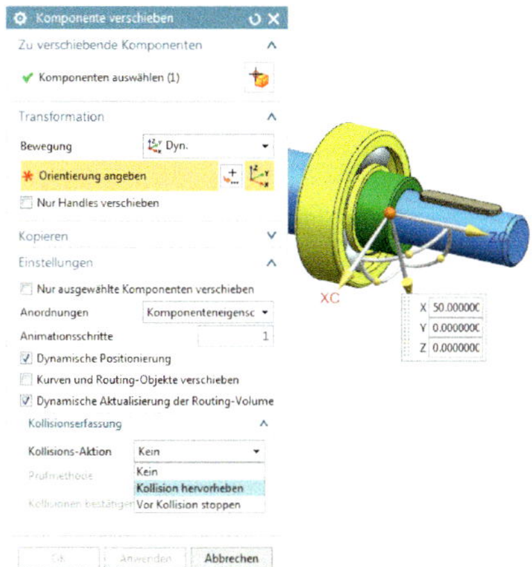

Hierbei können Kollisionen grafisch *hervorgehoben* werden oder die Verschiebung vor einer Kollision *gestoppt* werden.

Um eine Komponente temporär zu verschieben, können deren Zwangsbedingungen durch Entfernen des grünen Hakens im Baugruppen-Navigator deaktiviert werden.

Kollisionsprüfung

Mit einer *Kollisionsprüfung* wird die gesamte Baugruppe auf Kollisionen geprüft.

Zunächst muss ein *Neuer Satz* erstellt werden, in dem die zu prüfenden Bauteile enthalten sind.

Sammlung Eins ⇨ **Alle Objekte**

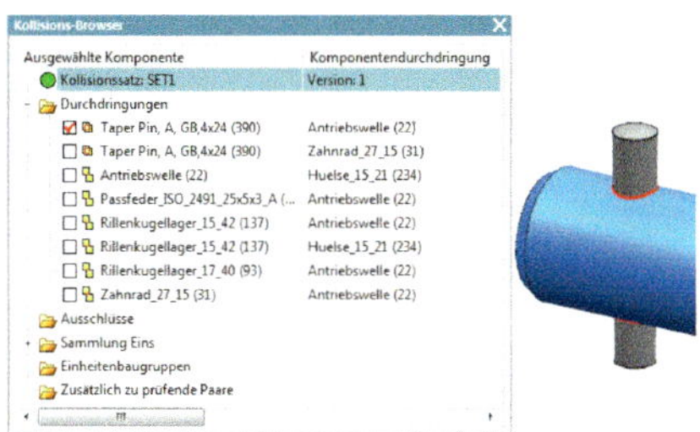

Nach dem *Durchführen der Analyse* werden die Kollisionen im Kollisions-Browser angezeigt.

Schnitt und Durchdringungen

Durch die Verwendung von Schnitten können ebenfalls Kollisionen erkannt werden.

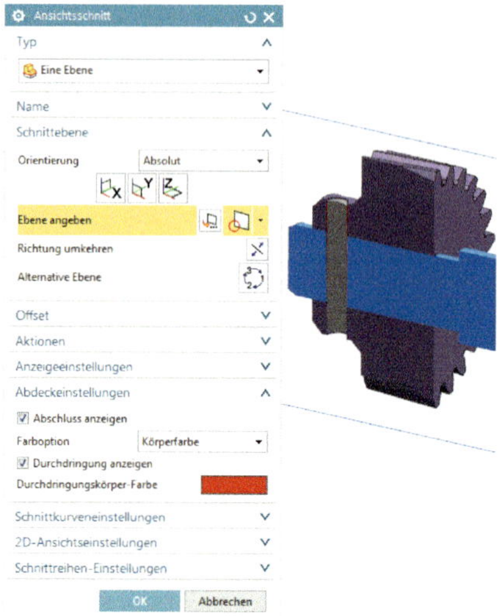

Im Dialog *Querschnitt bearbeiten* können Durchdringungen durch farbliches Hervorheben angezeigt werden.

⇨ *Durchdringung anzeigen*

5.12 Explosionsansichten

Explosionsansichten dienen der Visualisierung von Baugruppen, z. B. zum Erstellen von Montageanleitungen.

Die Funktionen zum Erstellen und Bearbeiten von Explosionsansichten sind im Drop-Down-Menü *Explosionsansichten* zu finden.

Neue Explosion

Zunächst wird eine neue Explosion erstellt. *Explosion 1* kann anschließend im Drop-Down-Menü ausgewählt und bearbeitet werden.

Explosion bearbeiten

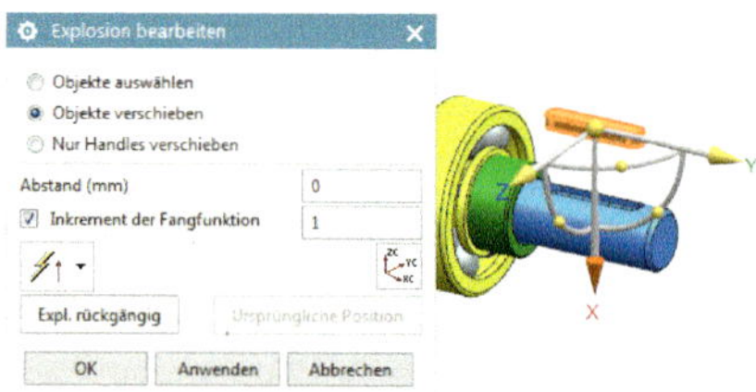

Nach dem Erstellen wird die Explosion bearbeitet. Dazu wird zunächst ein Objekt (Komponente) ausgewählt und dieses dann über das Koordinatensystem verschoben.

Zum Verschieben der nächsten Komponente muss wieder in *Objekt auswählen* gewechselt und die aktuelle Komponente durch Halten der Shift-Taste abgewählt werden. Danach kann die neue Komponente ausgewählt und verschoben werden.

Über Mehrfachauswahl (Strg-Taste) können auch mehrere Komponenten ausgewählt und gleichzeitig verschoben werden.

Zusätzlich können *Verfolgungslinien* zwischen den Komponenten erstellt werden.

Mit der Funktion *Autom. Komponenten-Explosion* wird die Explosion automatisch erstellt. Oft muss diese jedoch manuell nachgebessert werden.

5.13 Kontrollfragen

1. Wozu dienen die Ladeoptionen von Baugruppen?
2. Wie werden Komponenten in einer Baugruppe positioniert?
3. Wie werden Standardteile aus der Wiederverwendungsbibliothek in die Baugruppe eingefügt?
4. Wie werden Komponenten gespiegelt?
5. Was sind Reference Sets?
6. Wie können Durchdringungen in Baugruppen analysiert werden?
7. Wie wird eine Explosionsansicht erstellt?

6 Zeichnungserstellung

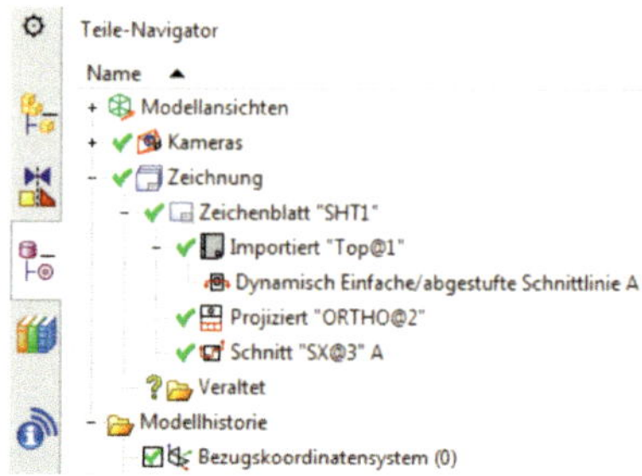

Die Erstellung von technischen Zeichnungen findet in NX in einer separaten Umgebung statt.

Datei ⇨ *Zeichnungserstellung*

In dieser Umgebung stehen der Baugruppen-Navigator und der Teile-Navigator weiterhin zur Verfügung.

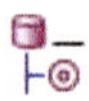

Neue Zeichnungsobjekte werden im *Teile-Navigator* abgelegt.

Die wesentlichen Funktionen der Zeichnungserstellung werden im Folgenden am Beispiel der Antriebswelle erläutert.

6.1 Erstellen einer Zeichnung

Für das Erstellen einer Zeichnung in NX gibt es zwei Vorgehensweisen. Eine Zeichnung kann modellintern erzeugt werden. Hierbei werden die Zeichnungsdaten in der prt-Datei des Modells gespeichert. Alternativ kann die Zeichnung als separate prt-Datei erstellt werden, welche auf die prt-Datei des Modells referenziert.

Modellinterne Zeichnung (eine Datei)

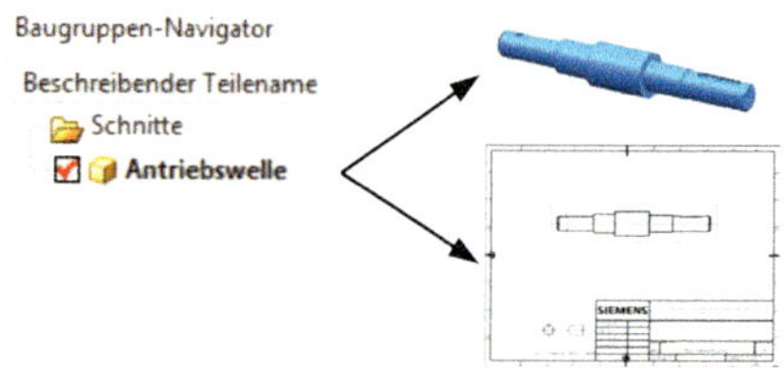

Wird die Zeichnung modellintern erzeugt, beinhaltet eine prt-Datei das Modell und die Zeichnung.

Dies ist vor allem von Vorteil, wenn ohne ein PDM-System gearbeitet wird, da die Zeichnung immer mit dem Modell verbunden ist.

Eine modellinterne Zeichnung wird erzeugt, indem bei einem geöffneten Bauteil in die Anwendung der Zeichnungserstellung gewechselt wird.

Separate Zeichnungsdatei

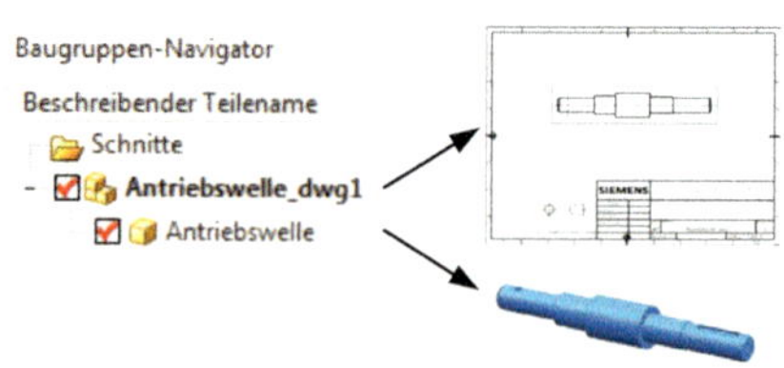

Bei einer separaten Zeichnungsdatei liegen zwei Dateien vor. Die Zeichnungsdatei referenziert dabei auf die Modelldatei, ähnlich wie bei einer Baugruppe.

S. Vajna (Hrsg.), *NX 12 für Einsteiger – kurz und bündig*, https://doi.org/10.1007/978-3-658-23061-6_6

Die Erstellung einer separaten Zeichnungsdatei erfolgt als *neue Datei.*

Strg+N Datei ⇨ Neu ⇨ *Zeichnung*

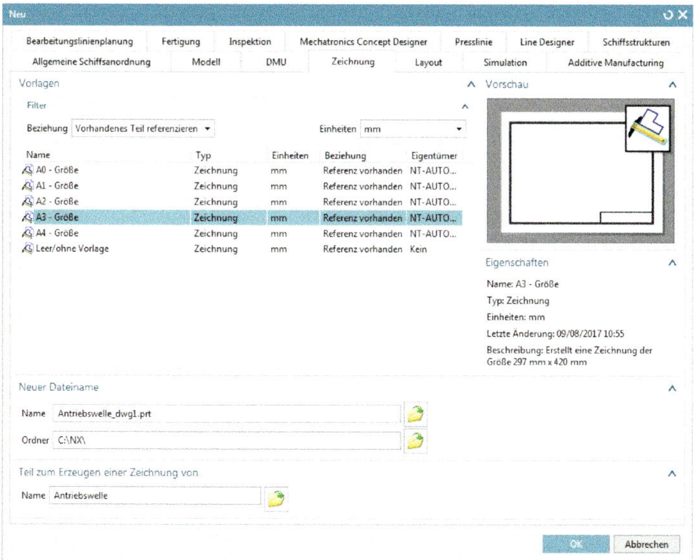

6.2 Anlegen eines Zeichnungsblattes

Die Zeichnung eines Bauteils besteht oft aus mehreren Zeichnungsblättern. Wird die Zeichnungserstellung aus der Konstruktionsumgebung heraus aufgerufen (modellinterne Zeichnung), erscheint beim ersten Aufruf der Dialog zum Anlegen eines neuen Zeichnungsblattes.

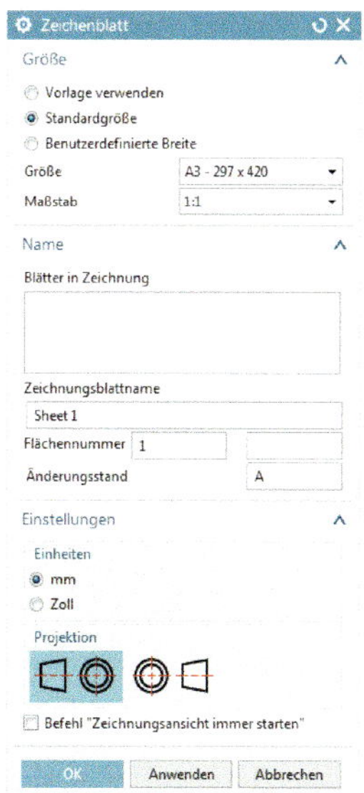

Alternativ kann der Dialog über *neues Zeichnungsblatt* aufgerufen werden.

Die Erstellung eines Zeichnungsblattes kann basierend auf einer Vorlage, einer Standardgröße oder benutzerdefiniert erfolgen.

Weiterhin können die *Einheiten* und die *Projektionsmethode* eingestellt werden.

Wird eine Vorlage verwendet, sind die Einheiten und die Projektionsmethode bereits in der Vorlage eingestellt und können an dieser Stelle nicht mehr verändert werden.

Das erstellte Zeichnungsblatt wird im Teile-Navigator abgelegt.

Über RMT ⇨ *Blatt bearbeiten* kann das Zeichnungsblatt analog zur Erstellung bearbeitet werden.

*Auf diese Weise kann auch die **Projektionsmethode** einer Vorlage im Nachhinein geändert werden.*

6.3 Vorlagen und Schriftfeld

Vorlagen für Zeichnungen werden beim Aufruf der Zeichnungsumgebung geladen. Die Basis für eine Vorlage bildet stets eine leere Zeichnungsdatei. Die Funktionen zum Erstellen von Zeichnungsvorlagen sind im Register *Werkzeuge für die Zeichnungserstellung* abgelegt.

Ränder und Zonen

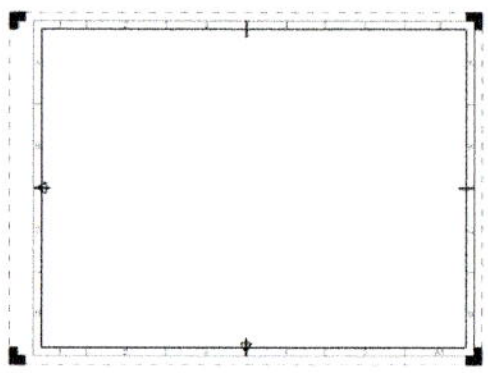

Mit dieser Funktion kann einem leeren Blatt ein Rand hinzugefügt werden, welcher das Blatt in Zonen einteilt.

Titelfeld definieren

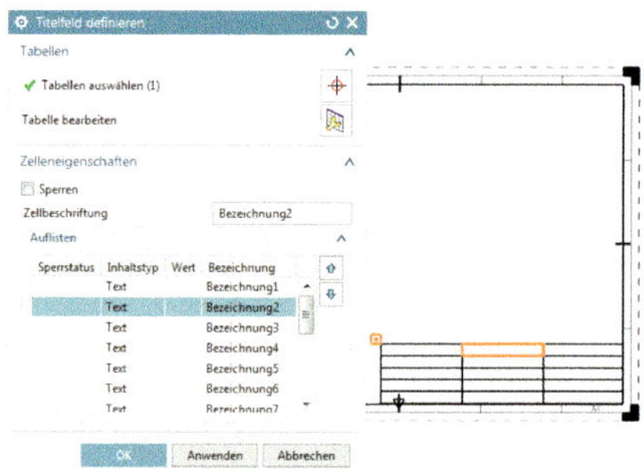

Zur Erstellung einer Vorlage kann zudem ein Schriftfeld definiert werden. Dazu muss zunächst eine Tabelle erstellt werden:

Tabellennotiz

Register Startseite ⇨ *Tabellennotiz*

Als Vorlage markieren

Das Zeichenblatt wird anschließend als Vorlage markiert.

Wird das Zeichenblatt *nur als Vorlage markiert*, muss die pax-Datei manuell editiert werden.

Wird das Zeichenblatt *als Vorlage markiert und die pax-Datei aktualisiert*, wird die pax-Datei direkt angepasst.

Eine pax-Datei (Paletten-Datei) dient zur Klassifikation und Identifikation von Vorlagen und ist eine frei editierbare xml-Datei. Standardmäßig sind pax-Dateien im NX-Installationsverzeichnis unter ...\UGII\templates gespeichert.

Titelfeld ausfüllen

Über diese Funktion werden bei der Zeichnungserstellung die Zellen des Schriftfeldes ausgefüllt. Oft wird diese Funktion auch beim Aufruf der Zeichnungsumgebung gestartet.

6.4 Erzeugen von Ansichten

Zur Erklärung der folgenden Funktionen wird selbstständig eine Zeichnung der **Antriebswelle** angelegt.

Die Zeichnungserstellung der Antriebswelle kann ergänzend im Video nachvollzogen werden.

Grundansicht und projizierte Ansichten

1. *Grundansicht*

Die Grundansicht stellt die Basis einer Zeichnung dar. Hier kann eine Modellansicht sowie der Maßstab gewählt werden.

Modellansicht ⇨ **Vorne**

Über *Ansicht orientieren* kann die Ansicht auch individuell orientiert werden.

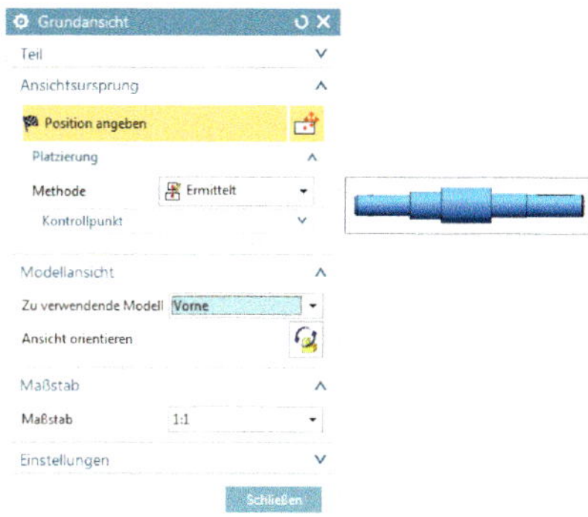

Ein Zeichnungsblatt kann mehrere Grundansichten beinhalten. Somit können z. B. zusätzliche isometrische Ansichten erstellt werden.

2. *Projizierte Ansicht*

Ausgehend von einer Grundansicht werden verschiedene projizierte Ansichten erstellt.

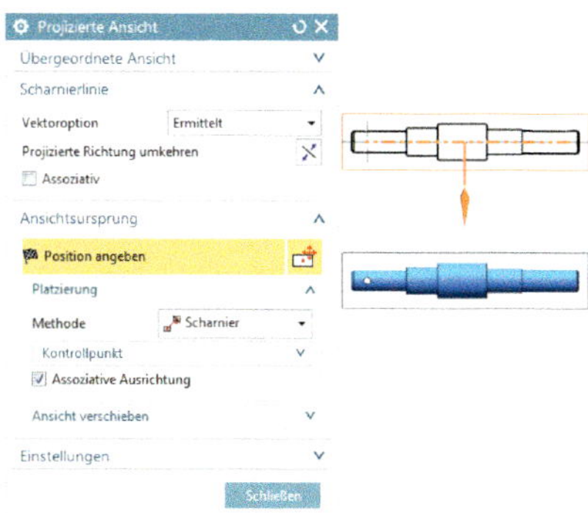

Zeichnungsansichts-Assistent

Mit der Funktion *Assistent für die Ansichtserstellung* werden direkt verschiedene Ansichten eines Teils erstellt.

Dabei können verschiedene Optionen und Layouts eingestellt werden.

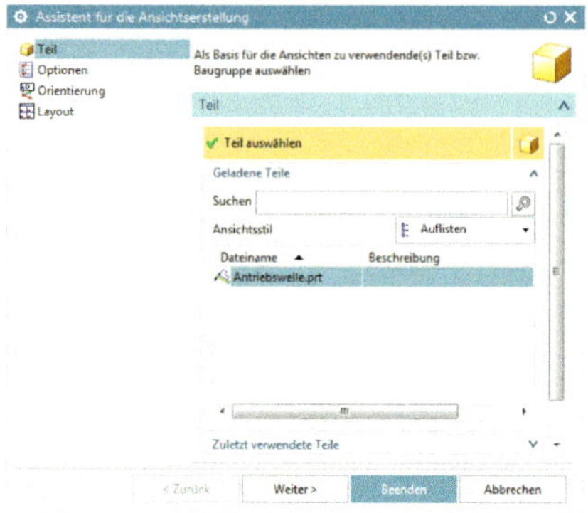

Schnittansicht

3. *Schnittansicht*

Eine Schnittansicht kann basierend auf jeder Ansicht erstellt werden.

Zunächst wird der Mittelpunkt der Schnittlinie festgelegt und dann die Schnittansicht erstellt.

Ggf. *Schnittrichtung umkehren*

Über einen Doppelklick auf den Rahmen der Ansicht kann der Schnitt jederzeit angepasst werden. Auch die Bezeichnung kann verändert werden.

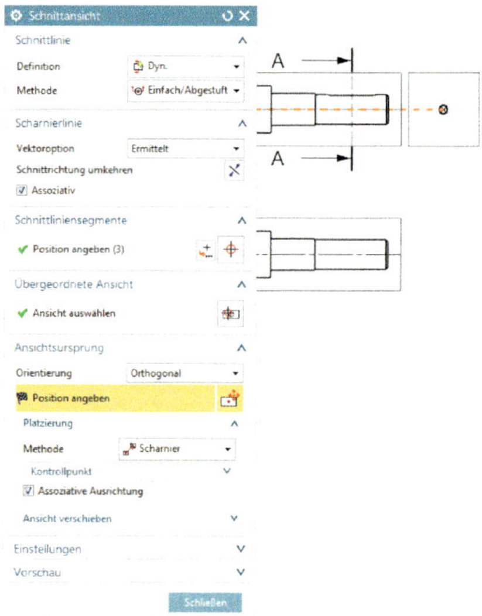

Schnittlinie

Vor der Erzeugung einer Schnittansicht kann auch eine separate Schnittlinie erstellt werden. Diese kann anschließend bei der Definition der Schnittansicht ausgewählt werden.

Das Erstellen einer separaten Schnittlinie im Vorfeld ist vor allem bei mehrfach abgesetzten Schnitten sinnvoll.

Ausbruch-Schnittansicht

4. *Aktive Skizzenansicht*

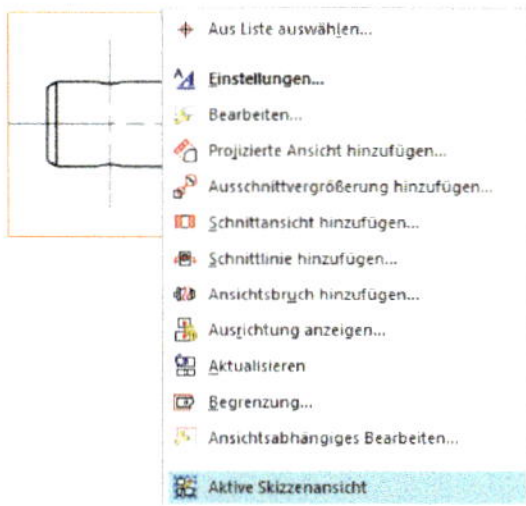

Vor der Erstellung einer Ausbruch-Schnittansicht muss das Profil für den Ausbruch erstellt werden.

⇨ RMT auf den Rahmen der Ansicht

⇨ *Aktive Skizzenansicht*

⇨ Zeichnen eines *Studio-Splines*

Typ ⇨ **Durch Punkte**

⇨ *Geschlossen*

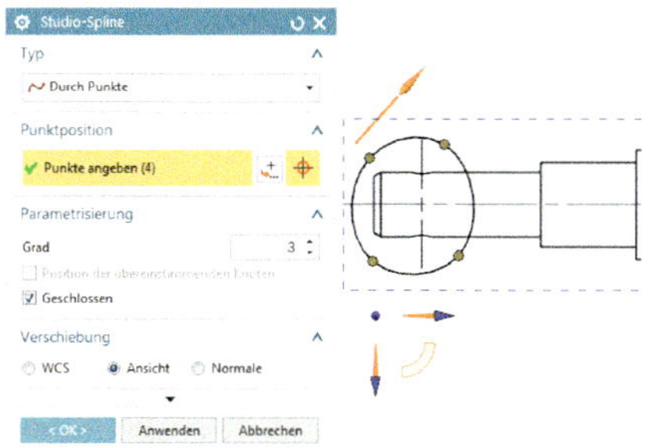

Skizze beenden

Als Kontur für einen Ausbruch kann auch jedes andere geschlossene Profil dienen, z. B. ein Rechteck.

5. *Ausbruch-Schnittansicht*

Ansicht wählen

⇨ Rahmen der Ansicht anklicken

Basispunkt auswählen

⇨ Mittelpunkt der Kreiskante auswählen

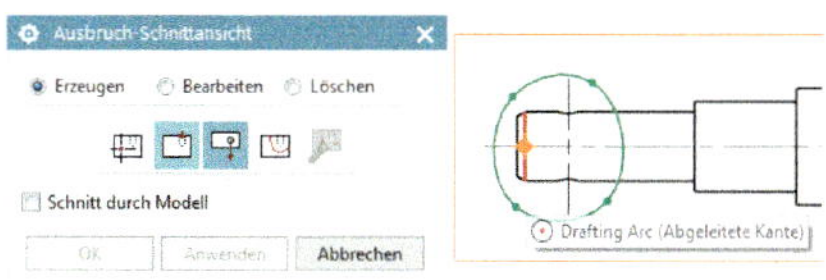

Der Basispunkt gibt an, in welcher Ebene (Tiefe) das Bauteil geschnitten wird.

Extrusionsvektor angeben

Dieser Vektor definiert die Richtung des Schnittes ausgehend vom gewählten Basispunkt. Er sollte senkrecht zur Ansicht stehen. In der Regel ist dies bereits automatisch definiert.

⇨ Ggf. *Vektor umkehren*

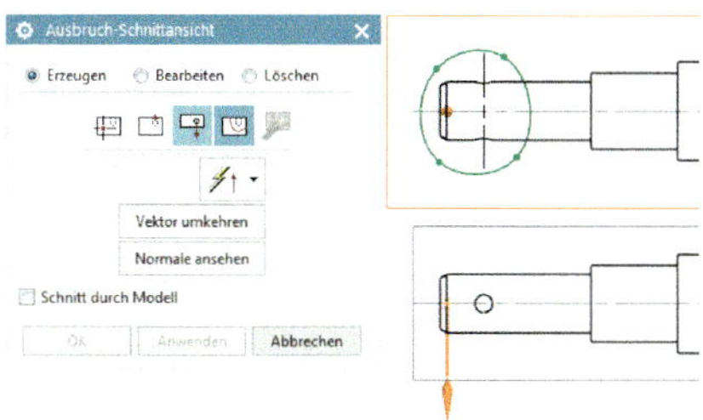

Kurven auswählen

⇨ Das Icon muss angeklickt werden.

⇨ Auswahl des erstellten Splines

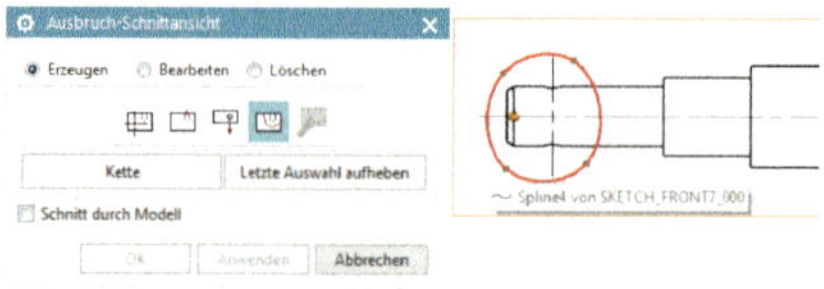

⇨ *Anwenden*

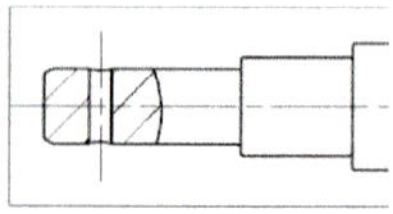

Über den gleichen Dialog können erzeugte Ausbruch-Schnittansichten auch bearbeitet oder gelöscht werden.

Detailansicht

6. *Ausschnittsvergrößerung*

⇨ Mittelpunkt festlegen

⇨ Begrenzungspunkt festlegen durch Aufziehen des Kreises

⇨ Ausschnittsvergrößerung platzieren

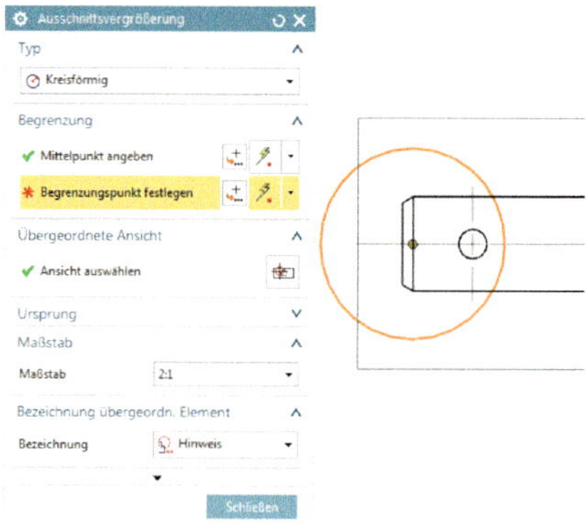

Analog zum Schnitt werden durch einen Doppelklick auf den Ansichtsrahmen die Einstellungen der Detailansicht aufgerufen. Hier kann u. a. die ***Bezeichnung*** *der Ausschnittsvergrößerung angepasst werden.*

6.5 Layer in Zeichnungsansicht

Bei der Zeichnungserstellung können die sichtbaren Layer für jede Ansicht separat definiert werden.

Layer in Ansicht sichtbar

Menü ⇨ Format ⇨ *Layer in Ansicht sichtbar*

⇨ Zeichnungsblatt (Sheet) oder Ansicht auswählen

Mit dieser Funktion können die Layer des aktiven Teils separat ein- und ausgeblendet werden. Dies kann für das Zeichnungsblatt oder eine Ansicht erfolgen.

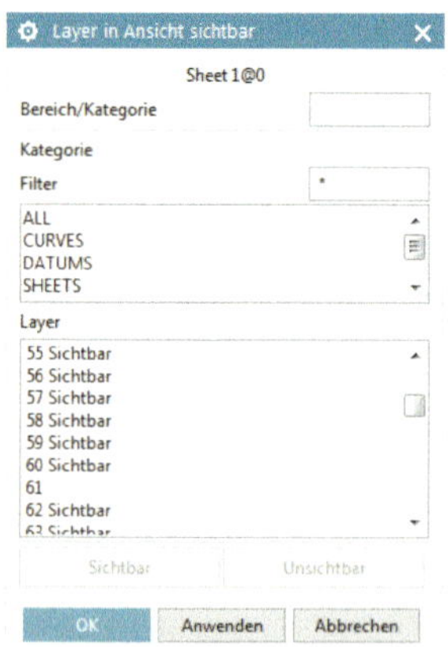

Sollen bei einer separaten Zeichnungsdatei weitere Layer in einer Ansicht sichtbar gemacht werden, muss auch das passende Reference Set des Teils ausgewählt werden, z. B. Ganzes Teil (s. Abschnitt 5.9). Dies erfolgt analog zur Baugruppe.

6.6 Beschriftungen

Die Funktionen zum Erzeugen von Beschriftungen und Hilfsgeometrie sind im Register Startseite in der Gruppe Beschriftung zu finden.

Hinweise

Hinweis

Über Hinweise können Textzeilen auf dem Zeichnungsblatt platziert werden.

Texthinweis

Als Texthinweis können ebenfalls Hinweise und Markierungen auf einer Zeichnung platziert werden.

Soll ein Bezugspfeil verwendet werden, muss ein *Endobjekt* für den Pfeil ausgewählt werden.

Die Auswahl des Endobjektes muss vor der Positionierung des Texthinweises erfolgen.

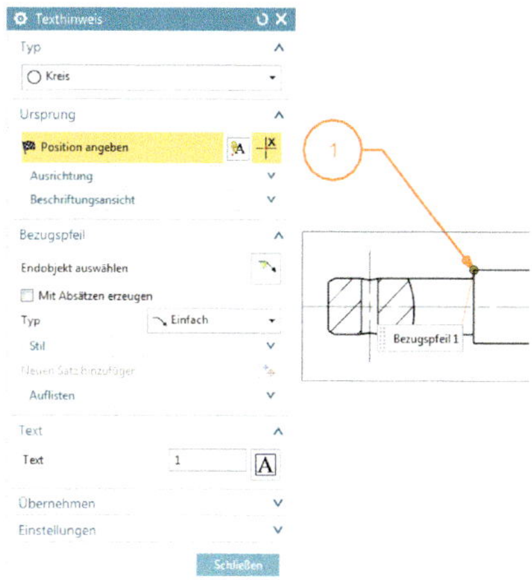

Mittellinien

Zum Erzeugen von Mittellinien, Mittelpunktmarkierungen und Lochkreismarkierungen stehen im Dropdown-Menü *Mittellinie* verschiedene Funktionen zur Verfügung.

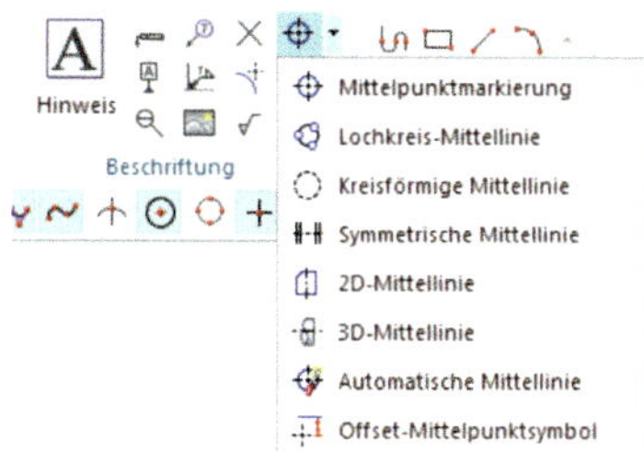

Symbole

Schnittsymbol

Schnittsymbole markieren virtuelle Schnittpunkte von an Verrundungen angrenzenden Kanten. Dies ist vor allem bei der Bemaßung von Gussteilen hilfreich.

Oberflächensymbol

Weiterhin können Oberflächensymbole erstellt werden, welche die Qualität von Oberflächen definieren.

6.7 Bemaßungen

Die Bemaßung von Zeichnungsansichten erfolgt analog zur Bemaßung von Skizzen. Die Funktionen zur Bemaßung sind im Register Startseite zu finden.

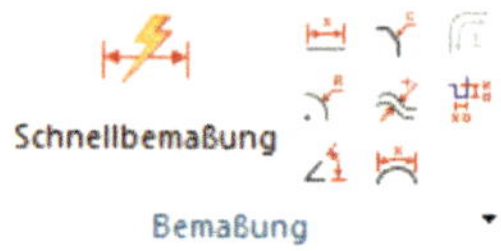

Schnellbemaßung

Mit der Schnellbemaßung können die meisten Bemaßungen erstellt werden. Innerhalb des Dialogs stehen verschiedene Bemaßungsmethoden zur Verfügung.

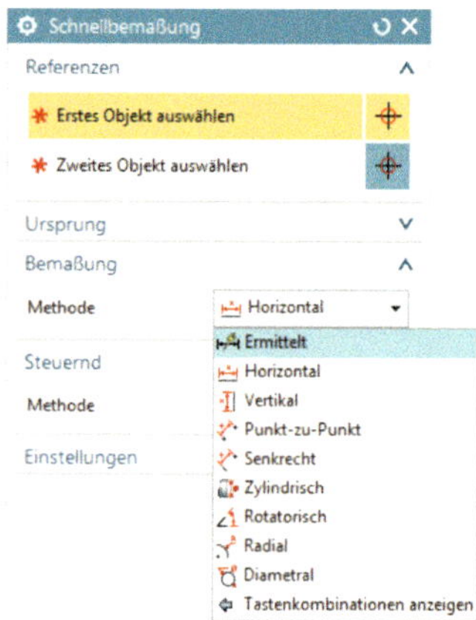

Radiale Bemaßung

Wird eine radiale Bemaßung erzeugt, kann die Position der Pfeilspitze durch Anklicken des blauen Quadrates an der Pfeilspitze verändert werden.

⇨ *Außen*

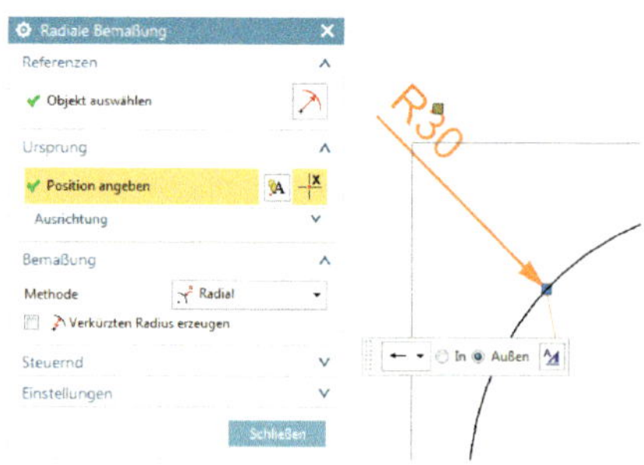

Bemaßungseinstellungen

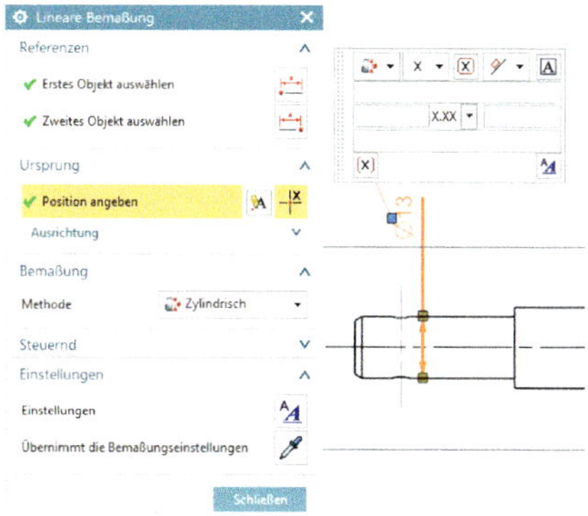

Bei der Erstellung von Bemaßungen können verschiedene Einstellungen vorgenommen werden. Dies kann direkt beim Erstellen eines Maßes oder im Nachhinein erfolgen.

Mit einem Doppelklick kann jede Bemaßung editiert werden (alternativ: RMT ⇨ *Bearbeiten*).

Einstellungen

Hier können sämtliche die Bemaßung betreffenden Einstellungen verändert werden.

Bemaßungseinstellungen übernehmen

Neben der reinen Editierung von Einstellungen können auch die Einstellungen einer vorhandenen Bemaßung übernommen werden.

⇨ *Bemaßungseinstellungen übernehmen*

⇨ Bemaßung anklicken, deren Einstellungen übernommen werden sollen

Hinzufügen von Toleranzen

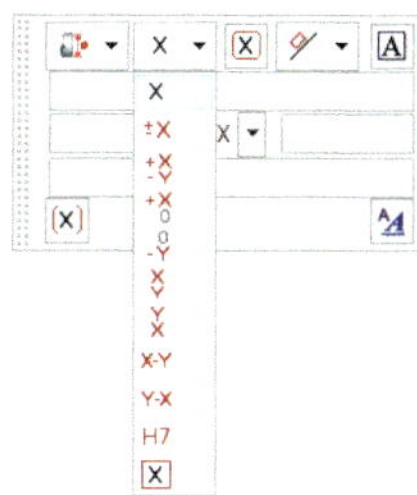

In den Schnelleinstellungen eines Maßes können dem Maß verschiedene Toleranzarten hinzugefügt werden.

Alternativ erfolgt das Hinzufügen von Toleranzen über die *Einstellungen*.

⇨ Einstellungen ⇨ *Toleranz*

Bemaßungen automatisch ableiten

Formelementparameter

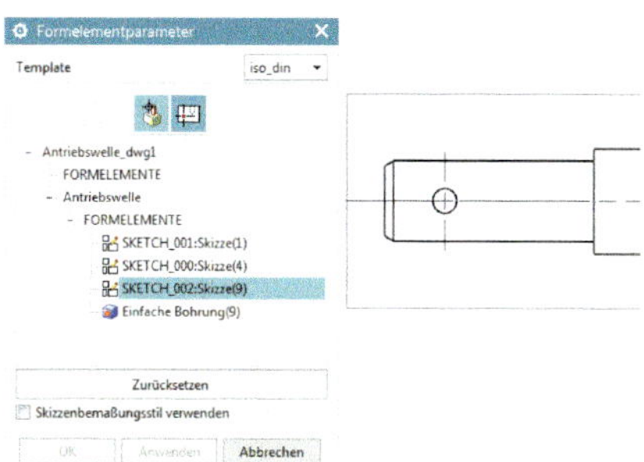

Mit dieser Funktion können Bemaßungen von Bohrungen und Skizzen automatisch in die Zeichnung übernommen werden.

⇨ *Formelemente auswählen*

⇨ Skizze wählen

⇨ *Ansicht auswählen*

⇨ Ansicht wählen, welche die Draufsicht der Bohrung enthält

⇨ *Anwenden*

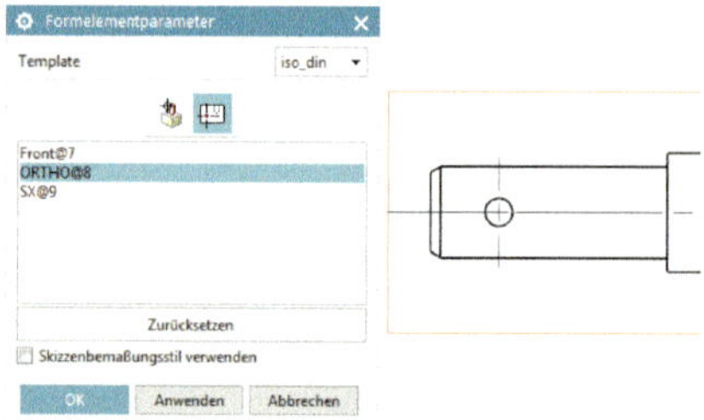

Die Funktion Formelementparameter ist standardmäßig ausgeblendet und kann nur über die *Befehlssuche* aufgerufen werden.

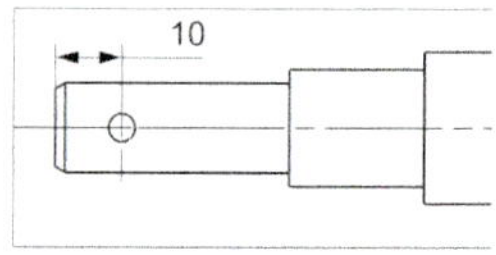

6.8 Baugruppenzeichnungen

Die Erstellung von Baugruppenzeichnungen ist ähnlich zur Zeichnungserstellung von Einzelteilen.

Im Dialog zum Erzeugen einer *Grundansicht* stehen dabei zusätzliche Funktionen zur Verfügung.

Sind in der Baugruppe *Anordnungen* definiert, so können diese hier ausgewählt werden. Eine Anordnung muss jedoch vorher in der Baugruppe erstellt werden (s. Abschnitt 5.10).

Weiterhin können in den *Einstellungen* verdeckte und nichtgeschnittene Komponenten ausgewählt werden. Wurden in der Baugruppe Standardteile verwendet, so sind diese hier bereits automatisch aufgeführt.

Im Baugruppen-Navigator können ebenfalls Komponenten ausgeblendet werden. Danach muss jedoch die Zeichnung aktualisiert werden.

⇨ RMT auf Zeichnung im Teile-Navigator ⇨ *Aktualisieren*

Die Abbildung zeigt den Dialog zur Erstellung einer Grundansicht der gesamten Baugruppe **bg_Antriebswelle**. Diese Zeichnung kann selbstständig erstellt werden.

Stücklisten

Im folgenden Beispiel wird eine Stückliste für die Baugruppe **bg_Antriebswelle** erstellt. Das dazu notwenige Zeichnungsblatt wird selbstständig angelegt.

1. *Stückliste*

⇨ Stückliste platzieren

PC NO	PART NAME	QTY
1	ANTRIEBSWELLE	1
2	ZAHNRAD_27_15	1
3	RILLENKUGELLAGER_17_40	1
4	RILLENKUGELLAGER_15_42	1
5	HUELSE_15_21	1
6	PASSFEDER_ISO_2491_25X5X3_A	1
7	TAPER PIN, A, GB,4X24	1

2. *Einstellungen*

Die erzeugte Stückliste muss in den meisten Fällen angepasst werden.

⇨ RMT auf die obere linke Ecke der Stückliste

⇨ *Einstellungen*

Hier können verschiedene Einstellungen wie die Sortierreihenfolge und die Position des Tabellenkopfes vorgenommen werden.

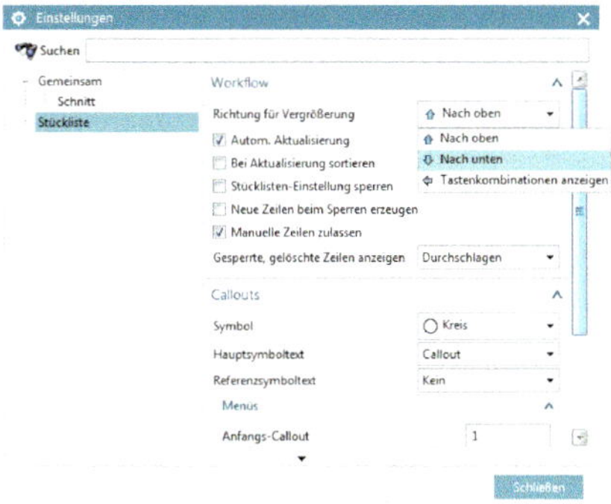

3. *Stufen bearbeiten*

Besitzt die Baugruppe verschiedene Stufen, kann hier die Darstellung dieser Stufen definiert werden.

⇨ RMT auf die obere linke Ecke der Stückliste

⇨ *Stufen bearbeiten*

Die in der Stückliste verwendeten Komponenten werden im Teile-Navigator markiert. Zur Veränderung der Reihenfolge der Komponenten in der Stückliste, müssen zunächst alle Komponenten abgewählt und anschließend in der gewünschten Reihenfolge wieder ausgewählt werden (Strg-Taste).

4. *Autom. Texthinweis*

Nach der Erstellung der Stückliste werden die Texthinweise eingefügt. Voraussetzung hierfür ist eine Ansicht der Baugruppe.

⇨ Stückliste auswählen

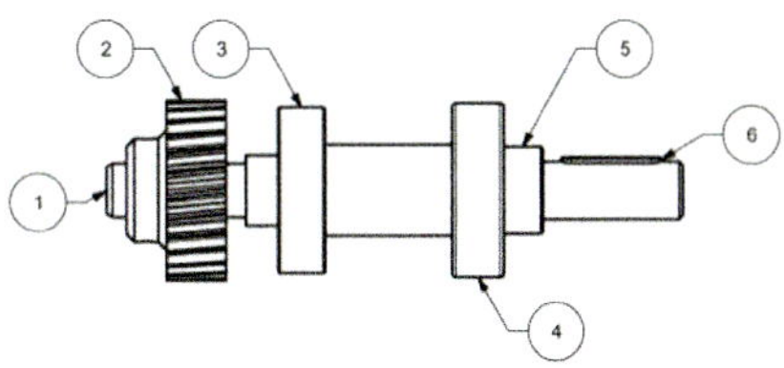

ⓘ *Die automatisch erzeugten Texthinweise können einzeln angepasst oder auch manuell erstellt werden.*

Explosionsansichten

Voraussetzung für die Erstellung einer Explosionsansicht in einer Zeichnung ist eine erstellte Explosion der Baugruppe in der Konstruktionsumgebung (s. Abschnitt 5.12).

1. *Explosion aktivieren*

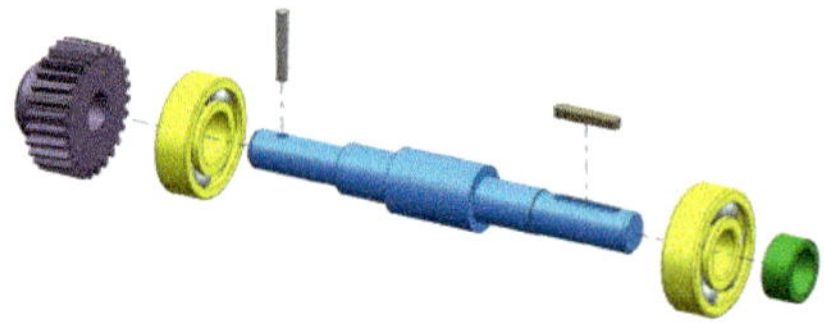

Die Explosion muss in der Konstruktionsumgebung aktiviert sein, bevor in die Zeichnungserstellung gewechselt wird.

2. *Wechsel in die Zeichnungserstellung*

Datei ⇨ *Zeichnungserstellung*

3. *Grundansicht*

Modellansicht ⇨ **Trimetrisch**

Nachdem Trimetrisch gewählt wurde, kann über *Ansicht orientieren* die Ansicht in dem zusätzlich eingeblendeten Grafikbereich auch individuell verändert werden.

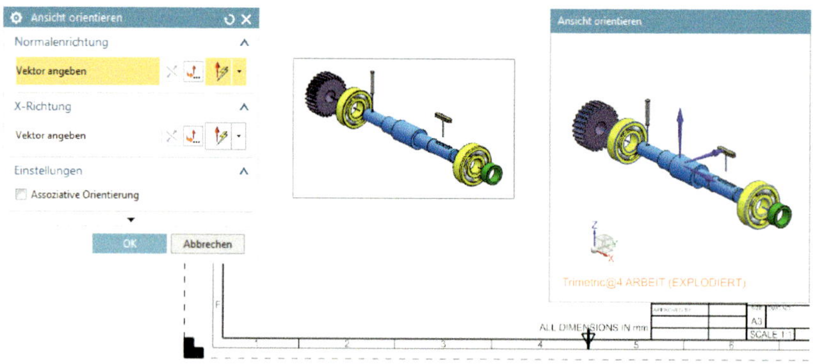

⇨ Ansicht platzieren

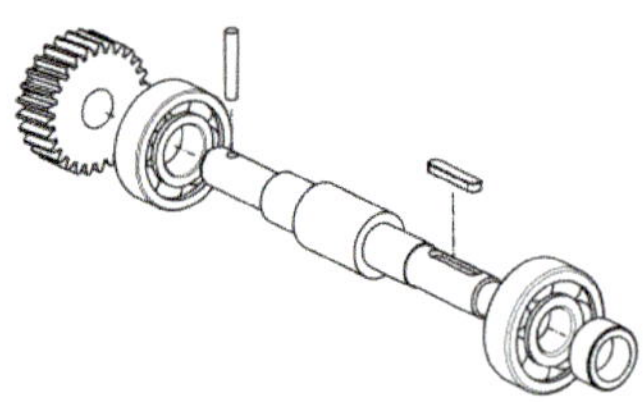

ⓘ *Die Erstellung einer Explosionsansicht erfolgt ausschließlich mit der Modellansicht Trimetrisch, welche jedoch individuell orientiert werden kann.*

6.9 Zeichnung exportieren

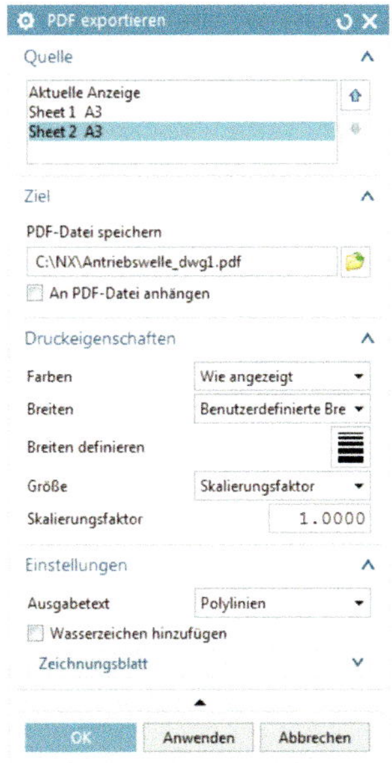

Die erstellte Zeichnung kann schnell in andere Formate exportiert werden, z. B. für den Dateiaustausch.

Hier bietet sich das PDF-Format an, da dieses Vektorgrafiken verwendet und somit kein Qualitätsverlust beim Vergrößern entsteht.

Datei ⇨ Exportieren ⇨ *PDF*

⇨ Blatt auswählen

⇨ Speicherort festlegen

Sind in dem PDF die Breiten der Linien nicht zufriedenstellend, können *Benutzerdefinierte Breiten* verwendet und über *Breiten definieren* die Breiten der Zeichnungslinien angepasst werden.

Diese können in einer wdf-Datei gespeichert und bei Bedarf wieder geladen werden.

6.10 Produkt- und Fertigungsinformationen (PMI)

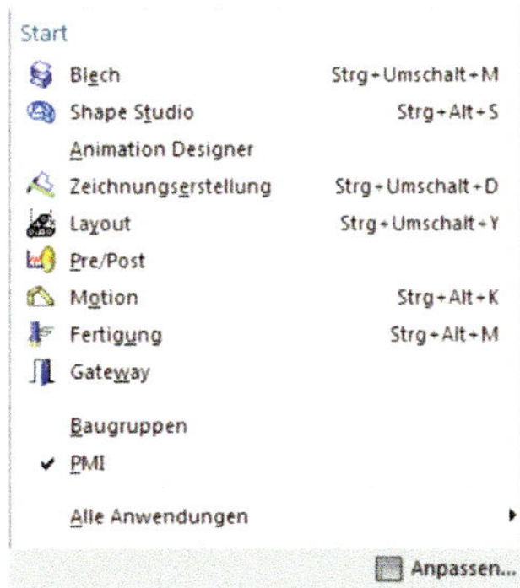

Produkt- und Fertigungsinformationen (PMI) stellen Funktionen zur Beschriftung eines CAD-Modells in der 3D-Umgebung dar.

Das Ziel ist es, die Informationen eines Produktes, welche bisher auf einer Zeichnung angegeben werden, direkt am 3D-Modell anzutragen.

Analog zu den Baugruppen werden PMI über eine zusätzliche Registerkarte in der Konstruktionsumgebung aufgerufen.

Datei ⇨ Start ⇨ *PMI*

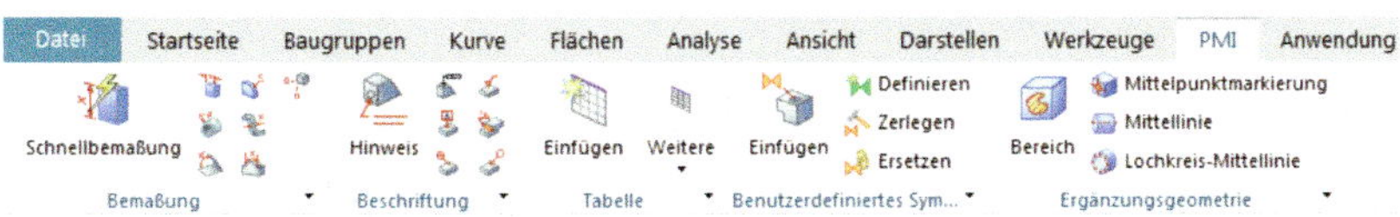

Im Folgenden wird am Beispiel der Antriebswelle ein allgemeiner Überblick über die Funktionalität von PMI gegeben. Die einzelnen Funktionen können analog zur Zeichnungserstellung selbstständig weiter ausprobiert werden.

1. *Öffnen*

Dateiname ⇨ **Antriebswelle**

Erstellen von PMI in der 3D-Umgebung

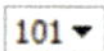

2. *Arbeitslayer 101*

3. *Schnellbemaßung*

Planar ⇨ **YC-ZC-Ebene**

Methode ⇨ **Zylindrisch**

⇨ Ersten Wellenabsatz auswählen

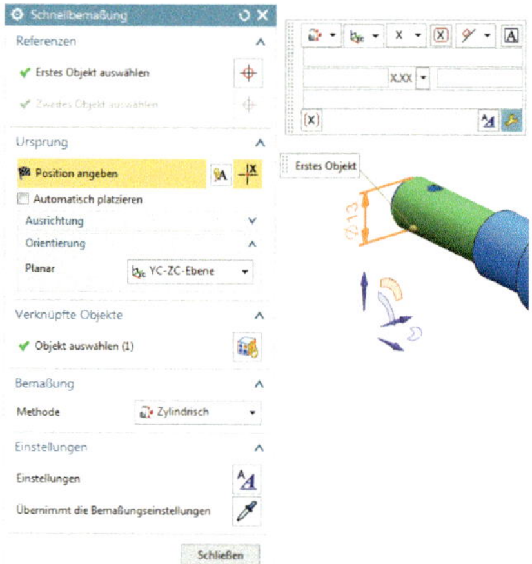

4. *Schnellbemaßung*

⇨ Selbstständiges Erstellen weiterer PMI für die Wellenabsätze

Dabei kann auch die Methode *Diametral* verwendet werden.

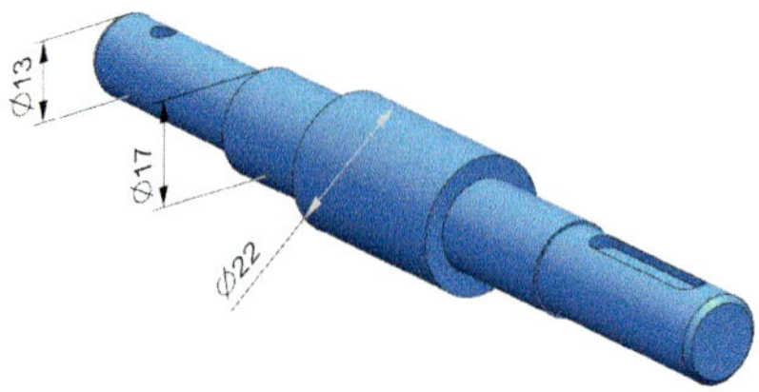

Die PMI werden im Teile-Navigator in einem separaten Ordner abgelegt und zusätzlich in der aktiven Modellansicht gespeichert.

Wird per Doppelklick eine andere Ansicht aktiviert, werden die PMI der vorigen Ansicht ausgeblendet.

Auf diese Weise können verschiedenen Ansichten unterschiedliche PMI angefügt und natürlich auch weitere Ansichten erstellt werden.

Über RMT auf eine PMI ⇨ *Anzeigen* können die PMI auch in andere Ansichten verschoben oder kopiert oder in allen Ansichten angezeigt werden.

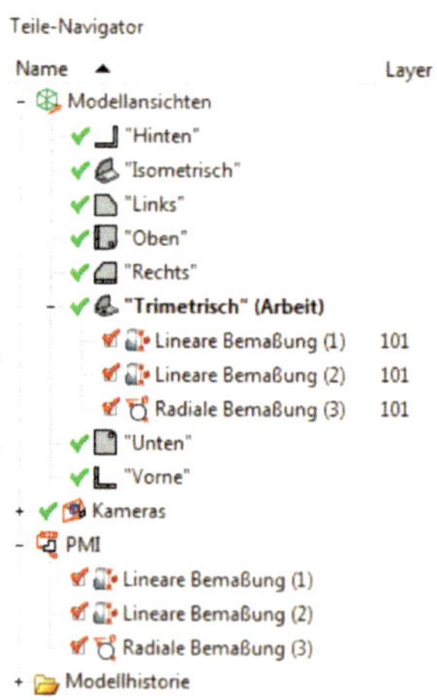

Im Unterschied zu Formelementen besitzen PMI keinen Zeitstempel und werden daher nicht in der Modellhistorie sondern in einem eigenen Ordner zusätzlich zu den Ansichten gespeichert.

Mit Hilfe der *Layer-Einstellungen* können die jeweiligen PMI in der aktuellen Ansicht auch ausgeblendet werden.

Über RMT ⇨ *Neue Gruppe* lassen sich PMI in Gruppen organisieren.

Übernehmen von PMI aus Skizzenbemaßungen

Alternativ oder als Ergänzung zur Erstellung von PMI können diese aus bereits vorhandenen Bemaßungen einer Skizze übernommen werden.

1. *Skizze mit Rollback bearbeiten*

⇨ RMT auf SKETCH_001

⇨ *Mit Rollback bearbeiten*

2. *Bemaßung als PMI anzeigen*

⇨ RMT auf eine der horizontalen Bemaßungen

⇨ *Als PMI anzeigen*

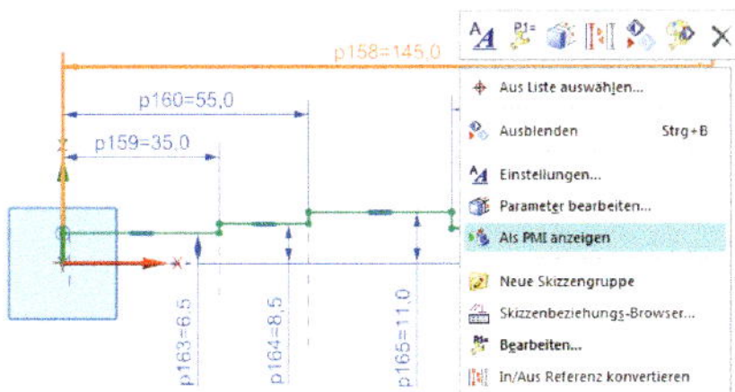

3. *Bemaßung als PMI anzeigen*

⇨ Selbstständiges Übernehmen aller horizontalen Bemaßungen

Skizze beenden

Die übernommenen PMI werden auf dem gleichen Layer, wie die Skizze gespeichert (welcher aktuell auch ausgeblendet sein kann). Über *Auf Layer verschieben* können die PMI nachträglich auf einen anderen Layer verschoben werden (hier: 101).

Analog zu den Bemaßungen einer Zeichnung können die PMI mittels Doppelklick bearbeitet werden (alternativ: RMT ⇨ *Bearbeiten*).

Mit *Bemaßungseinstellungen übernehmen* werden die Einstellungen vorhandener Bemaßungen übernommen, z. B. die Größe.

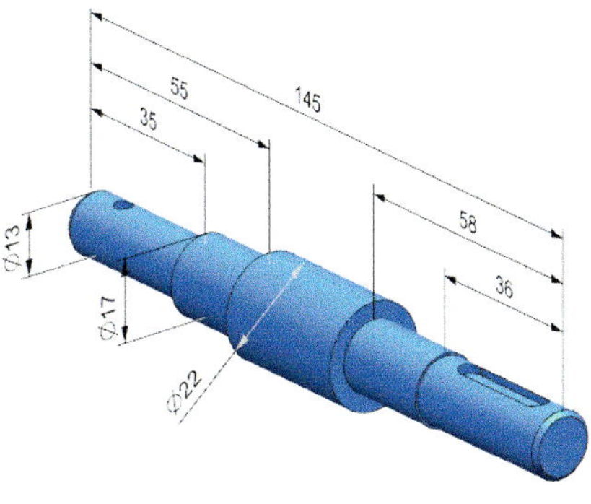

PMI in Zeichnungen übertragen

Die erstellten PMI können auch in einer Zeichnung verwendet werden.

1. *Wechsel in die Zeichnungserstellung*

Datei ⇨ *Zeichnungserstellung*

2. *Grundansicht*

⇨ Erstellen einer Grundansicht der Welle

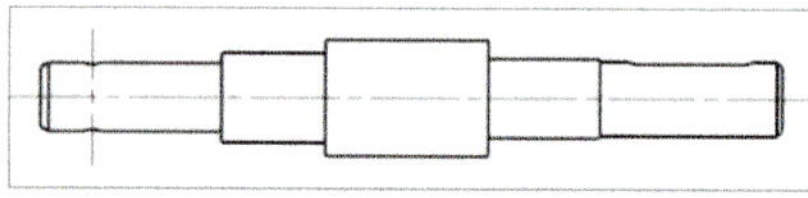

Modellansicht ⇨ **Vorne**

3. *Einstellungen*

⇨ RMT auf die Ansicht ⇨ *Einstellungen*

⇨ Gemeinsam ⇨ *PMI*

PMI ⇨ **Zur Zeichnung ausgerichtet (Gesamtes Teil)**

⇨ *PMI-Bemaßungen in gedrehten Skizzen anzeigen*

⇨ *PMI in Zeichnung anzeigen*

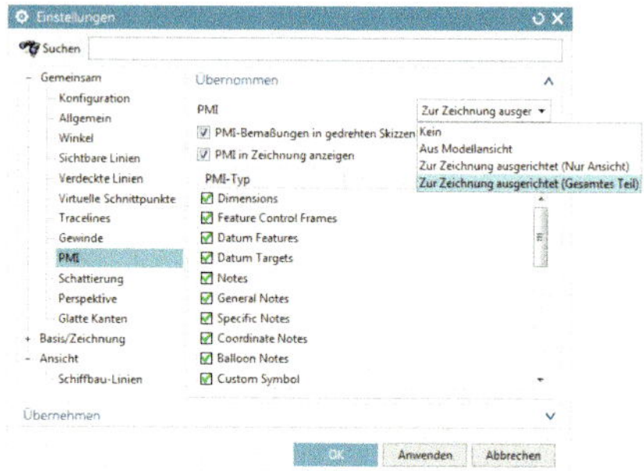

Somit werden die erstellten PMI in der Zeichnungsansicht angezeigt, obwohl diese nicht in der Modellansicht *Vorne* erzeugt wurden.

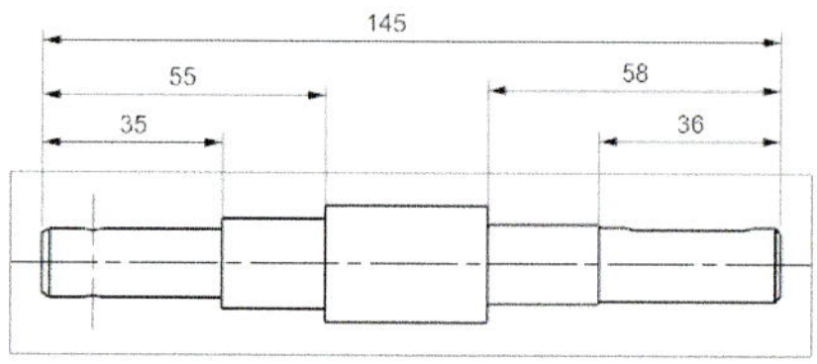

PMI aus Zeichnungen erstellen

PMI können auch aus einer Zeichnung heraus erstellt werden. Dies ist vor allem hilfreich, wenn bereits eine bemaßte Zeichnung mit verschiedenen Ansichten vorliegt und die Fertigungsinformationen auch über PMI abgebildet werden sollen.

Strg+N

1. *Erstellen einer neuen Zeichnung*

Datei ⇨ Neu ⇨ *Zeichnung*

Es wird selbstständig eine Zeichnung der Antriebswelle ähnlich zur rechts abgebildeten Zeichnung erstellt.

Die Zeichnung kann dabei modellintern oder als separate Datei erstellt werden.

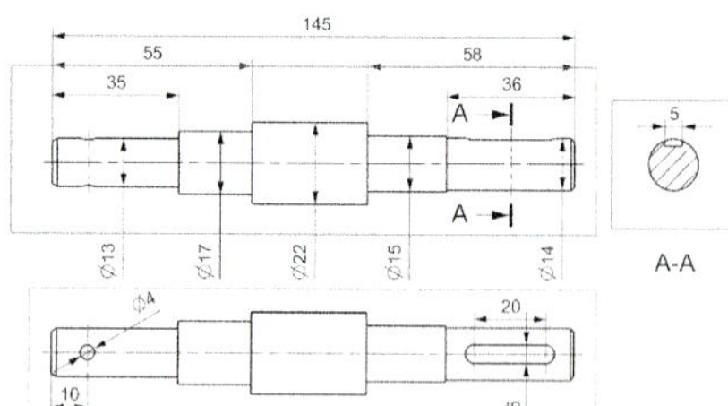

2. *In PMI konvertieren*

⇨ Register Werkzeuge für die Zeichnungserstellung ⇨ *In PMI konvertieren*

Typ ⇨ **Zeichnung**

⇨ *Konvertiertes PMI-Zielteil öffnen* aktivieren

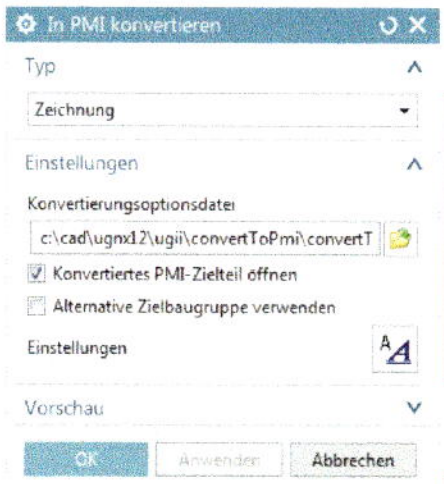

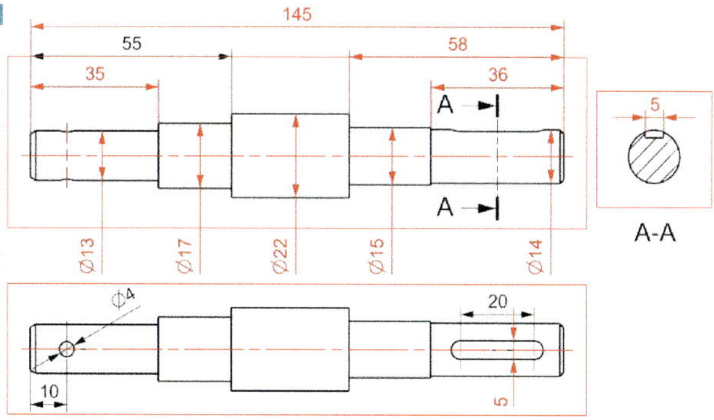

Es werden nur die rot dargestellten Ansichten und Maße in PMI konvertiert.

Damit ein Maß konvertiert wird, muss es in der Ansicht auf Linien oder Flächen referenziert sein. Maße, welche auf Punkte, z. B. Endpunkte, Schnittpunkte oder Mittelpunkte referenziert sind, werden nicht konvertiert (hier: schwarz). Diese Maße müssen manuell geändert werden. Auch Ausbrüche können nicht übertragen und sollten vorher entfernt werden.

3. *Überprüfen der PMI im Modell*

Die PMI der Grundansicht werden der äquivalenten Ansicht im 3D-Modell zugeordnet (hier: Vorne).

Für die weiteren Zeichnungsansichten werden zusätzliche Modellansichten erstellt, welche die PMI der Zeichnungsansichten enthalten.

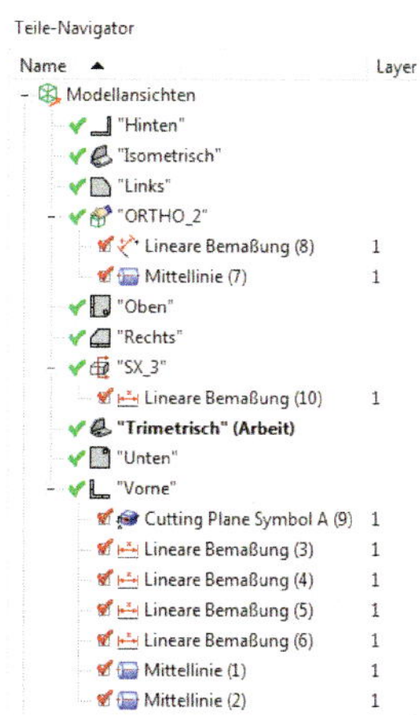

Weitere Funktionen

Im Folgenden werden kurz weitere wichtige Funktionen des Registers *PMI* vorgestellt. Die in diesem Abschnitt nicht aufgeführten Funktionen können selbstständig ausprobiert werden.

PMI-Schnittansicht

Zur Spezifizierung von innenliegender Geometrie können PMI-Schnittansichten erstellt werden.

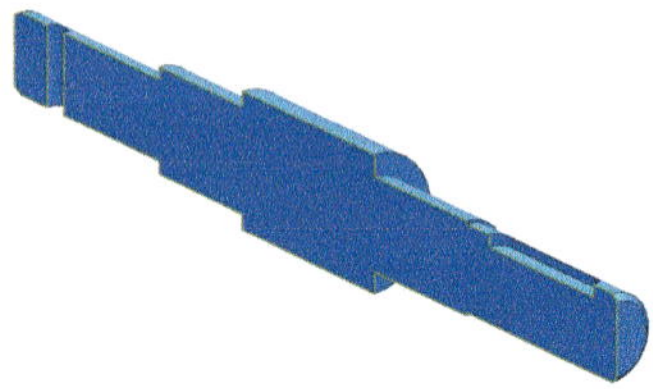

Schnittansichten werden in den *Modellansichten* im Teile-Navigator gespeichert und können ebenfalls mit PMI versehen werden. Über einen Doppelklick kann die Schnittansicht bearbeitet werden.

PMI-Größe ändern

Über diesen Befehl kann die Größe aller zurzeit angezeigten PMI gemäß der aktuellen Darstellung des Modells im Grafikbereich angepasst werden.

Mit Geometrie verknüpfte PMI suchen

Die PMI eines oder mehrerer Formelemente können über diesen Befehl angezeigt werden. Zusätzlich ist es möglich, die gefundenen PMI in einer neuen Modellansicht zusammenzufassen.

⇨ RMT auf ein Formelement ⇨ *Mit Geometrie verknüpfte PMI suchen*

Exportieren

Die PMI eines Modells können analog zur Modellgeometrie in neutrale Dateiformate exportiert werden, z. B. in JT- oder STEP-Dateien.

⇨ Datei ⇨ *Exportieren* ⇨ Dateiformat wählen

In dem Dialog für den Dateiexport muss dazu die Option *PMI* ausgewählt werden. Die Exportdialoge unterscheiden sich je nach Dateiformat leicht.

6.11 Kontrollfragen

1. Wie wird ein neues Zeichnungsblatt angelegt?
2. Welche Ansichten gibt es in einer Zeichnung?
3. Wie wird in einer Zeichnung die Darstellung von Layern verändert?
4. Welche Einstellungen können zusätzlich bei Baugruppenzeichnungen vorgenommen werden?
5. Wie wird die Reihenfolge einer Stückliste verändert?
6. Wie wird eine Explosionsansicht erstellt?
7. Wie wird eine Zeichnung exportiert?
8. Was sind PMI und wozu dienen sie?

Sachwortverzeichnis

S. Vajna (Hrsg.), *NX 12 für Einsteiger – kurz und bündig*, https://doi.org/10.1007/978-3-658-23061-6

Printed by Printforce, the Netherlands